U0887127

夏晓华　秦绪芳　岳鹏举　编著

机器视觉系统硬件设计、算法开发及应用

MACHINE VISION SYSTEM

HARDWARE DESIGN, ALGORITHM DEVELOPMENT AND APPLICATIONS

化学工业出版社
·北京·

内容简介

本书全面系统地介绍了机器视觉的基础理论、关键技术和典型应用。全书从机器视觉的基本概念和发展趋势入手，详细阐述了视觉系统的硬件组成与选型原则，包括光源、相机和镜头的设计方法；在算法层面，既涵盖传统的图像预处理、特征提取与目标识别技术，又深入探讨了基于深度学习的目标检测、语义分割等前沿方法，并介绍了三维视觉中的核心算法；同时，通过路面病害检测、工厂智能监控和无人机视觉导航三个典型应用案例，展示了机器视觉技术的实际应用价值。

本书适合机器视觉相关领域工程技术人员阅读学习，也可供自动化、计算机科学与技术等相关专业的高校师生参考。

图书在版编目（CIP）数据

机器视觉系统硬件设计、算法开发及应用 / 夏晓华，秦绪芳，岳鹏举编著. -- 北京 : 化学工业出版社，2025. 10. -- ISBN 978-7-122-48795-7

I. TP302. 7

中国国家版本馆CIP数据核字第202558XS28号

责任编辑：于成成　　文字编辑：张　宇
责任校对：宋　玮　　装帧设计：王晓宇

出版发行：化学工业出版社
（北京市东城区青年湖南街13号　邮政编码100011）
印　　装：河北延风印务有限公司
787mm×1092mm　1/16　印张15¼　字数329千字
2026年2月北京第1版第1次印刷

购书咨询：010-64518888　　售后服务：010-64518899
网　　址：http://www.cip.com.cn
凡购买本书，如有缺损质量问题，本社销售中心负责调换。

定　　价：79.00元

MACHINE VISION

前言 PREFACE

随着人工智能、计算机视觉和自动化技术的飞速发展，机器视觉作为一项核心技术，正在工业检测、智能交通、医疗影像、安防监控、无人机导航等领域发挥着越来越重要的作用。机器视觉通过模拟人类视觉系统的功能，利用相机、镜头、光源等硬件设备捕捉图像，再结合图像处理与模式识别算法，实现对目标的检测、识别、测量和分析。其高效性、精确性和非接触性使其成为现代智能制造和智能化社会中不可或缺的一部分。

本书旨在系统介绍机器视觉的基础理论、关键技术及典型应用，为相关领域的工程师、研究人员提供一本理论与实践相结合的参考书。全书共分为 12 章，内容涵盖机器视觉系统的硬件设计、图像处理算法、深度学习目标识别方法、三维重建技术以及实际应用案例，从基础到前沿，从理论到实践，全面展现机器视觉的技术脉络和应用场景。

第 1 章为机器视觉概述，介绍机器视觉的基本概念、研究现状及发展趋势，帮助读者建立对机器视觉的整体认识。第 2 章详细阐述机器视觉系统的硬件总体设计，包括成像模型、成像参数设计、硬件组成及分类选用方法，为后续章节奠定硬件基础。

第 3 ~ 5 章聚焦机器视觉系统的三大核心硬件——光源、相机和镜头的选用与设计，深入分析其作用、分类、参数及选型原则，为实际工程应用提供指导。

第 6 ~ 9 章是本书的核心技术部分。第 6 章介绍机器视觉系统的预处理算法，包括相机标定、手眼标定、成像失真校正和图像增强算法，为后续目标识别提供高质量的图像数据。第 7 章探讨传统图像处理目标识别算法，包括特征点提取与匹配、边缘特征提取、图像分割以及形状检测与识别方法，这些算法在工业检测等领域具有重要价值。第 8 章重点讲解深度学习目标识别方法，涵盖目标检测、语义分割、实例分割及模型优化技术，展现人工智能在机器视觉中的强大能力。第 9 章介绍三维重建算法，包括双目立体视觉、结构光三维视觉和多聚焦三维重建技术，为三维场景的感知与分析提供解决方案。

第 10 ～ 12 章通过三个典型应用案例，展示机器视觉技术的实际应用价值。第 10 章以公路养护为背景，详细介绍基于传统图像处理和深度学习的路面病害检测方法，为解决道路安全问题提供技术支持。第 11 章以工厂人员作业规范监控为例，探讨穿戴规范和行为规范的智能识别技术，助力工业安全生产。第 12 章介绍基于视觉的无人机沿道路中央自主飞行控制方法，展现机器视觉在无人机导航中的创新应用。

本书在编写过程中注重理论与实践的结合，不仅详细讲解技术原理，还通过丰富的应用实例和算法实现帮助读者深入理解。无论是从事机器视觉研究的研究人员，还是相关领域的工程师，都能从本书中获得启发和实用的技术指导。

由于机器视觉技术发展迅速，书中难免存在不足之处，恳请广大读者批评指正。希望本书能为推动机器视觉技术的发展和应用贡献一份力量。

编者

本书部分彩图

MACHINE VISION

目录

CONTENTS

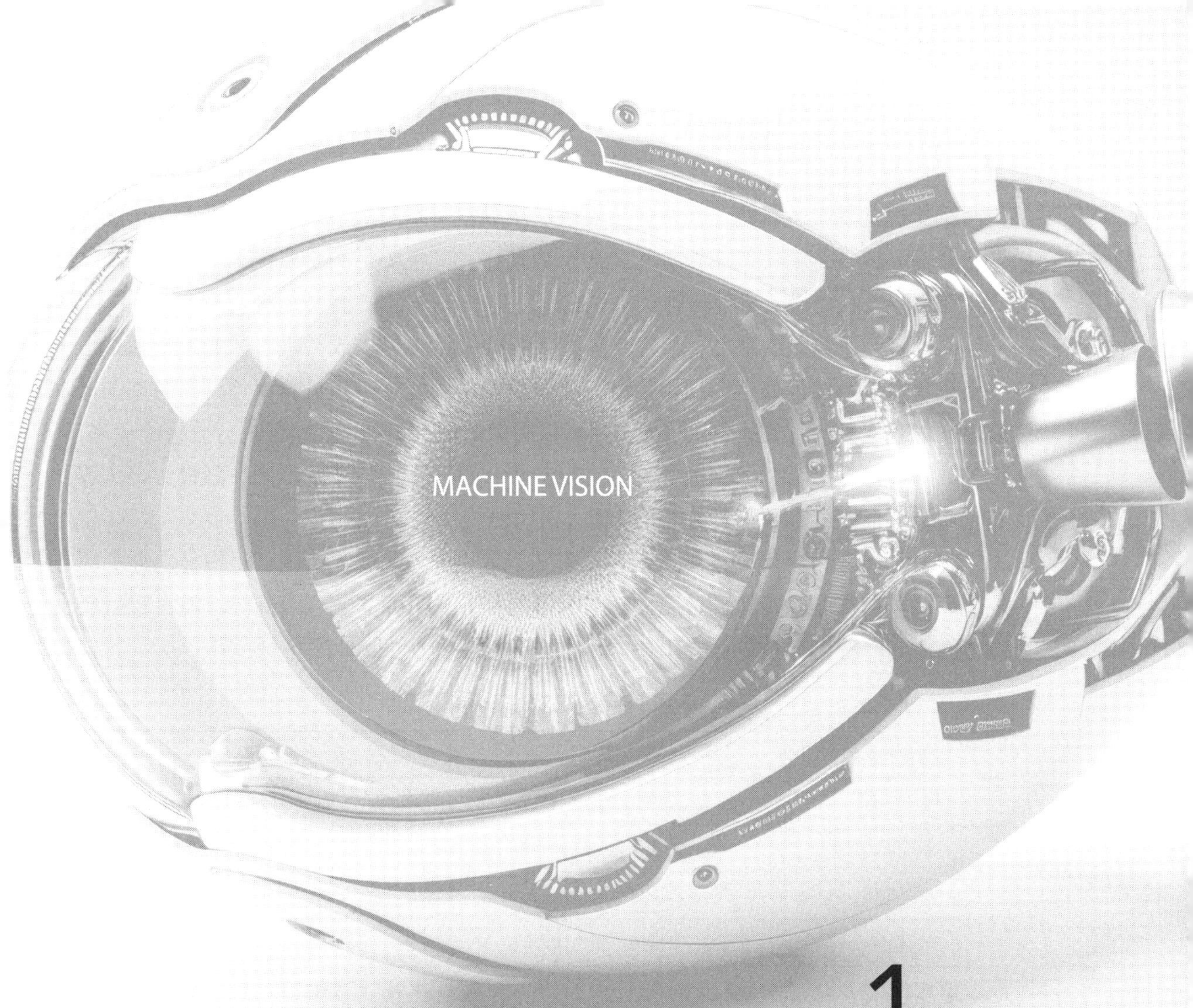

第1章

机器视觉概述

MACHINE VISION

1.1 机器视觉的概念

机器视觉是人工智能正在快速发展的一个分支，是用机器代替人眼来做测量和判断，从而完成特定的功能或执行相关的行为动作。其主要目的是取代人工观察，减轻人工劳动强度，使机器实现自动化、智能化。

人的视觉系统是由眼球、神经系统及大脑的视觉中枢构成，机器视觉系统则是由图像采集系统、图像处理系统及信息综合分析处理系统构成。机器视觉首先通过图像采集系统获取目标对象的图像信号，然后由图像处理系统对这些信号进行分析或运算，以抽取目标的特征，并根据这些特征进行解析，进而完成检测、识别、测量、定位等特定功能或根据这些功能控制机器动作。

与人类视觉相比，机器视觉在感知速度、量化能力、感光范围、工作稳定性、环境适应能力、灰度与空间分辨能力、与机器的集成性方面具有显著优势，但在自适应调节能力与智能化水平方面仍有很大不足。两者的对比结果如表 1-1 所示。

表 1-1 机器视觉与人类视觉的比较

对比指标	人类视觉	机器视觉
感知速度	慢，有 0.1s 的视觉暂留	快，曝光时间 1μs，帧率数万 fps
量化能力	差，无法量化，定性分析	好，易量化，定量分析
感光范围	窄，可见光范围	宽，γ 射线到红外的光谱范围
工作稳定性	弱，易疲劳，受情绪影响	强，可持续稳定工作
环境适应能力	弱，不适合在恶劣环境中工作	强，元件种类多，可适应不同工况
灰度与空间分辨能力	差，64 级灰度，小目标困难	强，256 级以上灰度，微米级目标
与机器的集成性	脑机接口不够成熟，集成困难	容易与机器集成实现自动化
自适应调节能力	强，能适应复杂变化的环境	弱，受复杂背景及环境变化影响
智能化水平	高，逻辑分析与推理能力强	弱，需要先验知识，推理能力弱

机器视觉是一项综合技术，包括照明与成像技术、图像处理与机器学习、计算机软硬件技术、传感器与接口技术、检测技术与模式识别等，涉及光学工程、信号与信息处理、计算机科学与技术、机械工程、控制科学与工程、摄影测量与遥感、神经生物学、心理学等学科。

机器视觉系统基本的特点是能够提高生产的灵活性和自动化程度，在大批量重复性工业生产过程中，用机器视觉方法可以大大提高生产的效率和自动化程度。此外，在一些不适合人工作业的危险工作环境或者人工视觉难以满足要求的场合，常用机器视觉来替代人工视觉。

在机器视觉及相关领域，初学者经常会遇到概念相似的术语，容易引起混淆，为便于学习和区分，本书在此对容易混淆的概念进行解释和说明。

机器视觉和计算机视觉是容易混淆的两个概念，它们既有联系又有区别。计算机视觉是采用图像处理、模式识别、人工智能技术相结合的手段，着重于一幅或多幅图像的计算机分析。机器视觉则偏重于计算机视觉技术工程化，能够自动获取和分析特定的图像，以控制相应的行为动作为目的。因此，计算机视觉为机器视觉提供图像和景物分析的理论和算法基础，机器视觉为计算机视觉的应用提供传感器模型、系统构造和实现手段。

检测、识别和测量是机器视觉领域中常见的术语。在一般意义上，检测是指通过使用特定的工具、方法和技术，对某个物体、物质、现象或过程进行观察、测量、检验、试验等活动，以确定其性质、状态、性能、成分或质量等特征的过程，因此检测包含测量。然而在机器视觉领域，检测主要指检出，例如缺陷检测的含义主要是检出缺陷，不含有测量的内容，而测量通常需要在检测的基础上完成测量工作，例如缺陷测量需要在缺陷检测的基础上完成缺陷测量的任务。机器视觉中的识别在有些情况下与检测的含义相同，但在有些情况下是在检测的基础上进一步完成对象的分类任务。例如缺陷检测和缺陷识别在不区分缺陷具体类型时含义一样，但当缺陷包含多种类型时则不同，如路面病害包含裂缝、坑槽等类型，路面病害识别往往涉及路面病害具体类型的识别。

机器视觉与图像联系紧密，会涉及图像处理、图像分析、图像理解等概念。广义的图像处理是指用计算机对图像进行分析，以达到所需结果的技术，因此广义的图像处理包含图像分析和图像理解。但在一些场合，图像处理特指低层次的从图像到图像的处理过程，主要用于改善图像视觉效果、压缩图像数据、提高图像的可识别性或方便后续进行图像分析和理解等目的，包含了图像增强、图像滤波、图像校正、图像修复、图像重建、图像编码、图像水印、多尺度图像处理等内容。图像分析是指对图像中感兴趣的目标进行检测、提取、表达、描述和测量，从而获取客观信息、输出数据结果的过程，该过程通常是从图像到数值或符号的过程，包含了图像分割、目标表达与描述、图像测量、纹理分析、形状分析、运动分析、图像识别等内容。图像理解是指在图像分析的基础上，结合人工智能和认知理论，进一步研究图像中各目标的性质和它们之间的相互联系，并理解图像内容的含义以及解释对应的客观场景，从而指导和规划行动。它包含了图像深度估计与三维重建、图像场景知识表达和推理、图像广义匹配、图像场景分析和语义解释等内容。因此，狭义图像处理是低层操作，主要在像素级上进行处理，处理的数据量非常大；图像分析进入了中层，经分割和特征提取，把原来以像素构成的图像转变成比较简洁的非图像形式来描述；图像理解是高层操作，是对描述出来的符号进行推理，其处理的思维和方法与人类的思维和方法相似。随着抽象程度的提高，数据量减少，一方面原始数据经过一系列的数据处理逐步转化为更有组织和用途的信息，在这个过程中，语义不断引入，操作对象发生变化，数据量得到压缩；另一方面，高层操作对底层操作有指导作用。

1.2 机器视觉的研究与应用现状

机器视觉的研究与应用主要包括新型视觉传感器及视觉系统的设计与开发、问题导向的机器视觉算法改进与开发、新应用场景的拓展应用。

（1）新型视觉传感器及视觉系统的设计与开发

新型视觉传感器的研究主要包括两个方面，一个是面向新功能实现的功用性视觉传感器研究，另外一个是面向视觉感知性能突破的极限视觉传感器研究。功用性视觉传感器研究的典型代表是基于新材料、新结构的仿生视觉传感器研究。它以生物特性为启发，通过材料创新和灵活设计的微纳操纵工艺，构筑具备新功能或新性质的仿生传感器件，例如仿生人眼、仿生复眼、类视网膜的感存算一体神经形态器件等。极限视觉传感器的研究主要是实现传感器时间分辨率、空间分辨率、光谱感知能力等感知性能极限的突破。例如在超快成像方面，2020 年美国加州理工学院和加拿大国家科学研究所将视觉感知的最高速度突破至每秒 70 万亿帧，2024 年中科院上海光机所和加拿大魁北克大学等单位又将这一极限突破至每秒 156.3 万亿帧，可用于观察材料的光学和电学性质、分析光和物质之间的相互作用、研究蛋白质和细胞的运动和变化规律等。

新型视觉系统的开发往往面向仿生视觉系统或新应用展开，例如 Xufang Qin 等受人眼注视机制启发，设计了仿生双目协同感知系统并实现了其运动控制。

（2）问题导向的机器视觉算法改进与开发

在机器视觉领域，算法的改进与开发应以实际应用问题为导向。针对特定场景的挑战，研究者们不断优化图像处理算法，如边缘检测、特征提取和目标识别，以提升系统的鲁棒性和准确性。例如，针对复杂环境中的物体识别，结合深度学习的方法，能够有效处理光照变化和遮挡问题，从而提高识别率和处理速度。此外，算法的实时性也是重要考量，基于 GPU 加速的算法能够满足工业现场的实时需求。

（3）新应用场景的拓展应用

随着科技的发展，机器视觉的应用场景不断拓展。除了传统的工业检测，机器视觉已广泛应用于智能交通、医疗影像分析和无人驾驶等领域。例如，在智能交通中，机器视觉系统能够实时监测交通流量，优化信号控制，从而提高道路通行效率；在医疗领域，机器视觉辅助诊断技术正在帮助医生提高早期疾病的发现率，推动个性化治疗的进展。通过这些新应用场景，机器视觉展现出更为广泛的社会价值和经济潜力。

1.3 机器视觉的发展趋势

（1）三维机器视觉

传统机器视觉主要集中在二维图像处理和分析，但随着自动化领域对三维检测需求的增加，三维视觉和深度感知技术将成为重要的发展方向，目前取得应用的三维视觉技术主要基于结构光、飞行时间和立体视觉原理。

（2）仿生机器视觉

生物视觉系统具有高度的适应性、灵活性和高效性，仿生机器视觉的目标就是从生物视觉中获取灵感，以增强机器视觉系统的性能和功能。仿生机器视觉的研究包括仿生视觉传感器设计、仿生视觉算法开发、多模态视觉感知融合和仿生视觉系统集成等内容。

（3）多传感器融合

将来自不同传感器和数据源的信息进行整合与分析，结合其他传感器的数据，可提高感知和决策的准确性，实现更全面、精准的环境感知和分析。

（4）智能化发展

人工智能的发展为机器视觉带来了新机遇，使其从视觉计算走向视觉智能，认知水平得到提升。此外，人工智能的学习能力、推理和决策能力使机器视觉能够适应复杂环境，解决复杂问题。

（5）应用场景进一步拓展和深化

机器视觉已逐渐从早期应用的半导体行业扩展到安防监控、汽车制造、食品和印刷、农业生产、医学与医药、包装与物流、航空航天、工程机械与机器人、智能交通、国防军事等领域。随着各行业对于生产制造要求的逐步提升，机器视觉将在更多行业中得到广泛应用。

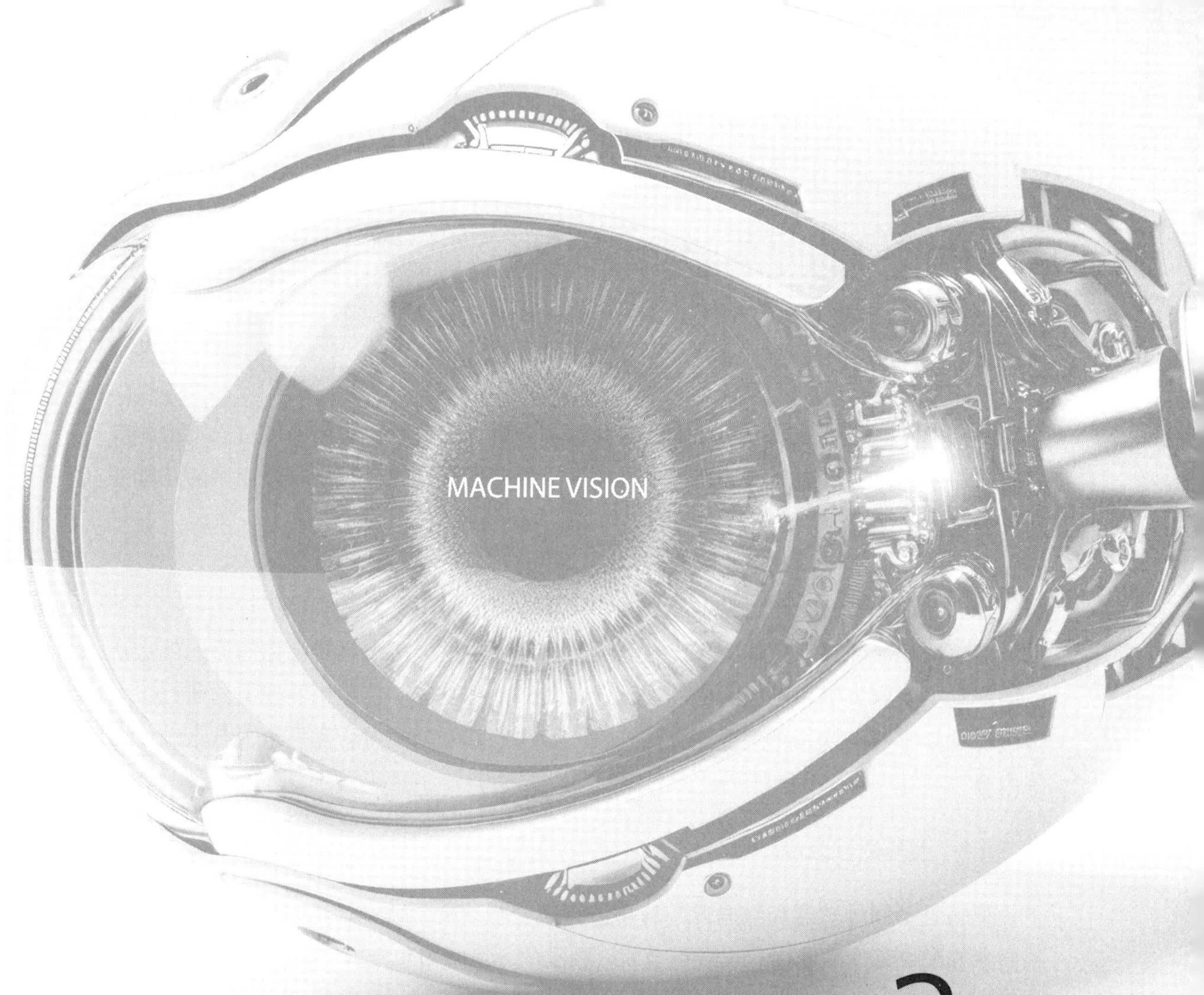

第2章 机器视觉系统硬件总体设计

MACHINE VISION

2.1 机器视觉系统成像模型

成像模型描述的是光线从现实世界中的物体出发，经过相机镜头，最终投影到图像传感器上形成图像的过程。机器视觉系统成像的过程从几何角度可看作是一个将客观世界的场景通过投影进行空间转化的过程，例如用照相机或摄像机进行图像采集时要将3D客观场景投影到2D图像平面，这个投影过程可用投影变换（也称为成像变换或几何透视变换）描述。一般情况下，客观场景、摄像机和图像平面各有自己不同的坐标系统，所以投影成像涉及在不同坐标系统之间的转换。这里考虑以下3个坐标系统。

① 世界坐标系统：也称真实或现实世界坐标系统 XYZ，它是客观世界的绝对坐标（所以也称客观坐标系统）。一般的3D场景都是用这个坐标系统来表示的。

② 摄像机坐标系统：以摄像机为中心制定的坐标系统 xyz，一般取摄像机的光学轴为 z 轴。

③ 图像平面坐标系统：在摄像机内形成的图像平面的坐标系统 $x'y'$。一般取图像平面与摄像机坐标系统的 xy 平面平行，且 x 轴与 x' 轴、y 轴与 y' 轴分别重合，这样图像平面的原点就在摄像机的光学轴上。

根据前面3个坐标系统之间不同的相互关系，可以得到不同的摄像机模型。下面介绍两个最为典型的模型（考虑 x 轴与 x' 轴、y 轴与 y' 轴分别重合，图像平面坐标系统可用 xy 表示）。

2.1.1 重合模型

下面先考虑摄像机坐标系统 xyz 与世界坐标系统 XYZ 重合的简单情况。图2-1所示为此时的基本几何模型示意图，其中图像平面的中心处于原点，镜头中心的坐标是（0，0，λ），λ 是镜头的焦距。

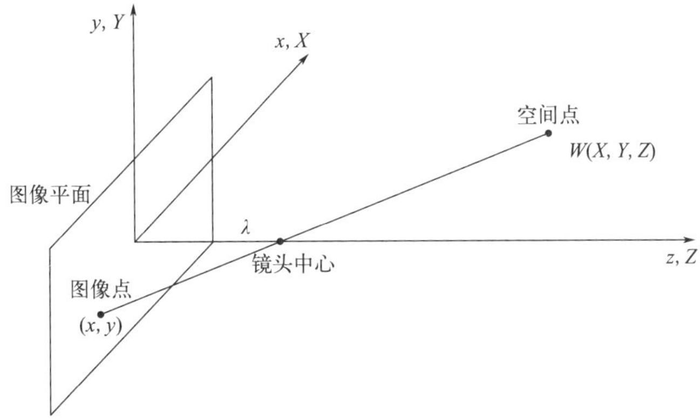

图 2-1 投影变换中的重合模型示意图

下面讨论投影变换成像中，空间点坐标和图像点坐标之间的几何关系。设（X，Y，

Z）是 3D 空间中任意点 W 的世界坐标。在以下的讨论中假设 $Z > \lambda$，即所有客观场景中感兴趣的点都在镜头的前面。先考虑点 W（X，Y，Z）与其投影到图像平面的坐标间的联系，这可以借助相似三角形方便得到。参见图 2-1，有以下两式成立。

$$\frac{x}{\lambda}=\frac{-X}{Z-\lambda}=\frac{X}{\lambda-Z} \tag{2-1}$$

$$\frac{y}{\lambda}=\frac{-Y}{Z-\lambda}=\frac{Y}{\lambda-Z} \tag{2-2}$$

式中，X 和 Y 前的负号代表图像点反转。由以上两式可得到 3D 点投影后的图像平面坐标：

$$x=\frac{\lambda X}{\lambda-Z} \tag{2-3}$$

$$y=\frac{\lambda Y}{\lambda-Z} \tag{2-4}$$

上述投影变换将 3D 空间中（除了沿投影方向以外）的线段投影为图像平面上的线段。如果在 3D 空间互相平行的线段也平行于投影平面，则这些线段在投影后仍然互相平行。3D 空间的矩形投影到图像平面后可能为任意四边形，由 4 个顶点所确定，因此，该投影变换常被称为 4 点映射。

（1）归一化摄像机

归一化摄像机指焦距为 1 的特定摄像机，也指一种简化的重合模型。图 2-2 所示为该模型中的一个剖面（X 为常数的 YZ 平面），其中，x 轴和 X 轴都由纸内向外，y 轴和 Y 轴都由上向下，z 轴和 Z 轴都由左向右。图像中对应世界坐标系中一点 W=（X，Y，Z）的 y 坐标是 Y/Z（x 坐标是 X/Z）。可见，对较远的目标，其投影更靠近图像中心。

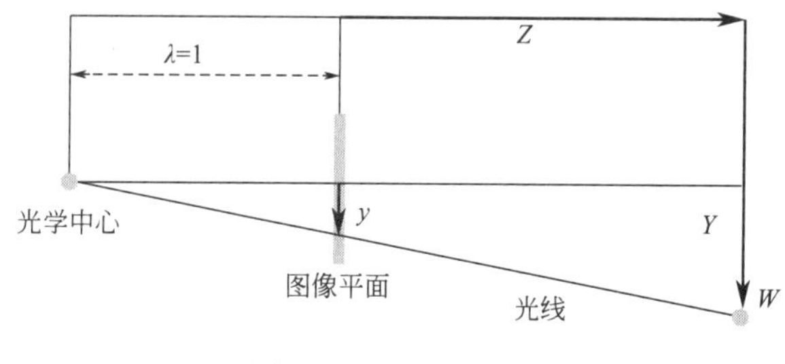

图 2–2　归一化摄像机

（2）摄像机焦距参数

实际中使用的摄像机焦距并不总是 1，且在图像平面上是使用像素而不是物理距离来表示位置的。将这两个因素考虑上，参照图 2-2，图像平面坐标与世界坐标的联系是（s 是尺度因子）：

$$x = \frac{sX}{Z} \tag{2-5}$$

$$y = \frac{sY}{Z} \tag{2-6}$$

这里需要注意，焦距的改变和传感器中光子接收单元的间距变化都会影响图像平面坐标点与世界坐标点的联系。如图 2-3（a）和（b）所示，当焦距减为一半时，成像尺寸（如 y）也减为一半。不过视场是随焦距的减小而增加的。如图 2-3（c）和（d）所示，用像素为单位确定的成像尺寸随传感器单元间距的增加而减小，当传感器密度（对应个数）减为一半时，成像像素数也减为一半。综合起来，焦距和传感器密度都以相同的方式改变从场景到像素的映射关系。

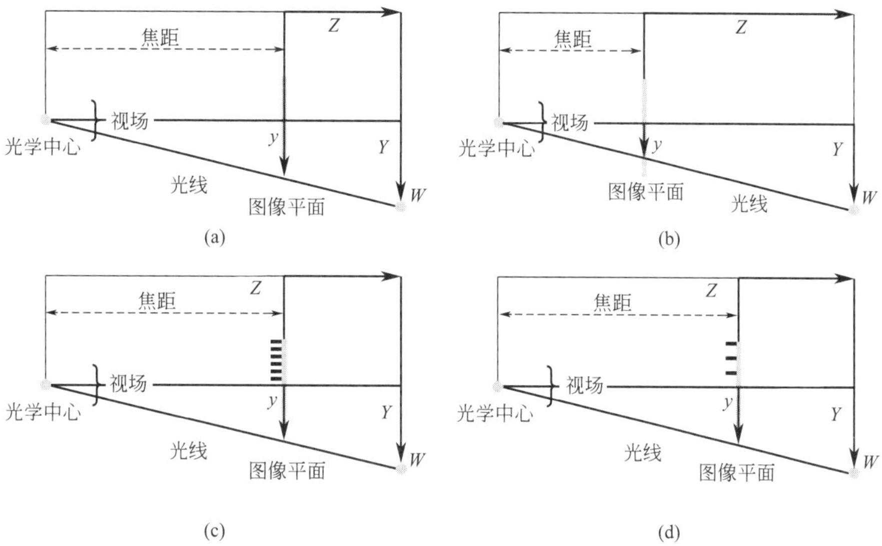

图 2-3　焦距和传感器单元间距变化的效果

如果考虑图像平面上的传感器单元的间距在 X 和 Y 方向上可以不同，则需要两个尺度因子：

$$x = \frac{s_1 X}{Z} \tag{2-7}$$

$$y = \frac{s_2 Y}{Z} \tag{2-8}$$

这两个尺度因子常被称为焦距参数。但这种说法有时容易误导人，因为它们并不仅依赖于光学中心和主点间的距离（这是真正的焦距），还依赖于传感器单元之间的距离。

前面的式（2-3）和式（2-4）都是非线性的，因为它们的分母中有变量 Z。非线性的形式对描述和分析都不太方便，为此，可以考虑使用齐次坐标来表示世界坐标系 XYZ 和摄像机坐标系 xyz。这样就可将坐标系之间的转换线性化，从而可用矢量和矩阵

的形式来简洁地表示投影成像过程。例如，一个世界坐标系统中的点可用笛卡儿坐标矢量形式表示为

$$\boldsymbol{w}=[X \quad Y \quad Z]^{\mathrm{T}} \tag{2-9}$$

则该点对应的齐次坐标矢量形式（加下标 h）为

$$\boldsymbol{w}_{\mathrm{h}}=[kX \quad kY \quad kZ \quad k]^{\mathrm{T}} \tag{2-10}$$

式中，k 是一个任意的、非零值的常数。很明显，将齐次坐标形式转换为笛卡儿坐标形式可用前 3 个坐标量去除以第 4 个坐标量而实现。

类似地，一个摄像机坐标系中的点用矢量形式可表示为

$$\boldsymbol{c}=[x \quad y \quad z]^{\mathrm{T}} \tag{2-11}$$

则该点对应的齐次坐标矢量形式为

$$\boldsymbol{c}_{\mathrm{h}}=[kx \quad ky \quad kz \quad k]^{\mathrm{T}} \tag{2-12}$$

（3）齐次坐标

考虑两条用齐次坐标矢量形式表示的 2D 直线：$\boldsymbol{L}_1=[1\ 0\ 1]$，$\boldsymbol{L}_2=[3\ 0\ 1]$。现要确定使它们相交的点。事实上，一个 3×1 的齐次点矢量 $\boldsymbol{x}$ 必定同时满足 $\boldsymbol{L}_1^{\mathrm{T}}\boldsymbol{x}=0$ 和 $\boldsymbol{L}_2^{\mathrm{T}}\boldsymbol{x}=0$。换句话说，它与 L_1 和 L_2 都正交。所以，为确定这个与 $\boldsymbol{L}_1$ 和 $\boldsymbol{L}_2$ 都正交的矢量，可计算 $\boldsymbol{L}_1$ 和 $\boldsymbol{L}_2$ 的交叉积：

$$\boldsymbol{x}=\boldsymbol{L}_1\times\boldsymbol{L}_2=\begin{bmatrix} i & j & k \\ 1 & 0 & 1 \\ 3 & 0 & 1 \end{bmatrix}=\begin{bmatrix} 0 \\ 2 \\ 0 \end{bmatrix} \tag{2-13}$$

注意所给两条直线是平行的，所以它们的相交点在无穷远处（齐次表达的最后一项为 0）。

利用齐次坐标矢量形式，如果定义投影变换矩阵为

$$\boldsymbol{P}=\begin{bmatrix} 1 & 0 & 0 & 0 \\ 0 & 1 & 0 & 0 \\ 0 & 0 & 1 & 0 \\ 0 & 0 & -1/\lambda & 1 \end{bmatrix} \tag{2-14}$$

则从世界坐标点向图像平面的投影可用其齐次坐标矢量 $\boldsymbol{w}_{\mathrm{h}}$ 和 $\boldsymbol{P}$ 的乘积 $\boldsymbol{P}\boldsymbol{w}_{\mathrm{h}}$ 给出，即

$$\boldsymbol{c}_{\mathrm{h}}=\boldsymbol{P}\boldsymbol{w}_{\mathrm{h}}=\begin{bmatrix} 1 & 0 & 0 & 0 \\ 0 & 1 & 0 & 0 \\ 0 & 0 & 1 & 0 \\ 0 & 0 & -\dfrac{1}{\lambda} & 1 \end{bmatrix}\begin{bmatrix} kX \\ kY \\ kZ \\ k \end{bmatrix}=\begin{bmatrix} kX \\ kY \\ kZ \\ -\dfrac{kZ}{\lambda+k} \end{bmatrix} \tag{2-15}$$

这里矢量 $\boldsymbol{c}_{\mathrm{h}}$ 的各个元素分别给出齐次形式的摄像机坐标，这些坐标可用 $\boldsymbol{c}_{\mathrm{h}}$ 的前 3 项分

别去除以第 4 项转换成笛卡儿形式。很容易验证，转换为笛卡儿坐标后的图像平面坐标仍满足式（2-3）和式（2-4）。

根据前面的讨论，将 3D 客观世界的每一点投影到 2D 图像平面上都有唯一对应的一个点。反过来，给定一个图像点，它都对应于 3D 客观景物中唯一的一个点吗？从数学角度，利用矩阵运算规则可由式（2-14）得

$$\boldsymbol{w}_{\mathrm{h}} = \boldsymbol{P}^{-1}\boldsymbol{c}_{\mathrm{h}} \tag{2-16}$$

其中逆投影变换矩阵 $\boldsymbol{P}^{-1}$ 是

$$\boldsymbol{P}^{-1} = \begin{bmatrix} 1 & 0 & 0 & 0 \\ 0 & 1 & 0 & 0 \\ 0 & 0 & 1 & 0 \\ 0 & 0 & \dfrac{1}{\lambda} & 1 \end{bmatrix} \tag{2-17}$$

但由图 2-1 可知，2D 图像平面上的每个点都可能是 3D 客观世界中处于一条直线上的所有的点的投影结果。事实上，这条直线的方程在世界坐标系中仍可由式（2-3）和式（2-4）得到，如果从中反解出 X 和 Y，则有

$$X = \frac{x}{\lambda}(\lambda - Z) \tag{2-18}$$

$$Y = \frac{y}{\lambda}(\lambda - Z) \tag{2-19}$$

由以上两式可知，要确定投影到图像点的一个 3D 空间点的 X 和 Y 坐标还需要知道它的 Z 坐标否则不可能将一个 3D 点的坐标从它的图像中完全恢复过来。换句话说，仅根据一个像素在图像平面的位置，不能唯一地确定是世界坐标系中哪个位置的景物所成的像。

从本质上讲，空间场景经过投影变换到图像平面上后损失了一部分信息（距离信息），所以需要先将这部分信息恢复过来，才能将图像点返回到空间场景中。

2.1.2 分离模型

下面考虑摄像机坐标系 xyz 与世界坐标系 XYZ 不重合的情况。图 2-4 所示为此时的成像过程的几何模型示意图。图像平面的中心（也是摄像机坐标系 xyz 的原点）与世界坐标系的位置偏差用矢量 $\boldsymbol{D}$ 表示，其分量分别为 D_x，D_y，D_z。这里假设摄像机的扫视角（x 和 X 轴间的夹角）为 γ，而倾斜角（z 和 Z 轴间的夹角）为 α。如果将 XY 平面考虑为地球的赤道面，让 Z 轴指向地球北极，则扫视角对应经度，而倾斜角对应纬度。

这个世界坐标系与摄像机坐标系不重合的摄像机模型可通过以下一系列步骤转换为前面的重合模型：① 将图像平面原点按矢量 $\boldsymbol{D}$ 移出世界坐标系的原点；② 以某个 γ

角（绕 z 轴）扫视 x 轴；③ 以某个 α 角将 z 轴倾斜（绕 x 轴旋转）。

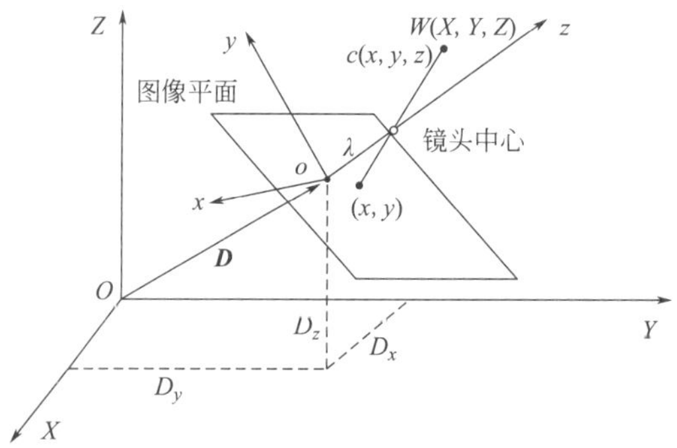

图 2-4　世界坐标系统与摄像机坐标系统不重合时的投影成像示意图

让摄像机相对世界坐标系运动也等价于让世界坐标系相对摄像机逆运动。具体来说，可对每个世界坐标系中的点分别进行上述几何关系转换所采取的 3 个步骤。平移世界坐标系的原点到图像平面原点可用下列平移矩阵完成。

$$\boldsymbol{T}=\begin{bmatrix}1 & 0 & 0 & -D_x \\ 0 & 1 & 0 & -D_y \\ 0 & 0 & 1 & -D_z \\ 0 & 0 & 0 & 1\end{bmatrix} \tag{2-20}$$

换句话说，位于坐标为（D_x，D_y，D_z）的齐次坐标点 $\boldsymbol{D}_{\mathrm{h}}$ 经过变换 $\boldsymbol{TD}_{\mathrm{h}}$ 后位于变换后新坐标系的原点。

进一步考虑如何将坐标轴重合的问题。扫视角 γ 是 x 和 X 轴间的夹角。为了以需要的 γ 角扫视 x 轴，只需将摄像机逆时针（以从旋转轴正向看原点来定义）绕 z 轴旋转 γ 角，即

$$\boldsymbol{R}_\gamma=\begin{bmatrix}\cos\gamma & \sin\gamma & 0 & 0 \\ -\sin\gamma & \cos\gamma & 0 & 0 \\ 0 & 0 & 1 & 0 \\ 0 & 0 & 0 & 1\end{bmatrix} \tag{2-21}$$

没有旋转（γ=0°）的位置对应 x 和 X 轴平行。类似地，倾斜角 α 是 z 和 Z 轴间的夹角，可以将摄像机逆时针绕 x 轴旋转 α 角以达到倾斜摄像机 α 角的效果，即

$$\boldsymbol{R}_\alpha=\begin{bmatrix}1 & 0 & 0 & 0 \\ 0 & \cos\alpha & \sin\alpha & 0 \\ 0 & -\sin\alpha & \cos\alpha & 0 \\ 0 & 0 & 0 & 1\end{bmatrix} \tag{2-22}$$

没有倾斜（α=0°）的位置对应 $\boldsymbol{z}$ 和 Z 轴平行。

分别完成以上两个旋转的变换矩阵可以成为一个统一的旋转矩阵：

$$R = R_\alpha R_\gamma = \begin{bmatrix} \cos\gamma & \sin\gamma & 0 & 0 \\ -\sin\gamma\cos\alpha & \cos\alpha\cos\gamma & \sin\alpha & 0 \\ \sin\alpha\sin\gamma & -\sin\alpha\cos\gamma & \cos\alpha & 0 \\ 0 & 0 & 0 & 1 \end{bmatrix} \tag{2-23}$$

这里 $\boldsymbol{R}$ 代表摄像机在空间旋转带来的影响。

如对空间点的齐次坐标 $\boldsymbol{W}_\mathrm{h}$ 进行上述一系列变换 $\boldsymbol{RTW}_\mathrm{h}$，就可把世界坐标系与摄像机坐标系重合起来。一个满足图 2-4 所示的几何关系的摄像机观察到的齐次世界坐标点在摄像机坐标系中具有如下的齐次表达：

$$\boldsymbol{c}_\mathrm{h} = \boldsymbol{PRTW}_\mathrm{h} \tag{2-24}$$

式中，$\boldsymbol{P}$ 为式（2-24）的透视变换矩阵。

用 $\boldsymbol{c}_\mathrm{h}$ 的第 1 项和第 2 项去除以它的第 4 项可以得到世界坐标点成像后的笛卡儿坐标（x, y）。展开式（2-24）并将它转换为笛卡儿坐标可得到

$$x = \lambda \frac{(X - D_x)\cos\gamma + (Y - D_y)\sin\gamma}{-(X - D_x)\sin\alpha\sin\gamma + (Y - D_y)\sin\alpha\cos\gamma - (Z - D_z)\cos\alpha + \lambda} \tag{2-25}$$

$$y = \lambda \frac{-(X - D_x)\sin\gamma\cos\alpha + (Y - D_y)\cos\alpha\cos\gamma + (Z - D_z)\sin\alpha}{-(X - D_x)\sin\alpha\sin\gamma + (Y - D_y)\sin\alpha\cos\gamma - (Z - D_z)\cos\alpha + \lambda} \tag{2-26}$$

它们给出了世界坐标系中点 W（X, Y, Z）在图像平面中的坐标。

不重合模型中的图像平面坐标计算分析如下。

设将一摄像机按图 2-5 所示的位置安置以观察场景。设摄像机中心位置为（0，0，1），摄像机的焦距为 0.05 m，扫视角为 135°，倾斜角为 135°，现需要确定此时空间点 W（1，1，0）的图像平面坐标。

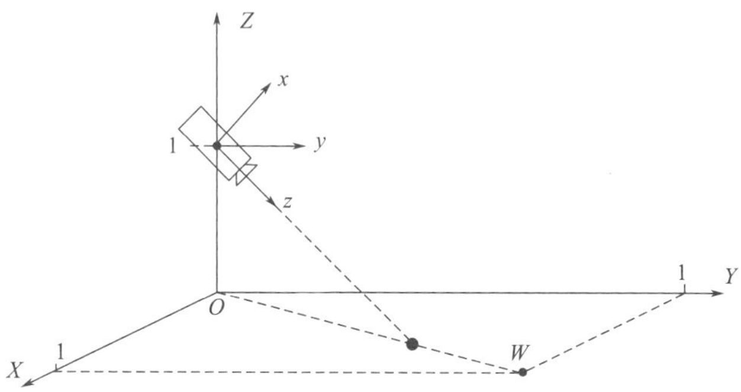

图 2–5　摄像机观察三维场景示意图

下面借助图 2-6 来介绍将摄像机由图 2-1 所示的正常（重合）位置转换到图 2-5 所示的特定（不重合）位置所需的步骤。图 2-6（a）所示为摄像机处在图 2-1 所示的正常位置时其与世界坐标系的关系。转换的第 1 步是将摄像机平移出原点，结果如图 2-6

（b）所示。注意此步骤后世界坐标系统只是用来作为衡量角度的参考，即所有旋转都是绕新（即摄像机）坐标轴进行的。第 2 步是绕 z 轴旋转扫视，表示绕摄像机 z 轴扫视的观察面如图 2-6（c）所示，其中 z 轴的指向为从纸中出来。注意，这里摄像机绕 z 轴的旋转是逆时针的，所以 γ 为正。第 3 步是绕 x 轴旋转倾斜，表示摄像机绕 x 轴旋转并相对 z 轴倾斜的观察面如图 2-6（d）所示，其中 x 轴的指向为从纸中出来。摄像机绕 x 轴的旋转也是逆时针的，所以 α 为正。在图 2-6（c）和（d）中，都使用虚线来表示世界坐标轴，以强调它们只用来建立角 α 和角 γ 的原始参考。

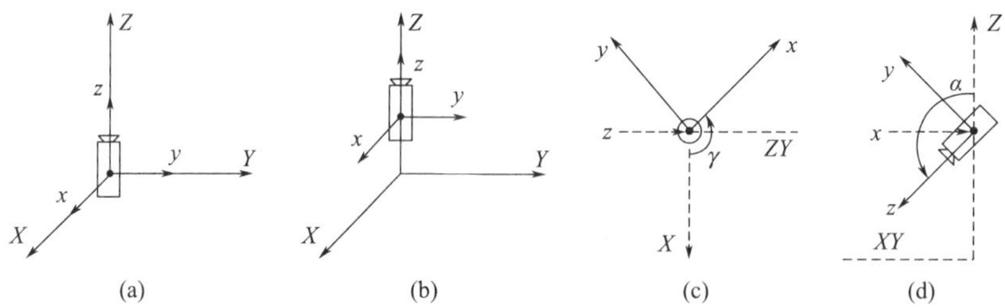

图 2-6　对摄像机的平移和旋转

将前面给出的各参数值代入式（2-25）和式（2-26），可得 W（1，1，0）点的像坐标为 x=0m 和 y=−0.008837488m。

2.2　机器视觉系统成像参数设计

机器视觉系统的成像参数对于系统的性能至关重要，包括分辨率、视场角、工作距离、景深等。

分辨率：相机每次采集图像的像素点数。其主要用于衡量相机对物像中明暗细节的分辨能力，一般用 $W \times H$ 的形式表示，W、H 分别表示图像水平方向 / 垂直方向上每一行 / 列的像素数。如 30 万像素的相机，其分辨率一般为 640×480，总像素数为 307200，即 30.72 万像素。就同类相机而言，分辨率越高，相机的档次也就越高。但选择相机时并不是分辨率越高越好，一般来讲，相机像素精度≥项目测量精度。

像素尺寸：每一个像素的实际大小，单位一般是 μm。在传感器尺寸一样的情况下，像素尺寸越小，得到的图像越大。

像素深度：每位像素数据的位数。一般来说，8bits 表示黑白图像，24bits 表示彩色 RGB 图像，总的来说，像素的深度越大，图像的颜色信息也越丰富，但相应的图像文件也就越大。

帧率：相机每一秒钟拍摄的帧数，对于面阵相机一般为每秒采集的帧数（Frames/s），对于线阵相机为每秒采集的行数（Hz）。帧率越大，每秒捕捉到的图像越多，图像显示就越流畅。通常一个系统要根据被测物的运动速度大小、视场大小、测量精度计算得出需要什么帧率的相机。

曝光（exposure）方式和快门（shutter）速度：对于线阵相机都是逐行曝光的方式可以选择固定行频和外触发同步的采集方式，曝光时间可以与行周期一致，也可以设定一固定的时间；面阵相机有帧曝光、场曝光和滚动行曝光等几种常见方式，数字相机一般都提供外触发采图的功能。快门速度一般可到 10μs，高速相机还可以更快。

物距与焦距：物距是目标对象与相机的距离。焦距指目标对象在镜头的像方所成像位置到像方主面的距离。焦距体现了镜头的基本特性：即在不同物距上，目标的成像位置和成像大小由焦距决定。对于相同的感光元件，搭配的镜头焦距越长，视场角越小，反之也成立（排除枕形畸变的影响）。

最大像面：镜头能支持的最大清晰成像范围（常用可观测范围的直径表示），超出这个范围所成的像对比度会降低，而且会变得模糊不清。由于机器视觉成像系统中的传感器多制作成长方形或正方形，因此镜头的最大像面常用它可以支持的最大传感器尺寸（单位为 in，靶面 1in 表示对角线 16mm）来表示。相应地，镜头的视场也可以用最大像面所对应的横向和纵向观测距离或视场角来表示，如图 2-7 所示。

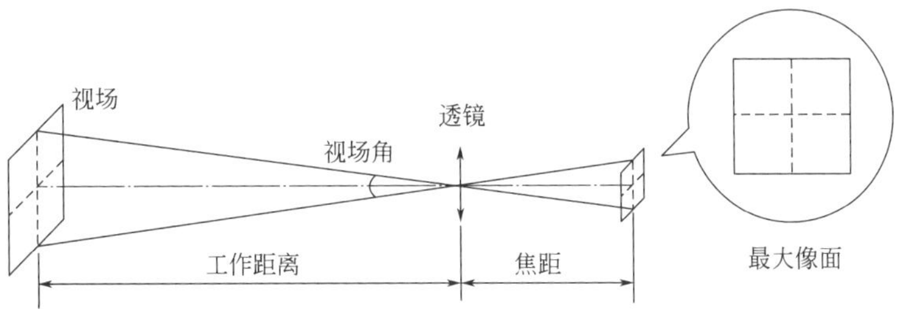

图 2-7　机器视觉系统中镜头的视场和最大像面

视场 / 视场角：镜头的视场就是镜头最大像面所对应的观测区域。视场角是指从光学仪器的光学中心出发，能够看到的场景区域的边缘视线之间的夹角。也就是说，如果目标物体超过视场角就不会被收在镜头里。在远距离成像系统中，例如望远镜、航拍镜头等，镜头的成像范围均用视场角来衡量。而近距离成像中，常用实际物面的直径（即幅面）来表示。

光圈（F）：光圈是镜头相对孔径的倒数，它是一个用来控制光线透过镜头进入机身内感光面光量的装置，一般用 F 来表示这一参数。例如，镜头的相对孔径是 1 ∶ 2，光圈记为 $F2.0$，也就是说，光圈系数的标称值数字越小，表示其实际光圈越大。当相机曝光时间、增益等参数恒定时，光圈越大，进入相机的光线越多，画面就越亮。因此对于光线比较暗的场合，可选用大一点的光圈。

景深：在镜头前方沿着光轴所测定的能够清晰成像的范围，与镜头和成像系统关系十分密切。可成清晰像的最远的物平面称为远景平面，它与对准平面的距离称为

后景深 DOF_2；能成清晰像的最近物平面称为近景平面，它与对准平面的距离称为前景深 DOF_1。景深 = 前景深 + 后景深。如图 2-8 所示，与景深有关的计算公式如式（2-27）~式（2-29）所示。

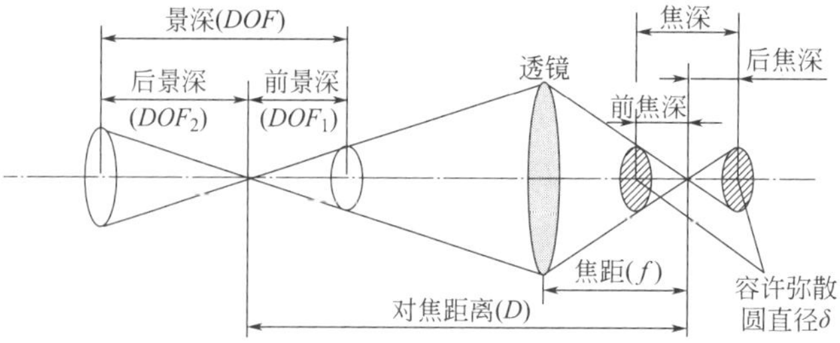

图 2–8　景深示意图

$$\text{前景深：}DOF_1 = \frac{F\delta D^2}{f^2 + F\delta D} \tag{2-27}$$

$$\text{后景深：}DOF_2 = \frac{F\delta D^2}{f^2 - F\delta D} \tag{2-28}$$

$$\text{景深：}DOF = \frac{2f^2 F\delta D^2}{f^4 - F^2\delta^2 D^2} \tag{2-29}$$

式中，δ 为容许弥散圆直径；f 为镜头焦距；D 为对焦距离；F 为镜头的拍摄光圈值。

对比度：描述图像最亮处和最暗处的亮度差异，通常通过调制度（M）来表示。M 用于量化光学系统对比度的传递能力，通常通过调制传递函数（MTF）来描述，MTF 反映了光学系统在不同空间频率下对比度的传递特性，如式（2-30）所示。

$$MTF = \frac{(I'_{\max} - I'_{\min}) / (I'_{\max} + I'_{\min})}{(I_{\max} - I_{\min}) / (I_{\max} + I_{\min})} \tag{2-30}$$

式中，$I'_{\max}$ 和 $I'_{\min}$ 表示像的最大和最小灰度值；$I_{\max}$ 和 $I_{\min}$ 表示物的最大和最小灰度值。很明显，MTF 介于 0 ~ 1，MTF 越高，意味着对比度越大；当图像中的最大亮度和最小亮度相等，此时 MTF 为 0。

2.3　机器视觉系统硬件组成

一般来讲，机器视觉系统的硬件组成包括照明设备、镜头、图像传感器和通信模块等。照明设备可以照亮要检测的零件，使其特征突出，从而可通过相机被清晰地看到；镜头采集图像并以光的形式将其传送给图像传感器；图像传感器将光转换为数字图像；最后通过离散 I/O（input/output）信号或串行连接，将数据发送到记录信息或使用信息的设备，从而完成通信。

2.3.1 照明设备

照明设备的主要作用是：将外部光源以合适的方式照射到被测目标物体表面，以突出图像的特定特征，并抑制外部干扰等，从而实现图像中目标与背景的最佳分离，提高系统检测精度与运行效率。机器视觉光源主要包括卤素灯、荧光灯、氙灯、LED（light emitting diode）、激光、红外、X 射线等。其中，卤素灯和氙灯具有宽的频谱范围和高能量，但属于热辐射光源，发热多，功耗相对较高；荧光灯属于气体放电光源，发热相对较低，调色范围较宽；LED 发光是半导体内部的电子迁移产生的发光，属于固态电光源，发光过程不产生热，具有功耗低、寿命长、发热少、可以做成不同外形等优点，LED 光源已成为机器视觉的首选光源；而红外光源与 X 射线光源应用领域较为单一。

视觉系统可基于环境和应用、光源的照射方式，提供 6 种不同的照明选项组合，包括背光式、轴向漫射式、结构光式、暗场式、明场式、漫射穹顶式等。

① 背光照明。背光照明从目标后侧投射均匀的光照，从而突出目标的轮廓。该照明类型用于检测孔或间隙的存在与否，目标轮廓形状的测量或验证，以及增强显示透明目标部件上的裂缝、气泡和挂擦。但是，此类照明方式可能会丢失物件的表面细节信息。

② 轴向漫射照明。轴向漫射照明将光从侧面（同轴）耦合到光程中。一个半透明的镜子从侧面照亮，将光线以 90° 向下投射到物件上。此种照明方式，通过半透明镜将光线反射回相机，可减少阴影，并且眩光较少，从而形成照明均匀且外观均匀的图像。该种方式适合检测反光、平坦表面上的缺陷，测量或检查有反光的物体，以及检查透明包装。

③ 结构光照明。结构光照明将光图案（平面、栅格或更复杂的形状）以已知角度投影到物件上。此种照明方式非常适用于与对比度无关的表面检测、获取尺寸信息和计算体积等场景。

④ 暗场照明。暗场照明技术以小角度光照射目标，镜面反射光从相机反射出去，来自物件表面的所有纹理特征（如刮擦、边线、印记、凹口等）被反射到摄影机中使这些表面功能特征显得明亮，而其余部分则显暗。此种照明方式通常优先用于低对比度的应用场景。

⑤ 明场照明。此种照明方式常用于高对比度应用。然而，高定向光源（如高压钠灯和石英卤素灯等）可能会产生尖锐的阴影，并且通常不会在整个视野中提供一致的照明。因此，发光或反射表面上的热点和镜面反射可能需要更多的漫射光源，以在明场中提供均匀的照明。

⑥ 漫射穹顶照明。此种照明方式可为物件的表面特征提供最均匀的照明，并且能

够遮掩无关的且可能会混淆场景信息的特征。

此外，光源颜色也会对图像对比度产生显著影响，一般来说，波长越短，穿透性就越强，反之则扩散性越好。因此，选择光源需要考虑光源波长特性，如红色光源多用于半透明等物体检测。同时，光源旋转需要考虑光源与物体的色相性，通过选择色环上相对应的互补颜色来提高目标与背景间的颜色对比度。因此，在实际应用中，需考虑光源与物体颜色的相关性，选择合适的光源来过滤掉干扰，如对于某特定颜色的背景常采用与背景颜色相近的光源来提高背景的亮度，以改善图像对比度。

2.3.2 镜头

机器视觉系统中，镜头作为机器的眼睛，主要作用是捕捉目标物件的图像，并将其传到图像传感器的光敏器件上，从而使机器视觉系统能够从图像中提取目标物件的信息。镜头决定了拍摄图像的质量和分辨率，直接影响机器视觉系统的整体性能。合理地选择和安装镜头，是设计机器视觉系统的重要环节。常见的以成像为目的的镜头，可以分为透镜和光阑两部分，透镜侧重于光束的变换，光阑侧重于光束的取舍约束。镜头的种类繁多，按照变焦与否可分为定焦镜头和变焦镜头。镜头的选择也非常重要，通常会根据放大率、焦距、靶面直径、视场角来选择。

镜头的其他物理参数包括光圈、景深、视野、视场角等，各参数之间相互关联。其中焦距越小，视场角越大；最小工作距离越短，视野越大。光圈和焦距的大小直接影响景深，光圈越大，景深越短；焦距越大，景深也越短，反之亦然。除此之外，镜头的接口类型与相机的安装方式分为 F 型、C 型、CS 型三种。F 型接口是通用型接口，适用于焦距大于 25mm 的镜头；而当焦距小于 25mm 时，常采用 C 型或 CS 型接口。

2.3.3 图像传感器

相机捕捉被检物件图像的能力，不仅取决于镜头，还取决于相机内的图像传感器。图像传感器通常使用电荷耦合器件（charge-coupled device，CCD）或互补金属氧化物半导体（complementary metal oxide semiconductor，CMOS）技术，以将光信号（光子）转换为电信号（电子）。CCD 是一种半导体器件，其作用就像胶片一样能够把光学影像转化为电信号。CCD 上植入的微小光敏物质称作像素（pixel），一块 CCD 上包含的像素数越多，其提供的画面分辨率也就越高。CMOS 则是通过外界光照射像素阵列，发生光电效应，在像素单元内产生相应的电荷，行选择逻辑单元根据需要选择相应的行像素单元，最后转换成数字图像信号输出。

本质上，图像传感器就是采集光源并将其转换为数字图像，以平衡噪声、灵敏度和动态范围。与光敏二极管、光敏三极管等“点”光源的光敏元件相比，图像传感器是将其受光面上的光像分成许多小单元，将光信号转换成可用的电信号的一种功能器件。图像传感器分为光导摄像管和固态图像传感器。与光导摄像管相比，固态图像传感器具有体积小、重量轻、集成度高、分辨率高、功耗低、寿命长等特点。图像是像素的集合，弱光产生暗像素，而强光产生更亮的像素。确保相机具有适合的传感器分辨率至关重要，分辨率越高，图像的细节就越多，测量也就越精确。零件的尺寸、公差，以及其他参数将决定所需的传感器分辨率。

2.3.4 通信模块

在完成目标物体图像的采集和处理后，需要将视频图像信号和处理结果传输至上位机显示出来，同时还要与上位机连通以获取指令，这部分功能由通信模块完成。由于机器视觉通常使用各种现成的组件，所有这些部件必须能够快速、方便地协调，并连接到其他元件，因此它们通常都是通过离散 I/O 信号或串行连接，将数据发送到记录信息或使用信息的设备来完成的。

离散 I/O 点可连接至可编程逻辑控制器（programmable logic controller，PLC），然后 PLC 使用该信息控制工作单元或指示灯（如堆栈指示灯），或直接连接至控制阀以用于触发拒绝机制。

通过串行连接进行的数据通信，可以采用常规 RS-232 串行或以太网（ethernet）的形式输出。部分系统采用了更高级别的工业协议，如以太网 /IP（ethernet/IP），可连接监视器或其他操作员接口等设备，以提供与应用相关的操作员界面接口，方便过程监控。

2.4 机器视觉系统分类及选用

广义上讲，机器视觉系统包括三类：一维机器视觉系统、二维机器视觉系统和三维机器视觉系统。

2.4.1 一维机器视觉系统

一维机器视觉系统仅一次分析一行数字信号，而不是一次查看分析整张图片，如分析评估最近一组（共 10 行）采集的线与之前一组线之间的差异。一维机器视觉系统通常对连续制造加工过程中材料存在的缺陷进行检测和分类，如纸张、金属、塑料和其他无纺布片材或卷材。在上述示例中，为检测板材中的缺陷，当物件移动时，一维机器视觉一次仅扫描一行。

2.4.2 二维机器视觉系统

二维机器视觉系统根据灰度或彩色图像中对比度的特征提供结果，适用于缺失 / 存在检测、离散对象分析、图案对齐、条形码和光学字符识别（optical character recognition，OCR）以及基于边缘检测的各种二维几何分析，用于拟合线条、弧线、圆形及其关系（距离、角度、交叉点等）。二维机器视觉系统在很大程度上由基于轮廓的图案匹配驱动，以识别部件的位置、尺寸和方向。技术人员可以使用二维机器视觉系统来识别零件并创建动态适应零件位置、角度和尺寸的检测工具，从而实现零件移动的稳健测量。

通过相机线扫描方式，来逐行创建二维图像，是一种常见的二维机器视觉。相机在执行面阵扫描目标物件时，如印制电路板（printed circuitboard，PCB），可采集得到不同分辨率下目标物件的二维图像。随着分辨率的增大，目标物件的图像清晰度得到很大提升。但是在某些应用中，线扫描技术比面阵扫描技术更具优势。例如，检查圆形或圆柱形物件可能需要多个面阵扫描相机来覆盖整个物件表面。但是线扫描相机只需要扫描旋转的物件，即可通过展开图像以捕获整个表面。例如，当相机必须通过输送机上的滚轮监视物件底部时，线扫描技术更容易通过狭窄的空间去观测扫描。另外，线扫描技术通常也可以获取比传统相机高得多的分辨率。由于线扫描技术需要物件的运动来构建二维图像，因此更适合连续运动物件的检测。

2.4.3 三维机器视觉系统

三维机器视觉系统从灰度图中提取被测物特征，在 *X-Y* 平面内进行测量。当遇到需要高度测量或 *Z* 方向信息，如需要测量高度、深度、厚度、平面度、体积、磨损等情况时，二维机器视觉技术往往无能为力。甚至在被测物灰度图像对比度较差，无法准确提取被测物特征值时，也难以实现。这时，三维机器视觉技术就成为解决机器视觉问题的重要手段。

三维机器视觉显然就是用来显示立体影像的，其基本原理就是输出两个画面，让双眼看到不同的画面，画面之间的差别会使人产生立体感。三维视觉测量不仅拥有更为丰富、更为强大的功能，还有着更加便捷的操作，在耐用性和维护管理方面也表现得更为出色。用三维机器视觉系统进行测量时，拥有更多的优势，如精度高、测量速度快、适配性强、抗干扰能力强、数据采集更加丰富、操作便捷、易于维护等。

三维机器视觉系统通常包括多个相机，或者一个或多个激光位移传感器。其通过安装在不同位置的多个相机对三维空间中的目标物件进行“三角测量”从而获取物件的位置和姿态等关键信息。

相比之下，三维激光位移传感器的应用通常包括表面检查和体积测量，只需一个摄像头即可获取三维信息，利用物体上反射的激光位置位移生成高度图。与线扫描类似，它必须移动物件或相机才能生成整个物件的图像。借助校准的偏置激光器，三维激光位移传感器可以测量表面高度和平面度等参数，精度在 20μm 以内。

三维机器视觉是一个多学科的交叉融合，可以说是计算图形学、机器视觉技术、人工智能的综合体。具体来讲，它包含以下 4 个任务：

① 三维重建。三维重建包括三维场景的深度估计或者对物体表面的数字化采样以

及对三维数据的处理及展示。

② 涉及任务。涉及任务包括单目重建、双目重建、基于结构光的重建、基于激光的重建、大场景三维重建、移动端三维重建。

③ 位姿感知。位姿感知是对相机或物体在三维物理空间中的位置和朝向的计算以及实时跟踪。

④ 三维理解。三维理解是指物体的检测、识别、检索，以及对场景或者物体的分割和语义标记等。

可以说，三维机器视觉涵盖了多个学科的内容。无论是视觉、图形学，还是机器人、自动化、机器学习等方向，都会涉及三维机器视觉的内容。

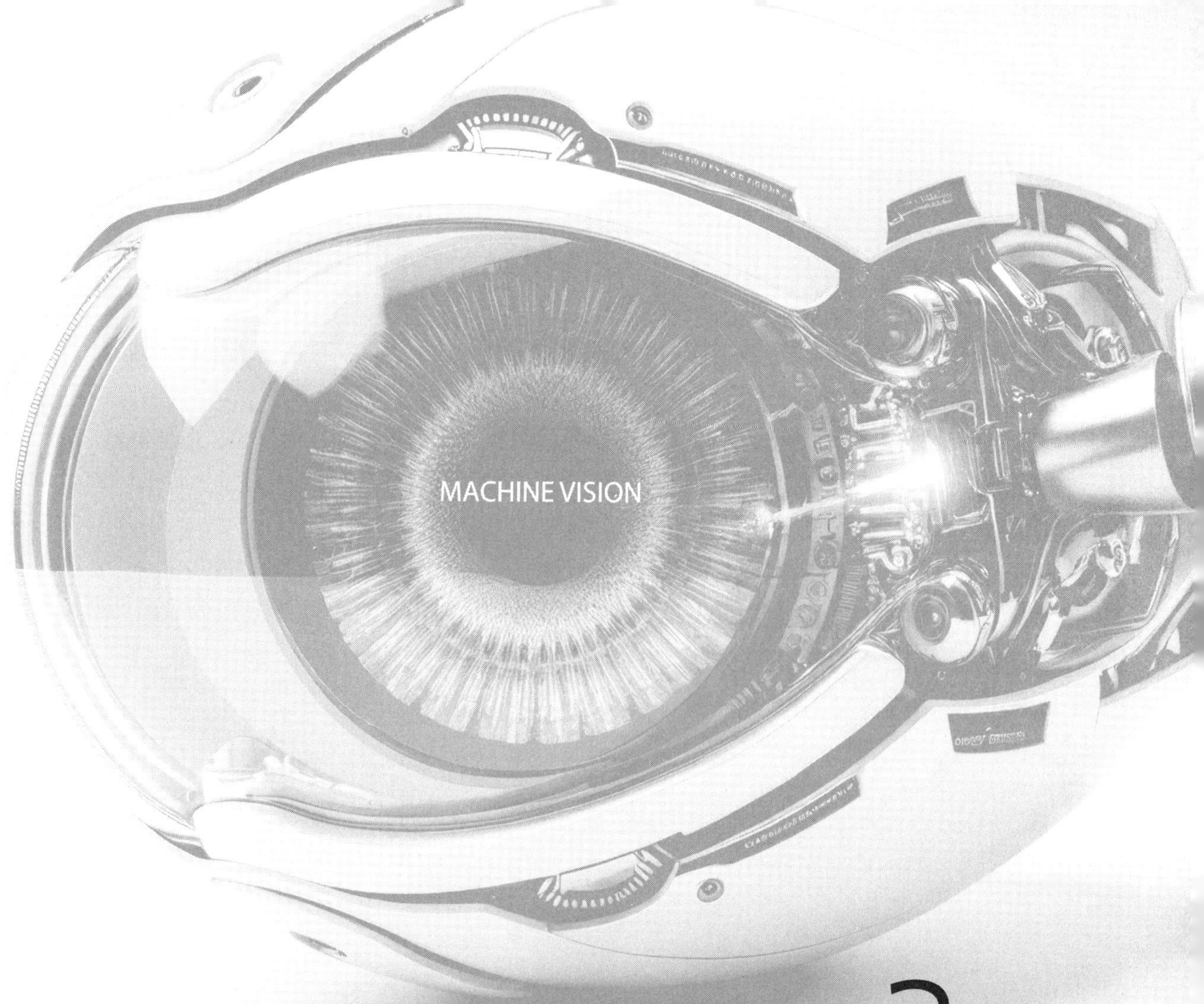

第3章

机器视觉系统光源的选用

MACHINE VISION

3.1 光源的作用、分类和照明方式

3.1.1 光源的作用

在机器视觉系统中，光源起着非常重要的作用。它提供了必要的照明条件，使得系统可以获取清晰、准确的图像并进行有效的图像处理和分析。在目前的机器视觉应用系统中，没有一个通用的照明系统能够适应各种场合，好的光源与照明方案往往是整个系统成败的关键。通过适当的光源照明设计，使图像的目标信息与背景信息得到最佳的分离，可以大大降低图像处理算法分割、识别的难度，同时提高系统的定位、测量精度，使得系统的可靠性和综合性能得到提高。反之，如果光源设计不当，会导致在图像处理算法设计和成像系统设计中事倍功半。以下是光源在机器视觉系统中的几个重要作用。

- 提供照明：光源提供了足够的光线，使得被拍摄对象能够得到充分的照明。这有助于减小图像中的阴影，减少噪点和提高图像的对比度，从而改善图像质量。
- 产生特定光谱：根据不同的应用需求，可以选择特定的光源来产生特定波长的光。这在某些应用中非常重要，比如颜色检测和分析、荧光成像等。
- 提供方向性照明：通过使用特定方向的光源，可以获得更多关于被拍摄对象的表面特征和形状信息。例如，使用侧面照明可以突出物体的纹理和轮廓，有助于检测和识别。
- 增强对比度：适当的照明可以增强图像中的对比度，使得需要识别和分析的目标更加明显。通过调整光源的强度和角度，可以更好地突出目标特征并提高算法的准确性。
- 消除表面反射：在某些情况下，被拍摄对象的表面可能会产生反射，导致图像质量降低。通过使用适当的光源，可以减少或消除这些反射，提高目标的可见性。
- 环境适应：光源可以用来适应不同的环境条件。例如，在光线较暗的情况下，可以增加光源的亮度以提高图像质量和系统性能。而在光线强烈的环境下，可以调整光源的角度或使用滤光片来减少过曝光或镜头散光等问题。
- 缺陷检测：光源可以帮助检测产品或材料表面的缺陷。适当的照明可以使缺陷更加明显，便于系统进行自动检测和分析。例如，在电子产品制造中，使用适当的照明可以帮助检测电路板上的焊接问题或零件组装时的缺陷。
- 调整成像参数：光源可以用于调整图像传感器的曝光时间和增益等成像参数。通过控制光源的强度，可以在保证图像质量的同时，改变图像的亮度和对比度，以适应不同的应用需求。
- 跟踪运动对象：在一些需要跟踪运动对象的应用中，光源的快速开关和闪光功

能可以用来减少模糊和运动伪影。通过快速提供足够的照明和捕捉高速运动的图像，系统可以更准确地跟踪和分析运动对象的位置和形态。

总的来说，光源在机器视觉系统中的作用是多方面的，包括提供照明、产生特定光谱、提供方向性照明、增强对比度、消除反射、适应环境、缺陷检测、调整成像参数和跟踪运动对象等。根据具体的应用需求，合理选择和使用光源可以提高机器视觉系统的性能和准确性。

机器视觉系统中常见的光源如图 3-1 所示。

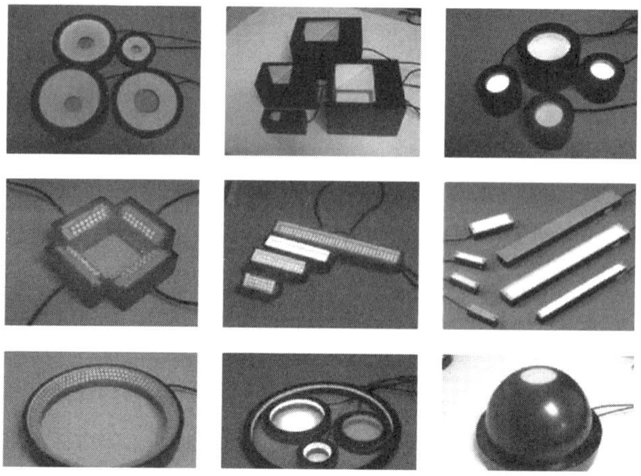

图 3-1　机器视觉系统常见光源

3.1.2　光源的分类

（1）环形光源

环形光源是一种特殊形状的光源，它具有一个环形的布局，通常被用于机器视觉系统和图像处理应用。环形光源具有以下一些特点和应用。

- 均匀照明：由于光源的环形布局，它可以提供均匀分布的照明。这使得被拍摄对象在不同角度和位置下都能获得相对均匀的照明，减少了图像中的阴影和不均匀照明带来的影响。
- 无阴影：环形光源的环形外形和中空的结构使得光源不会产生明显的阴影。这在需要清晰、无阴影图像的应用中非常有用，例如产品检验、文字识别等。
- 方便装配：环形光源通常具有紧凑的设计和便于安装的形式。它们可以轻松安装在相机周围的固定架或支架上，以便与设备集成。
- 高对比度：由于环形光源提供了从环形方向的照明，它可以突出物体的轮廓和细节，并提供更高的对比度。这对于形状识别、边缘检测等应用非常有帮助。
- 特殊效果：环形光源可以通过调整光源的颜色和亮度等参数，产生特殊的照明效果。例如，可以使用不同的颜色和模式来模拟环形光源的闪光效果，用于高速运动捕捉、物体追踪等应用。

- 轮廓提取：环形光源有助于在机器视觉系统中进行轮廓提取或形状识别。通过合理调节环形光源的亮度和角度，可以使物体的轮廓鲜明地显示出来，从而更容易进行后续的图像处理和分析。
- 耦合镜头：环形光源通常可以方便地与镜头耦合，使得光源的投射方向更加准确。这有助于减少环境的干扰，提高图像的质量和稳定性。
- 高速拍摄：环形光源可以提供快速、连续的照明，适用于高速拍摄的应用。这样可以避免运动模糊，并在短时间内获得高质量的图像，对于需要实时处理或高速检测的应用尤为重要。
- 非接触检测：由于光源的环形布局，它们可以提供非接触式的照明方式，避免物体与光源之间的物理接触。这在一些对物体有严格要求的应用中很有优势，例如在宝石、电子元件等场景中进行检测和分类。

总的来说，环形光源在机器视觉系统中具有均匀照明、无阴影、方便安装、高对比度、能够产生特殊效果、轮廓提取、耦合镜头、高速拍摄和非接触式检测等优点。这些优点使得环形光源在许多应用领域中得到了广泛的应用，如自动化生产、质量控制、机器人视觉、医学影像等。选择适合的光源类型和参数可以根据具体的应用需求来提高图像质量、系统性能和可靠性。常见环形光源及其照明方式，如图 3-2 所示。

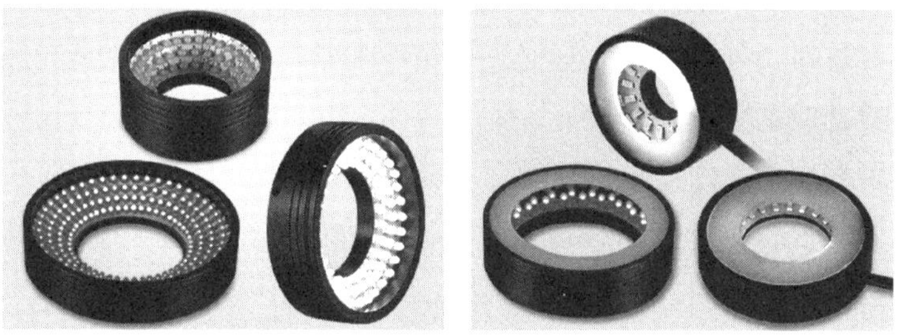

(a) 常见环形光源

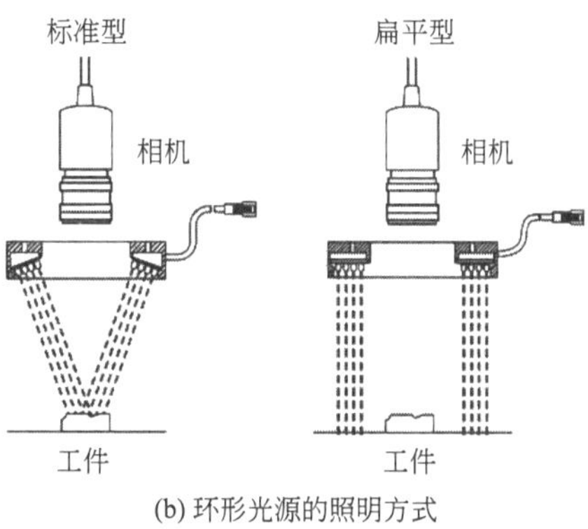

(b) 环形光源的照明方式

图 3-2　常见环形光源及其照明方式

（2）条形光源

条形光源是一种特殊形状的光源，通常呈长条状分布，用于机器视觉系统和图像处理应用。条形光源具有以下一些特点和应用。

- 方向性照明：条形光源的布局使得它可以提供方向性照明，即沿着一条直线方向提供照明。这种方向性照明可用于突出或强调物体的特定部分，提高对比度，并帮助机器视觉系统进行准确的检测和分析。
- 形状检测：由于条形光源产生的照明是沿着一条直线方向的，它可以用于形状检测和轮廓提取。通过调整条形光源的亮度和角度，可以凸显物体的边缘和轮廓，帮助识别和分析物体的形状。
- 缺陷检测：条形光源可以用于检测物体表面的缺陷。通过产生一条光线照射到物体表面，可以使缺陷如凹槽、坑洞或裂纹更加明显，方便机器视觉系统进行自动检测和分析。
- 一维码和二维码扫描：由于条形光源的方向性和均匀照明，它常用于一维码和二维码的扫描和识别。条形光源可以提供清晰、均匀的照明，确保码的准确读取和识别。
- 检测线状物缺陷：条形光源也可以用于检测线状物体的缺陷，如线材、管道等。通过提供沿直线方向的照明，可以更容易地检测出线上的缺陷或异物。
- 高亮度照明：条形光源通常具有较高的亮度，可以提供更强、更明亮的照明效果。这对于处理需要大量光亮的情况非常有用，例如在高光照射下进行精细表面检查或细微纹理分析。
- 长距离照射：由于条形光源呈长条状分布，它可以在相对较长的距离上提供照明。这使得条形光源在需要对远距离物体进行照明和检测的应用中非常有用，如长条形物体的检测和测量。
- 可调节照明角度：有些条形光源具有可调节的照明角度，可以根据具体需求进行调节。这使得其在不同形状的物体上进行照明更加灵活，可以适应不同的检测和测量需求。
- 高速运动捕捉：条形光源可以提供快速的连续照明，适用于高速运动捕捉。通过快速地调整光源的照明状态，可以获得高速运动物体的清晰图像，方便后续的分析和处理。
- 防止反射和干扰：由于条形光源的方向性照明，其在某些情况下可以减少或避免反射和干扰。通过合理调整光源的角度和位置，可以最小化光线对于物体表面的反射和干扰影响，提高图像质量和准确性。

总的来说，条形光源在机器视觉系统中具有方向性照明、形状检测、缺陷检测、一维码和二维码扫描、线状物缺陷检测、高亮度照明、长距离照射、可调节照明角度、高速运动捕捉和防止反射和干扰等优势。这些优点使得条形光源在许多应用领域中得到了广泛的应用，如自动化生产、质量控制、物流检测、电子组装等。选择适合的光源类型和参数可以根据具体的应用需求来提高图像质量、系统性能和可靠性。常见条形光源如图 3-3 所示。

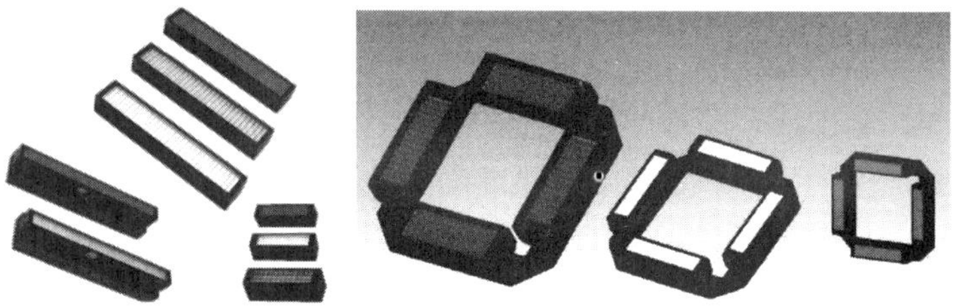

(a) 常见条形光源

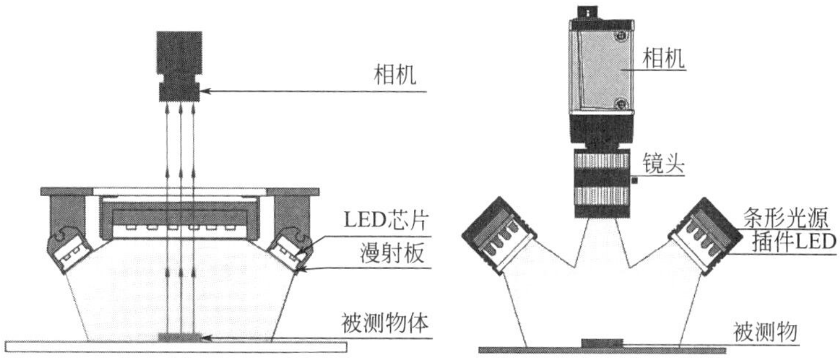

(b) 条形光源的照明方式

图 3-3 常见条形光源及其照明方式

利用条形光源以漫反射光进行拍摄、辨别，可以避免引起光晕的镜面反射光。少数情况下可将相机与光源呈相同角度倾斜，以获取镜面反射光，从而突显出刻印等的边缘成分。光泽较强时可使用偏光镜改善拍摄效果。条形光源的其他照明方式，如图 3-4 所示。

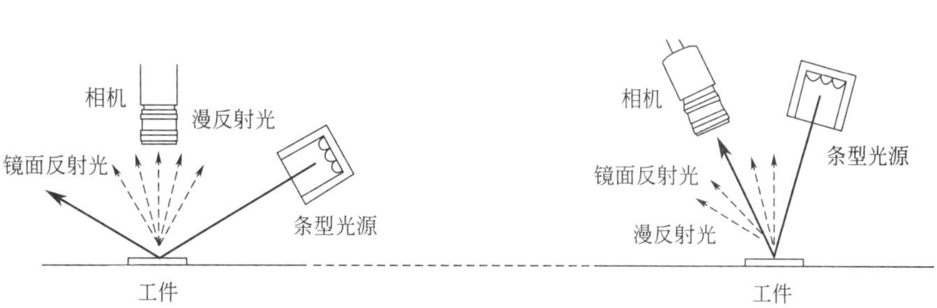

图 3-4 条形光源的其他照明方式

（3）同轴光源

同轴光源是一种特殊的光源布置方式，其特点是光源和探测器（相机或传感器）位于同一轴线上。具体而言，光源通过透射或反射的方式，沿着相机或传感器的视野方向照射被观察对象。同轴光源具有以下一些特点和应用。

- 高均匀性照明：同轴光源能够提供在被观察对象表面均匀分布的照明效果。这可以减少阴影和局部光亮度差异，有助于提供一致性和准确性的图像。
- 消除反射和眩光：由于光源和观察方向重合，同轴光源可以减少反射和眩光的问题。这对于处理带有反射表面的物体或在光线强烈的环境中进行检测和测量非常有用。
- 减少阴影效应：同轴照明提供了平行于相机视野的照明方向，可以减小或消除物体产生的阴影。这对于需要准确测量物体尺寸、进行表面测量和形状分析的应用尤为重要。
- 纹理增强：应用适当的同轴光源，可以在被观察对象上提供纹理增强的效果。这使得物体的纹理、细节和边缘更加突出，有利于图像分析和目标检测。
- 走台照明（全场均匀照明）：同轴光源能够提供在整个场景中均匀分布的照明，无论物体在场景中的位置如何变化。这对于处理较大尺寸的物体或需要全场均匀照明的场景非常有用，如机器视觉系统中的自动化检测和质量控制。
- 快速反应：同轴光源通常能够快速启动和关闭，具有很短的响应时间。这使得在需要实时控制和调整照明条件的应用中非常有用，例如快速检测和排序系统。
- 光路简单：同轴光源的光路相对较简单，由于光源和探测器位于同一轴线上，可以减少光学器件的使用，简化系统结构，降低系统的复杂性和成本。
- 适用于镜头系统：由于同轴光源的照明方向与探测器的视野方向相同，与使用镜头的光学系统更加兼容，这使得同轴光源在配合镜头进行成像和检测时能够更好地满足需求。
- 适应不同表面：同轴光源可以通过透射或反射的方式照亮不同类型的表面，包括光滑、反射和不透明的表面。这使得它适用于处理不同材质和形状的物体，具有较强的适应性。
- 成像一致性：同轴光源直接沿着视野方向照射被观察对象，不会因物体的位置变化而引起照明差异。这可以确保图像的一致性和稳定性，方便后续的图像处理和分析。

总结起来，同轴光源具有高均匀性照明、消除反射和眩光、减少阴影效应、纹理增强、走台照明、快速反应、光路简单、适用于镜头系统、适应不同表面和成像一致性等优势。同轴光源从侧面将光线发射到半反射镜上，反射镜再将光线反射到工件上，工件上的镜面反射光可以返回到相机，而工件表面如划痕等凹凸不平的部分产生的漫反射光则不能被相机接收到。其主要用于反射度较高的平整光滑表面（镜面、光泽面）如玻璃、金属平面、胶片、晶片的划伤、凹凸、缺陷和异物检测，不适用于大面积照射。同轴光源及其应用如图 3-5 所示。

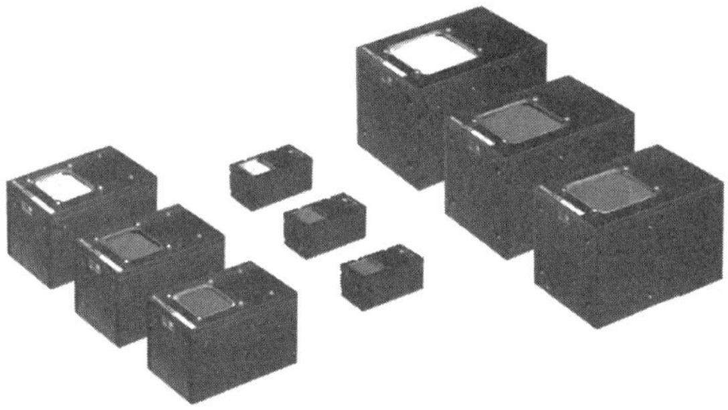

(a) 常见同轴光源

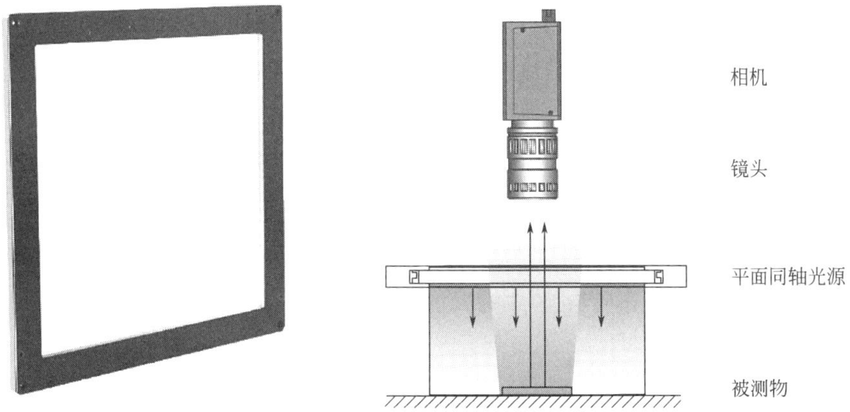

(b) 同轴光源的照明方式

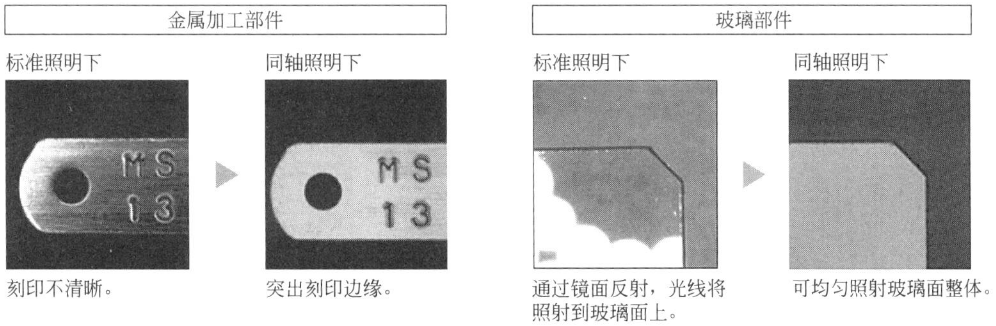

(c) 同轴光源的应用效果

图 3-5　同轴光源及其应用

(4) 圆顶光源

圆顶光源，又称作球积分光源。其具有积分效果的半球形内壁，能够均匀反射从底部 360° 发射出的光线，使场景内的照度十分均匀。因此，它能解决其他光源直接反射造成的反光不均匀（晕光）的问题，适用于曲面、凹凸表面、弧形表面等表面不平整物体的检测，以及金属、玻璃表面等容易产生晕光的工件的检测。圆顶光源具有以下一些特点和应用。

- 三维形状检测：由于圆顶光源提供了从不同角度入射的光线，可以利用平行光束或透视投影的方式进行三维形状检测。通过分析不同角度下的光线反射和投影变化，可以还原物体的真实形状和几何信息。

- 高对比度成像：圆顶光源可以产生高对比度的图像，因为它能够提供强烈的照明和阴影效果。这对于需要强调物体边缘、轮廓和细节的应用非常有用，例如边缘检测、轮廓提取和特征分析等。
- 可控亮度和颜色温度：圆顶光源通常具有可调节亮度和颜色温度的功能，可以根据不同场景的需求进行调整。这使得它能够应对不同光线条件下的成像和检测需求，提供更加适宜的照明效果。
- 高稳定性：圆顶光源通常具有稳定的光照输出和照明一致性，可以减少由光源变化引起的图像差异。这对于需要稳定性高的应用和长时间运行的系统非常重要，例如长时间曝光、时间序列分析和运动跟踪等。

常见圆顶光源及其应用如图 3-6 所示。

（5）背光光源

背光光源与相机布置在工件的两侧，通过透过或透射的方式照亮被观察对象，可

(a) 常见圆顶光源

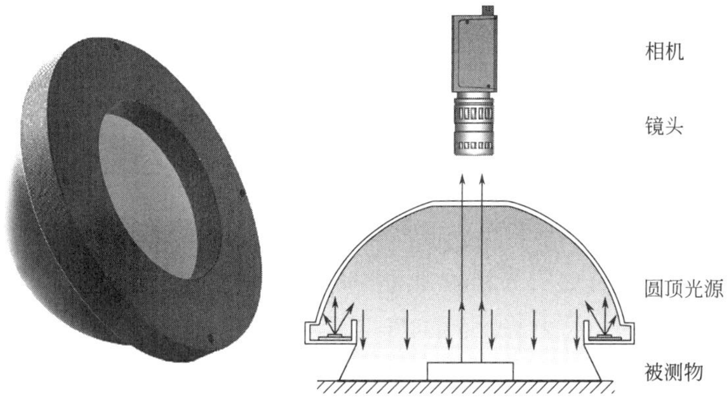

(b) 圆顶光源的照明方式

图 3-6

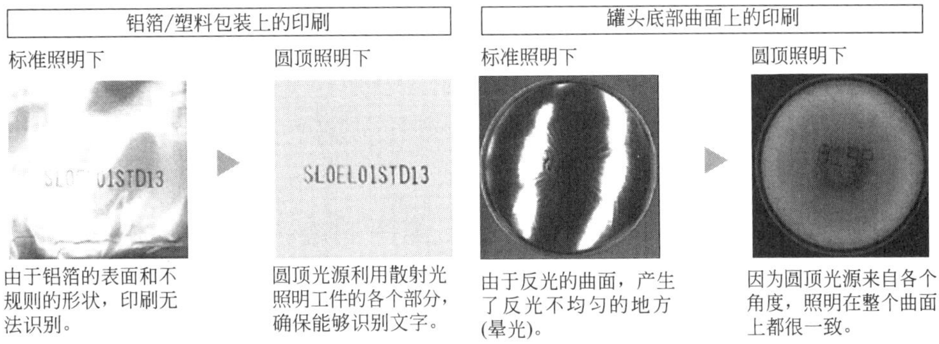

(c) 圆顶光源的应用效果

图 3-6　圆顶光源及其应用

以加强出光平行性来提升检测精度。背光光源具有以下一些特点和应用。

- 高对比度成像：背光光源可以产生高对比度的图像，因为它将照明光线从背后直接透过被观察对象。这样可以使物体的轮廓、边缘和细节更加清晰和鲜明，有助于实现准确的成像和检测。
- 消除阴影和反光：背光光源的位置位于被观察对象后方，可以减少或消除阴影和反光的问题。这对于处理具有反射表面或需要避免阴影干扰的应用非常有用。
- 高亮度和均匀照明：背光光源通常具有高亮度和均匀的照明特性。这可以确保被观察对象在整个图像区域内接收到充足的光线，并且减少由照明不均匀引起的图像差异。
- 透明物体成像：背光光源对于透明物体的成像具有独特的优势。通过将光线透过透明物体照射并捕捉其反射图像，可以清晰地显示透明物体的轮廓和结构。
- 硬件简化：背光光源的设置相对简单，通常只需要一个光源和一个背光板或透明底座。这不仅简化了系统的组装和设计，还减少了成本和维护的需求。
- 增强材料特性：背光光源可以通过透光材料的照明来突出其特定的属性。例如，透过背光光源照射，材料的纹理、颜色和透明度等特性可以被更好地显示和分析，有助于特征提取和品质控制。

这些特点使得背光光源在诸如透射成像、产品检测、文档扫描、液晶显示器、背光键盘和控制面板等领域得到广泛应用。背光光源如图 3-7 所示。

标准的正面照明因为形状、颜色和表面加工等原因会引起工件特征的对比度较低或不一致的问题，而在使用背光光源时，如果工件不透光，就会产生投影，形成高对比度和清晰的轮廓，因此，可实现稳定检测；如果工件是透明的，由于工件具有一定范围的密度（例如薄层材料或瓶中的液体），通过工件上光线吸收和透射的变化也能实现一定的对比度，如图 3-8 所示。

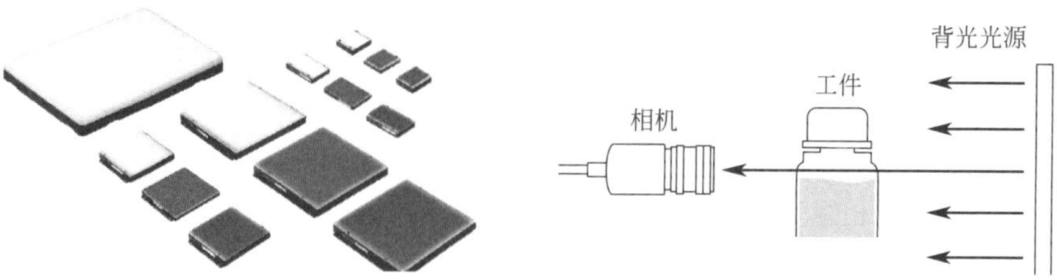

(a) 常见背光光源　　(b) 背光光源的照明方式

图 3-7　背光光源

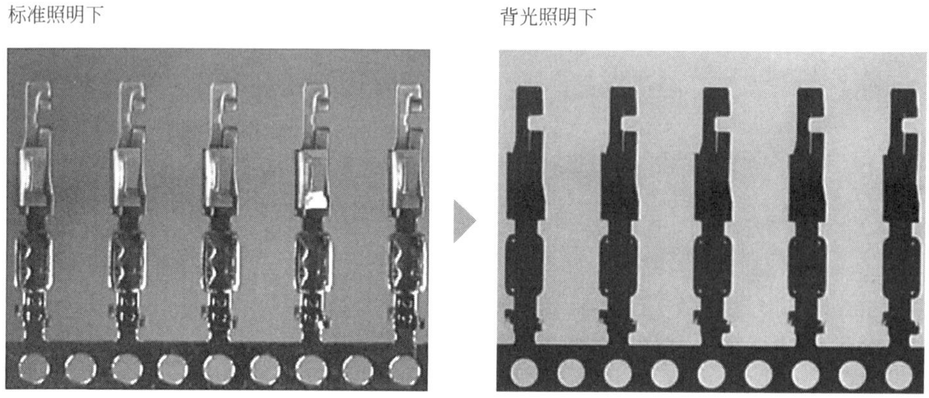

图 3-8　背光光源的应用

如果实际工作场合中无背光光源的安装空间，或者由于机构运动无法接线供电，导致无法使用背光光源，可在工件背后粘贴波长转换膜，在工件前方安装蓝色光源，在相机上安装抗蓝光滤镜，实现背光效果，如图 3-9 所示。在图 3-9（b）中，若仅使用蓝色反射光源，则定位标识的对比度不足，导致无法稳定检测。但在使用波长转换膜后，使用背光光源拍摄的图像具有相同的对比度，可提高定位的精度实现稳定检测。在图 3-9（c）中，通过填充机检测液面时，在没有安装背光光源的场所，只能使用反射照明检测液面，受到工件表面反射的影响，无法稳定查看液面；当使用波长转换膜时，通过安装在狭窄的空隙中，或将薄膜缠绕在旋转体上，可获得背光图像，能够清晰地拍摄液面，进行稳定的液面检测。

3.1.3　光源的照明方式

在机器视觉系统内，光源的照明方式对于图像采集和分析具有重要的意义，它可以影响图像的质量、对比度和表面细节的显示。以下是光源的照明方式的作用。

- 强调或减弱表面细节：通过选择不同的照明方式，可以强调或减弱被观察对象的表面特征和细节。例如，点光源可以突出物体的纹理和细节，而散射光源则可以减弱物体表面的细节并平滑表面。

波长转换原理　通过组合波长转换膜和蓝色LED 光源、抗蓝光滤镜，即使是反射照明，也可实现背光图像的全新照明技术

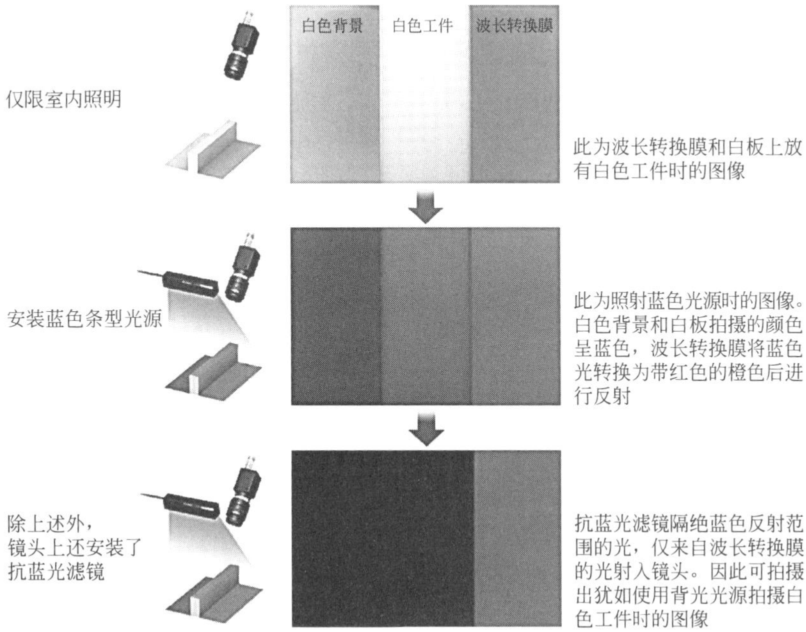

(a) 背光光源使用原理示意图

(b) 背光光源在定位中的应用

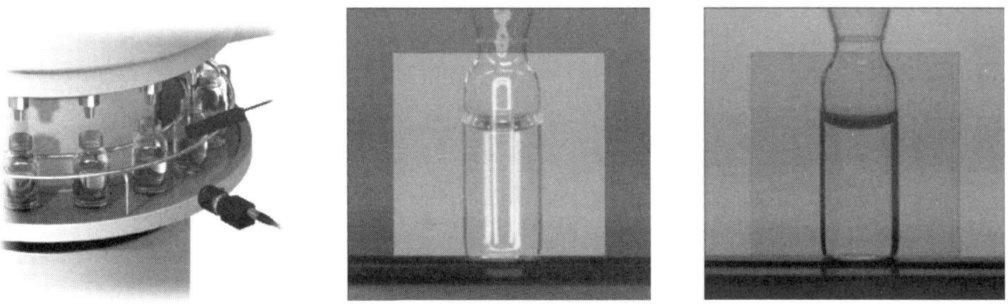

(c) 背光光源在液面检测中的应用

图 3-9　背光（彩图见前言页二维码）

- 提高图像对比度：不同的照明方式可以通过产生明暗对比来增强图像的对比度。例如，斜光源可以突出物体的边缘和轮廓，从而使图像中的目标更加清晰可见。
- 消除阴影和反射：某些照明方式，如背光光源，可以帮助消除物体上的阴影和反射，从而改善图像的质量和可视化效果。
- 适应不同材料和表面：不同的材料和表面对于光的反射和透射具有不同的特性。选择合适的照明方式可以适应不同的材料和表面，以凸显它们的特征和检测目标。
- 减少噪声和干扰：通过合适的照明方式，可以减少图像中的噪声和干扰。例如，平行光源可以提供均匀的照明，减少图像中的阴影和光照变化。
- 提高分析和检测的准确性：适当的照明方式可以提高图像的可分析性和检测准确性。通过合适的照明方式，可以更好地显示和分离目标，帮助算法和模型更好地进行图像处理和分析。

根据光源的照明方式的意义，通常将光源的照明方式分为以下五类。

- 明场照明和暗场照明：使用工业相机拍摄镜子，如果视野内能看见光源就是明场照明（适合观察形貌），在视野中看不到光源就是暗场照明（适合观察缺陷）。
- 直射光照明和漫射光照明：灯珠的光直接照射物体，方向性强，为直射光照明（亮度大）；灯珠的光通过漫射板照射物体，方向各异，为漫射光照明（反光小、照明均匀）。
- 背向照明和前向照明：背向照明是被测物放在光源和摄像机之间，常用于轮廓尺寸测量；前向照明是光源和摄像机位于被测物的同侧，便于安装，用于检测物体表面的重要细节特征、缺陷和划痕。
- 低角度照明和高角度照明：高角度照射，大于75°，适合表面不反光的物体；低角度照射，小于25°，突出被测物轮廓及表面凹凸变化。
- 偏振照明：能够消除反射光产生的影响，突出表面细节。

3.2 常见的机器视觉光源及适用条件

3.2.1 点光源

点光源是将光线从一个点发射出来，并以放射状的形式照亮周围的物体。点光源是向所有方向均匀发射光线的理想光源模型，在实际中常常用来模拟聚光灯或光泽表面的反射。点光源具有以下一些特点和应用。

- 高亮度：点光源通过从一个点发射光线，能够产生较高的亮度。因此，点光源常用于需要明亮照明的场景，如舞台照明、照明灯具等。
- 明确的光照位置：点光源发射的光线从一个点开始，因此光照位置非常明确。

在图像处理和计算机图形学中，点光源的位置被视为一个重要参数，常常用于模拟光照和阴影效果。

- 突出表面细节：点光源通过从一个点发射光线，并产生明暗对比，可以突出物体表面的细节。这使得点光源在需要强调物体纹理、形状和表面特征的应用中非常有用，如三维建模、视觉特效等。
- 聚光灯模拟：点光源常常被用作聚光灯的模拟，通过调整光线发射方向和角度，可以实现不同光斑大小和照明范围。这使得点光源在舞台照明、摄影灯光等领域得到广泛应用。

需要注意的是，实际中的点光源往往是一种理想化的模型，真实的光源具有一定的尺寸和形状，并往往会发散光束。在光照模拟和计算机图形学中，点光源通常用来模拟高亮度光源或简化光照计算，而实际的光照系统和灯具通常需要更复杂的建模和照明设计。点光源具有小巧、紧凑的特点，通常用作远心镜头、变倍镜头的同轴照明，如图 3-10 所示。

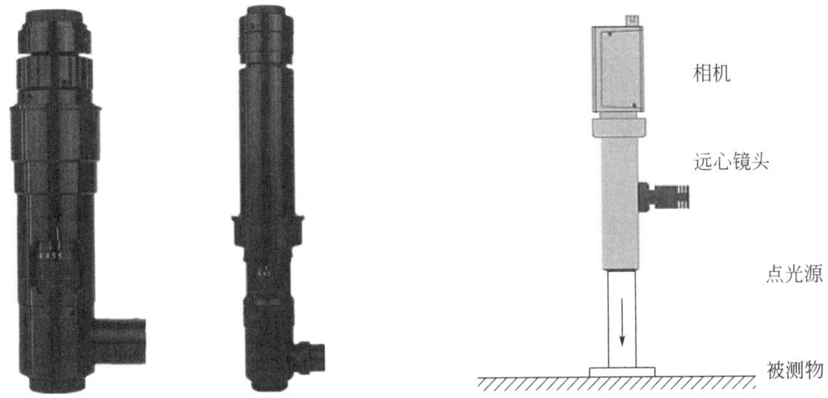

(a) 点光源　　(b) 点光源照明方式

图 3-10　常见点光源

3.2.2　线光源

线光源是一种照明方式，它是将光线从一个线性的源头发射出来，形成一条线状的光照区域。线光源通常由一排（多个）灯泡组成，通过提供长而窄的光照区域，可以在广泛的场景中产生特定的照明效果。线光源具有以下一些特点和应用。

- 均匀而宽广的照明：线光源发射的光线可以覆盖一大片区域，因此可以提供均匀且宽广的照明效果。线光源常用于需要大范围照明的环境，例如室内大厅、办公室、商业空间等。
- 突出线形特征：由于线光源的线性特点，它可以突出包括边缘、轮廓和线形结构在内的线性特征。这使得线光源在需要强调物体的线条和形状的应用中非常有用，例如展览展示、建筑立面照明等。

- 高效节能：线光源的设计通常可以提供较高的光效和能效比。线光源往往采用 LED 技术作为光源，LED 具有低能耗和长寿命的特点，因此线光源可用于需要高效节能和长时间工作的场合。
- 灵活性和可调节性：线光源通常可以通过调节亮度或颜色来满足不同的照明需求。一些线光源产品还具有可调节模式或可编程控制，可以实现不同光照效果的切换和动态变化。
- 装饰和设计性：线光源的线状形态使得它们可以作为装饰和设计元素来使用。通过合理安装和布局，线光源可以创造各种独特的照明效果和视觉效果，从而增强空间的美感和氛围。

总之，线光源通过线性排列的灯泡或 LED 等光源，可以提供均匀、突出线性特征的照明效果。线光源在大范围照明、强调线形特征、高效节能等方面具有广泛的应用价值，也逐渐成为室内和建筑照明中的常见选择。线光源采用导光柱聚光，光线呈一条亮带，通常用于线阵相机，如图 3-11 所示。在图 3-11（a）中，对以面型相机获取的工件图像进行处理，因半径 *R* 部分的影响，无法获取更佳图像。在图 3-11（b）中，对每个生产线所获取的展开图像进行处理以相同条件拍摄图像，不会因半径 *R* 部分的影响产生光晕。

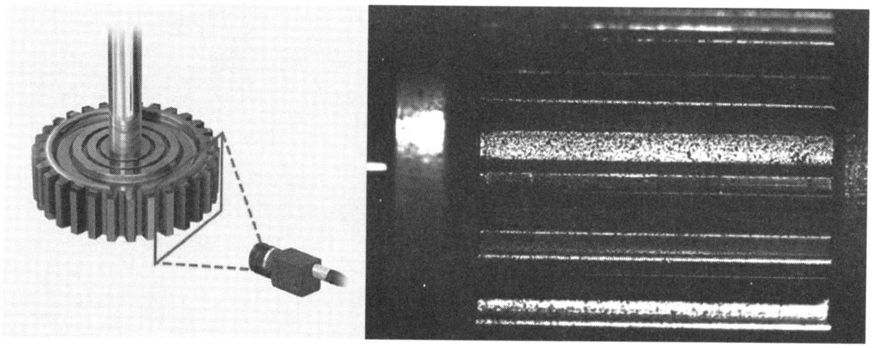

(a) 线光源在面型相机中的使用

(b) 线光源在线型扫描相机中的使用

图 3-11　线光源的使用

3.2.3 AOI 光源

AOI 光源是自动光学检测（automated optical inspection，AOI）系统中使用的一种特殊类型的照明光源。AOI 光源由具有 RGB 三色的高亮度 LED 阵列形成，以不同角度及不同颜色照射物体，可以突出产品表面层次信息。AOI 光源主要用于表面检测、缺陷检测和质量控制，它能够提供高质量、一致且均匀的照明效果，以实现高精度的视觉检测和分析。AOI 光源具有以下一些特点和应用。

- 均匀照明：AOI 光源能够提供均匀的照明效果，确保被检测对象表面的每个区域都被适当照亮。均匀照明有助于提高图像质量和可视化效果，使得检测和分析算法能够准确地识别和分析检测目标上的细节和特征。
- 高亮度和可调节性：AOI 光源通常具有高亮度，这使得它们能够提供足够的光照强度以应对不同的检测场景和条件。同时，一些 AOI 光源可以调节亮度和颜色，以便适应不同材料和表面的光学特性。
- 低热量和低功耗：为了避免因长时间使用而过热或造成能源浪费，AOI 光源通常采用高效能源管理技术，以确保低热量和低功耗。这也有助于提高设备的可靠性和稳定性。
- 多种照明模式：为了满足不同的检测需求，一些 AOI 光源支持多种照明模式。例如，透射光照明模式可用于检测薄膜，背光照明模式可用于检测反光表面，侧光照明模式可用于检测边缘和轮廓。
- 高速连续照明：由于 AOI 系统通常需要快速、连续进行图像采集和分析，因此 AOI 光源具有较高的闪烁频率和可靠性，以保证在高速运行和连续检测过程中的稳定照明效果。

总之，AOI 光源在自动光学检测系统中扮演着重要角色，它们能够提供高质量、均匀且可调节的照明效果，以满足表面检测、缺陷检测和质量控制等应用的要求。通过使用适当的照明方式和参数，AOI 光源可以提高图像质量、准确性和效率，帮助实现高精度和自动化的光学检测，如图 3-12 所示。

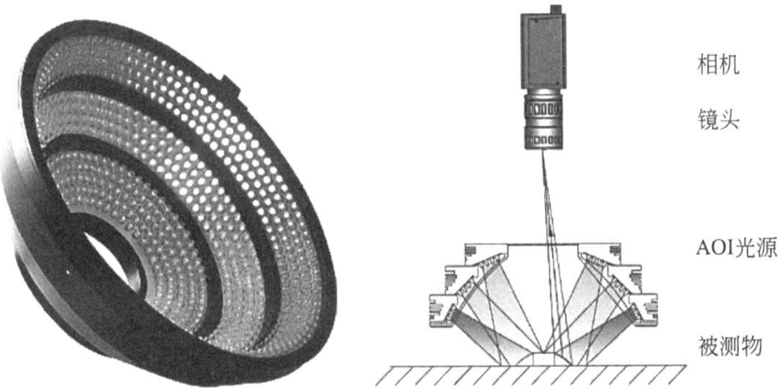

图 3-12　AOI 光源

3.2.4 局部可调光源

局部可调光源是一种灯具或光源，可以对其照明范围的亮度进行局部调节，可调整光源局部发光，或产生相位变化的条纹光。这意味着可以独立地控制灯光的亮度或光照的强度，以适应不同的照明需求和场景。局部可调光源具有以下一些特点和应用。

- 灵活性和个性化：局部可调光源允许用户根据实际需要调整不同区域的亮度。这种灯光的灵活性可以用于创造各种照明效果，如调整亮度以突出特定物体或区域，或者为不同的任务或活动提供适当的照明条件。
- 节能和环保：通过将灯光的亮度调整到合适的水平，局部可调光源可以降低能源消耗和能源浪费，从而实现节能和环保。通过只在需要的位置提供适当的照明强度，可以减少不必要的能量消耗。
- 提高视觉舒适性：局部可调光源可以调整照明强度，以提供更适合不同活动和环境的光照条件。这有助于减轻眼睛的疲劳和不适感，改善视觉舒适性。例如，在办公室环境中，可以根据个人工作需求调整工作区域的亮度，以提高舒适度和工作效率。
- 强调重点和创造氛围：局部可调光源可以通过调整亮度来强调或突出特定物体、装饰或区域。这样可以创造各种照明效果和氛围，例如用于商业场所的展示和装饰灯光、家庭空间的情景照明等。
- 自动化和智能控制：一些局部可调光源可以与智能照明系统集成，通过自动化和智能控制技术实现更精确的亮度调节。这包括使用传感器、定时器、遥控器或智能手机应用程序等，使用户能够根据需要或设定的条件自动调整亮度。

总之，局部可调光源提供了更灵活、个性化和节能的照明解决方案。通过对不同区域的亮度进行独立调节，可以满足不同场景和需求的照明要求，提高视觉舒适性，创造个性化的照明效果，并改善能源利用效率。常见的局部可调光源，其由四组条型光源组成，可以分别控制和定位，如图 3-13 所示。

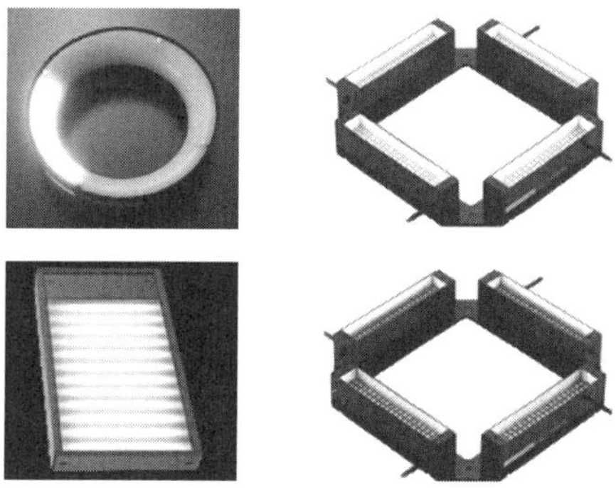

(a) 局部可调光源

图 3-13

IC 表面瑕疵

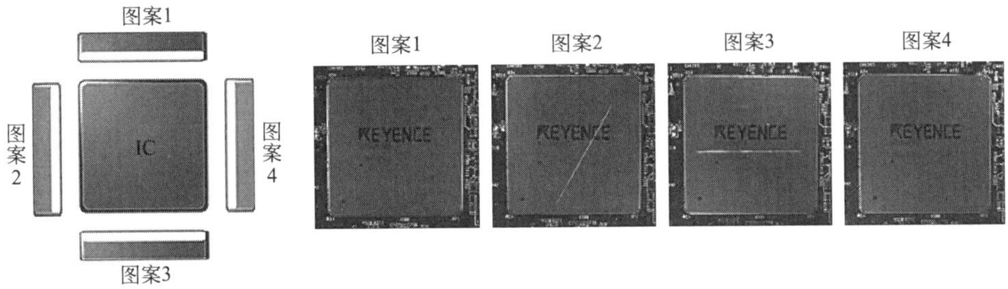

通过在不同的照明条件切换，即可轻松突出和检测表面瑕疵。

(b) 局部可调光源的应用

图 3-13　局部可调光源及其应用

3.2.5　低角度光源

低角度光源可以在很小的角度上将光线直接照射到工件上，由于光的方向几乎与表面平行，表面高度的各种变化都会改变到相机的光路，从而突出变化。通常，这些光源是从接近水平或略低于水平线的角度照射的。低角度光源具有以下特点和应用。

- 强调纹理和细节：由于低角度照射的光线会产生较长的投影，因此它可以更好地凸显物体表面的纹理和细节。这使得低角度光源在艺术、摄影和商品展示中常用于突出产品的外观和特征。
- 创造阴影和立体感：低角度光源会产生较长的阴影，从而增加了物体的立体感。这种效果可以用于创造戏剧性的照明效果和增强场景的层次感。
- 视觉吸引力：低角度光源可以为景观和建筑物增添视觉吸引力。通过以低角度照射建筑物或景观，可以产生有趣的阴影效果，使它们在光线下展现出独特的形态和轮廓。
- 舞台和演艺照明：在舞台和演艺领域，低角度光源被广泛用于照亮演员或舞台布景。例如，在舞蹈表演中，通过以低角度照射演员，可以突出舞者的身体线条和动作。
- 制造逆光效果：低角度光源还可以用于制造逆光效果。逆光是指光线从背后照射物体，产生轮廓和形状的反光效果。通过低角度照射以产生逆光效果，可以创造出一种戏剧性的光影效果。

总结而言，低角度光源以较小的角度照射物体，通过产生阴影、突出纹理和细节、创造立体感和视觉吸引力等效果，能为艺术、摄影、商品展示和舞台演艺等领域提供丰富的照明选择。如图 3-14 所示，在低角度照明下，缺口被凸显，可以轻松识别。

标准照明下

低角度照明下

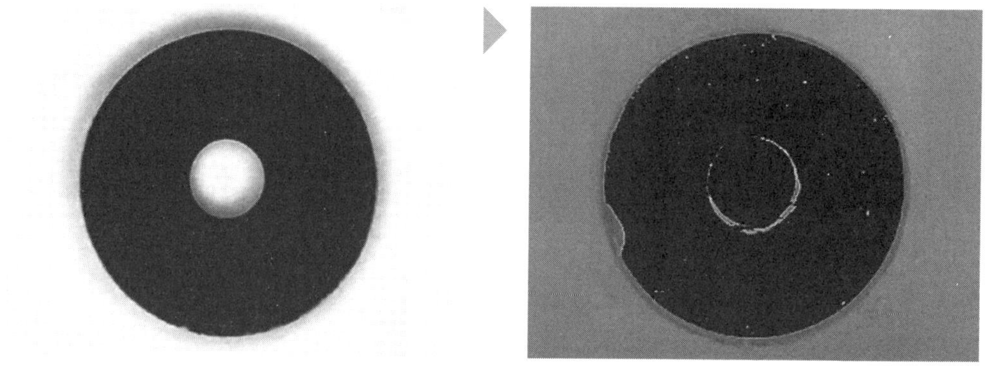

图 3-14　低角度光源

3.2.6　多角度光源

多角度光源是指能够以不同角度照射物体的光源。与传统的单一角度照射的光源相比，多角度光源可以通过多个方向的光线照射，为物体提供更全面、多元化的照明效果。多角度光源具有以下特点和应用。

- 增强立体感和纹理：通过从不同的角度照射物体，多角度光源可以显著增强物体的立体感。这种灯光设置可以为物体表面的纹理和细节增添更多的阴影和亮度变化，使物体更加生动和有层次感。
- 制造动态效果：多角度光源通常与移动或旋转的照明设备结合使用，以在不同的角度和方向上照射物体。这可以创造出动态的光影效果，产生引人注目的视觉效果，在舞台演艺、展览和活动中常用于吸引观众的注意。
- 强调特定区域或物体：通过调整不同角度的光线照射强度和方向，多角度光源可以有针对性地突出特定区域或物体。这在美术品展览、商品展示和摄影等领域中非常常见，可以吸引观众的目光和凸显关键细节。
- 创造独特的照明效果：多角度光源的组合可以创造出独特的照明效果，例如融合多个光源产生不同颜色的光线。通过调整光源的角度和属性，可以创建丰富多样的光影变化和色彩组合，给场景或物体带来个性化和艺术感。
- 综合应用：多角度光源可以应用于各种领域，如室内照明设计、建筑照明、舞台照明、摄影和影视制作等。它们为创造各种照明效果和氛围提供了灵活且创新的选项。

总结而言，多角度光源能通过在不同角度照射物体来增强立体感、强调特定区域、创造动态效果和独特的照明效果。它们在艺术创作、设计和表演等领域中提供了更多的灵活性和创意空间，为照明设计师和艺术家创造出更加多样化和引人注目的视觉效果提供帮助。

多角度光源是将环形、圆顶和低角度光源的原理合而为一形成的光源，如图 3-15 所示。

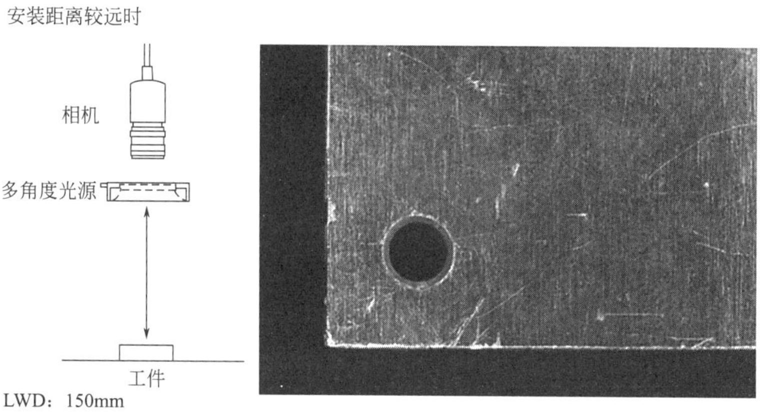

当光源与工件之间的距离较远时，多角度扩散光源可以应用于整个工件。这样就能产生统一、表面均匀的照明效果，与使用圆顶光源相似

(a) 与圆顶光源相同的均一照明

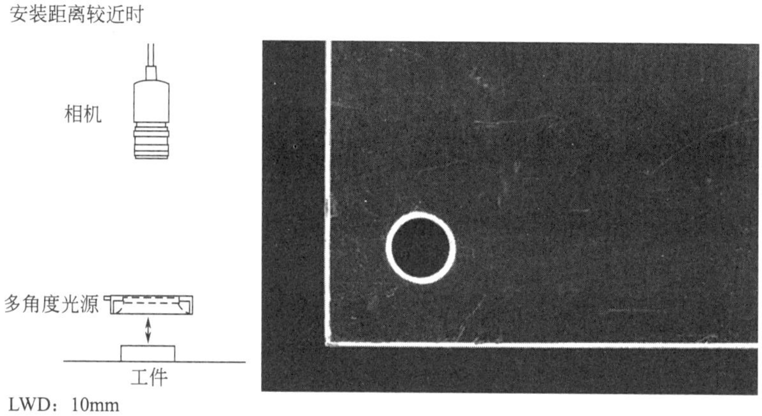

(b) 与小角度光源相同的边缘增强照明

图 3–15 多角度光源的应用

3.2.7 结构光源

结构光源是一种使用光投影技术来创建或投射结构化光图案的装置。它通过发射光束，经过特定的光学元件或模式生成器，将光束分成特定的形状或模式，例如网格、条纹或编码图案。当这些结构化光投射到物体上时，可以通过观察光投影的形变或像素偏移，计算物体的形状、表面纹理或深度信息。结构光源常用于 3D 成像、人脸识别、体感交互、虚拟现实和增强现实等应用领域。结构光源常用于以下领域。

- 3D 成像与扫描：结构光源在三维成像和扫描中起到重要作用。通过投射结构化光图案到物体表面上，在接收端获取物体表面上光图案的形变或变化信息，可以计算出物体的三维形状和纹理。这种技术在三维扫描、建模、虚拟现实和增强现实等领域广泛应用，为人们创造 3D 模型和环境提供了快速、精确的解决方案。

- 人脸识别与体感交互：结构光源在人脸识别和体感交互技术中起到关键作用。通过投射结构化光图案到人脸上，可以捕捉和检测面部的细微变化，从而实现人脸识别和表情分析。此外，通过结构光源和相应的传感器，还可以实现体感游戏和交互，例如通过捕捉手势和动作，实时控制游戏角色或交互界面。
- 智能手机和消费电子：结构光源已经被应用于一些智能手机和消费电子产品中。例如，通过使用结构光源和相应的传感器，智能手机可以进行面部解锁、人像模式拍摄和增强现实应用等。结构光源的引入为消费电子产品提供了更多的功能和交互体验。

总结而言，结构光源是利用光投影技术创造或投射结构化光图案的装置或技术。它在 3D 成像、人脸识别、体感交互和消费电子等领域有广泛应用，为物体形状、纹理和深度信息的获取提供了一种有效的解决方案，如图 3-16 所示。

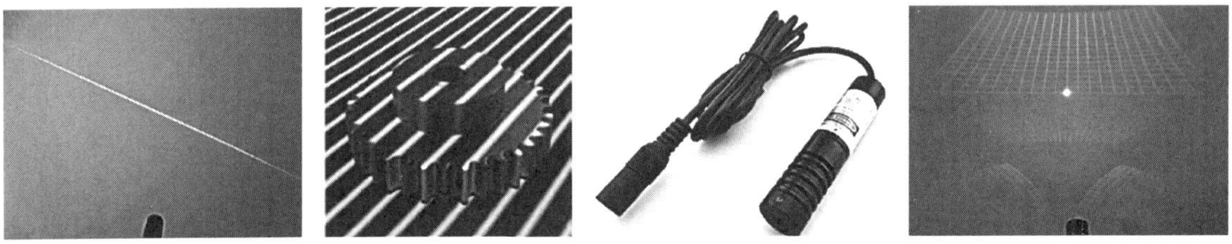

线激光定位　　结构光测量　　激光器　　投影效果

图 3-16　激光定位与结构光源（彩图见前言页二维码）

3.3　机器视觉系统光源的选用原则

机器视觉对光源的要求有以下几点，在为机器视觉系统选用光源时，需要满足以下条件。

① 高亮度——高速扫描、高速成像，要求曝光时间短的场合。

② 高均匀性——表面检测、缺陷检测，利用灰度差异进行检测的场合。

③ 低功耗——移动设备、便携检测系统。

④ 长寿命——任何场合，节约成本和维护费用。

⑤ 光谱特性好——利用光谱单色性检测的场合。

在日常生产生活中，LED 灯具有最佳的综合性能，被广泛应用于机器视觉领域，其优势如下。

① 形状自由度高，可以组合成各种形状、尺寸，能够自由调整照射角度，可以根

据客户需要定制。

② 可以根据需要制成各种颜色，并可以随时调整亮度。

③ 光源散热性好，光亮度稳定，使用寿命长，可连续使用数万小时。

④ 反应快捷，可在极短时间内达到最大亮度。

⑤ 运行成本低，性价比较高。

在机器视觉系统中，光源颜色的选择也是非常重要的，选择合适的光源颜色能够为后续工作提供便利。光源颜色的选择有以下两种方案。

① 使用与被测物同色系的光会使图像变亮（如红光使红色物体更亮）；被测物和光源是补色（色相环中对角的相反色，如图 3-17 所示）能使图像具有最大的对比度。可用于检测工件是否存在、污物检测等。

② 紫外光和蓝色光由于波长较短，具有较高的分散性，能够揭示一些红色光源难以检测的细微瑕疵，如表面刮痕和微小的表面缺陷。这些光源能够增强图像中的细节，尤其适用于检测高对比度的表面特征。然而，由于它们较强的散射特性，紫外光和蓝光可能在高光反射和表面纹理较强的情况下引入噪声，影响检测精度。与此不同的是，红色光由于波长较长，能够减少表面反射和纹理的影响，因此在加工表面存在时能减少误判，特别适用于检测表面瑕疵和较大的结构特征。红色光的不足之处在于它可能无法有效揭示一些微小的瑕疵，如刮痕和细小裂纹。此外，红外光具有强大的穿透能力，适用于检测透光性较差的物体，如棕色液体中的杂质或不透明材料的内部缺陷。由于其较长的波长，红外光可以穿透物体表层，从而揭示隐藏在表面下的缺陷，但对表面微小的瑕疵（如划痕）检测能力较弱。

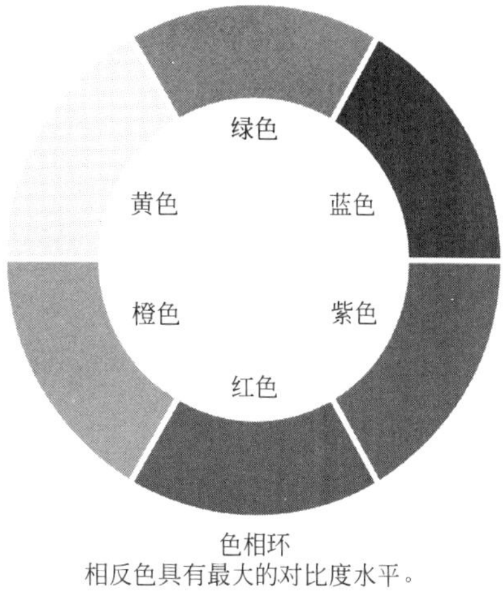

图 3–17　色相环（彩图见前言页二维码）

3.4　机器视觉光源控制器的选用

光源控制器的作用：给光源供电，控制光源的亮度、照明状态（亮、灭）及频闪。光源控制器有以下几类，如图 3-18 所示。

① 模拟控制器：通常手动调节，亮度无级控制，可将外部信号，如摄像机的触发信号输入控制器进行频闪照明。

② 数字控制器：手动调节，计算机或其他设备通过串口或网口（远程）控制，256 级亮度控制，可二次开发，有掉电保存（亮度记忆）功能，可将外部信号，如摄像机的触发信号输入控制器进行频闪照明。

③ 频闪增亮控制器：瞬间增亮作用，通过提高输出电压增加光源亮度，有内部触发模式（自触发周期可设置）和外部触发模式。

在选用光源控制器时，可根据以下条件进行选用：

① 根据输入 / 输出电压：输入 220V、24 ～ 48V，输出 5V、12V、24V 等。

② 根据控制方式：手动、软件兼手动。

③ 根据输出通道：单通道、双通道、4 通道、8 通道。

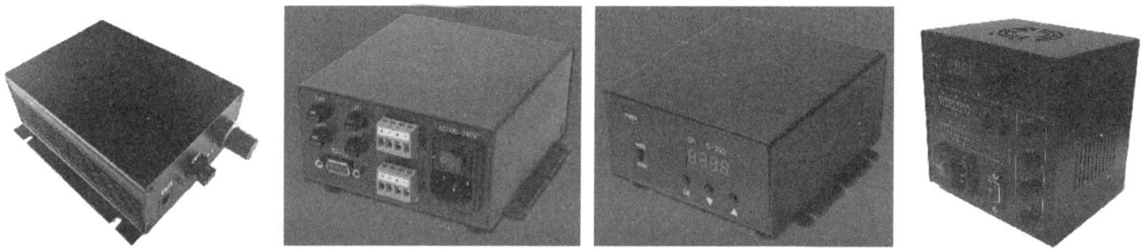

(a) 模拟控制器　(b) 数字控制器　(c) 频闪增亮控制器

图 3-18　光源控制器

第4章 机器视觉系统相机的选型

MACHINE VISION

4.1 机器视觉系统相机的作用、分类和参数

4.1.1 相机的作用

相机是将场景光信号转为电信号后进行处理，获得场景图像的设备，其组成有感光元件（CCD 或 CMOS）、驱动电路、信号处理电路、电子接口、机械光学接口。相机的工作原理是通过镜头将光线聚焦在感光元件上，感光元件（如数码相机的传感器或胶片相机的胶片）记录下光线进入的模式和亮度，形成一个图像。可调整相机的参数，例如光圈大小、快门速度和感光度，以获得所需的曝光效果。

现代相机主要分为两类：数码相机和胶片相机，如图 4-1 所示。数码相机：数码相机使用电子感光元件（传感器）来记录图像。这些图像可以存储在内置存储器或可移动存储介质（如 SD 卡）上。数码相机提供了多种功能和设置选项，包括自动模式、手动模式、不同的场景模式和特殊效果等。胶片相机：胶片相机使用感光胶片记录图像。胶片在曝光后需要进行冲洗和处理，才能获得图像。胶片相机已经逐渐被数码相机所取代，但仍有一些摄影师和艺术家喜欢使用胶片相机的特殊效果和质感。

(a) 数码相机

(b) 胶片相机

图 4–1 现代相机

现代相机还可以具有其他额外的功能，如高速连拍、视频拍摄、WiFi 连接以及各种图像处理和滤镜效果等。此外，智能手机等移动设备也具备相机功能，并且具有各种拍摄模式和优化算法。相机在各个领域都有广泛的应用，包括日常摄影、专业摄影、新闻报道、科学研究、安全监控等。无论是记录美丽的风景、捕捉珍贵的瞬间还是表达创造力，相机为我们提供了丰富多彩的图像体验和表达方式。

4.1.2 相机的分类

（1）按照传感器类型分类

- 面阵相机与线阵相机：面阵相机的分辨率和扫描频率一般低于线阵相机，线阵

相机需要配合扫描运动，适用于视场范围大、图像分辨率高、被测视野为细长带状或滚筒上检测的情况下。

- 彩色相机与黑白（单色）相机：分别输出彩色图像和黑白图像。在工业应用中如果需要颜色信息，需要采用彩色相机；如果不是，最好选用黑白相机，因为在同样分辨率下，黑白相机的精度高于彩色相机。
- CCD 相机与 CMOS 相机：CMOS 具有低成本、高速度（帧速率）、高分辨率（像素数）、低功耗，以及最新改良的噪声指数、量子效率及色彩观念等各方面优势，逐渐在 CCD（发展早、成像质量相对 CMOS 高）主导的领域里占据了一席之地。

（2）按照接口类型分类

按照相机的接口类型对相机分类，可分为 Gige/ 万兆网口相机、USB2.0 与 USB3.0 相机、Camera Link 相机和 CoaXpress 相机，如图 4-2 所示。

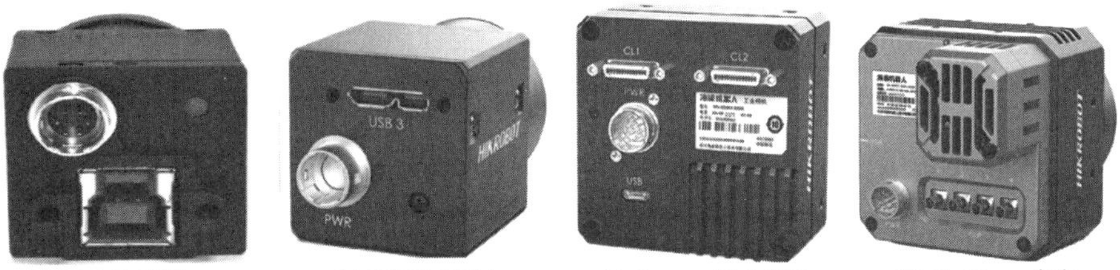

(a) 网口相机　(b) USB3.0相机　(c) Camera Link相机　(d) CoaXpress相机

图 4-2　常见相机接口及相机

（3）按照输出信号方式分类

- 模拟相机：模拟相机的实时视频输出信号为模拟量。模拟相机通常使用类似于 CCD 或 CMOS 的传感器来捕捉图像。其工作原理与数字相机的传感器类似，但输出的是模拟电信号而非数字信号。在机器视觉应用中，模拟相机主要用于需要实时图像处理和分析的场景。例如，在工业自动化中，模拟相机可以用于检测和测量物体的尺寸、形状、颜色等特征，以及进行质量控制和机器人导航等任务。此外，模拟相机还常见于一些特殊应用，如医学成像、无人驾驶汽车和安防监控等领域。优点是成本低，缺点是分辨率较低、采集速度慢，且在图像传输中容易受到噪声干扰，导致图像质量下降，所以大多用于对图像质量要求不高的机器视觉系统，早期的机器视觉系统多用模拟相机组成。其视频输出接口形式主要为 BNC、S-VIDEO 等。
- 数字相机：数字相机使用数字传感器来捕捉光线，并将光线转换成数字信号，以便计算机或机器视觉系统进行图像处理和分析。数字相机具有图像传输抗干扰能力强、视频信号格式多样、分辨率高、视频输出接口丰富等特点。数字相机在机器视觉系统中的应用非常广泛，例如目标检测与识别、视觉导航和定位、质量控制与检测、医学成像与诊断。

（4）按照快门类型分类

快门是相机中用来控制光线照射感光元件时间（曝光时间）的装置。按照相机的快门类型对相机分类，有全局快门相机和卷帘快门相机。

- 全局快门：全局快门是数字相机或摄像机的一种拍摄模式，用于控制光线进入感光元件的时间。在全局快门模式下，感光元件会在整个传感器上同时暴露光线，然后通过快门关闭来结束曝光。全局快门模式一次性读取整个传感器上所有像素的信息，因此所有区域的像素都是同一时刻曝光的。这使得全局快门模式在捕捉快速移动或高速动作的场景中更为理想，因为它能够冻结运动并消除由于快门运动而产生的图像扭曲效应。全局快门通常用于需要高速拍摄、运动捕捉、精确定时和以定格图像为目标的应用。在摄影领域，全局快门可以提供更锐利和准确的图像，在运动摄影、体育摄影和高速摄影等方面表现出色。而在机器视觉应用中，全局快门可以确保捕捉到准确的图像，有助于提高图像处理和分析的精度。需要注意的是，全局快门通常需要使用特殊的传感器技术，如全局快门 CMOS 传感器。这些传感器使用多个存储单元来同时记录整个传感器上的图像，并在特定时间点一次性读取所有像素的信息。
- 卷帘快门：卷帘快门是数字相机或摄像机的一种拍摄模式，用于控制光线进入感光元件的时间。在卷帘快门模式下，感光元件会从传感器的一个端口开始，逐行逐个将每一行像素暴露给光线，然后通过快门关闭来结束曝光。在卷帘快门模式下，相机的快门会按照一定的顺序逐行读取图像信息，并在每行读取时暴露该行像素。这种读取方式导致在快门打开和关闭的过程中，图像的上半部分和下半部分甚至可能出现时间差，因此，在捕捉快速移动或高速动作的场景中，可能会产生图像扭曲和模糊的效应，这被称为“卷帘效应”或“拉帘效应”。卷帘快门通常用于普通的静态摄影或视频录制，尤其是当使用较慢的快门速度时。它适用于大多数摄影场景，但在快速运动、高速动作或需要精确定时的应用中，可能会产生不理想的图像。此外，在机器视觉应用中，卷帘快门可能导致由相机和被拍摄物体的运动差异引起的图像畸变，从而影响图像处理和分析的准确性。

4.1.3 相机的参数

相机的参数有像素、分辨率、帧率、传感器尺寸、快门类型、像元尺寸、曝光时间和图像的色彩等。

（1）像素

相机的像素是指相机所能拍摄的图像的分辨率，通常用百万像素（MP）来表示。一个百万像素（1 MP）相机可以拍摄约 100 万个像素的图像，而一个 2000 万像素（20 MP）相机可以拍摄约 2000 万个像素的图像。当涉及相机像素时，需要考虑以下几个方面。

- 文件大小：更高的像素意味着更大的文件大小。这可能对于存储和传输照片而言是一个问题，特别是对于需要频繁拍摄照片且存储空间有限的用户。
- 低光性能：高像素相机往往能够在低光条件下拍摄更好的照片，因为它们的传感器能够捕捉更多的光线。这对于夜景摄影或者在室内或暗光条件下拍摄照片的用户来说尤为重要。
- 处理速度和性能：更高的像素可能会对相机的处理速度和性能产生影响。图像处理需要更多的计算资源，因此，处理速度相对较慢的相机拍摄和保存照片的时间可能会更长。

（2）分辨率

相机的分辨率是指相机所能够拍摄的图像的像素数量或图像的清晰度。相机的分辨率直接影响图像的细节和清晰度。更高的分辨率通常意味着更多的像素，能够捕捉更多的细节，并且在放大或裁剪后仍能保持较好的图像质量。当涉及相机的分辨率时，还有一些其他的相关概念需要考虑。

- 水平像素和垂直像素：相机的分辨率通常以水平像素和垂直像素的数量表示，例如 1920×1080 表示水平像素为 1920，垂直像素为 1080。这个数量乘积就是总的像素数，也就是分辨率的大小。
- 比例关系：分辨率可以是不同的比例关系，最常见的是 4 ∶ 3 和 16 ∶ 9。4 ∶ 3 比例在传统相机、手机等设备中常见，而 16 ∶ 9 比例则常见于高清电视和电影。不同的比例关系会影响图像的宽高比和视觉感受。
- 理论和有效分辨率：相机制造商通常会指定一个相机的理论分辨率，但实际上由于光学和图像处理的限制，相机的有效分辨率可能会稍有降低。因此，有效分辨率是指相机实际产生的图像分辨率。
- 打印尺寸：分辨率还会影响照片的打印尺寸，即将图像输出到纸上的大小。较高的分辨率可以支持更大的打印尺寸，而较低的分辨率则可能限制打印尺寸。

（3）帧率

相机的帧率是指相机每秒可以产生多少个图像，通常用“fps”（frames per second，每秒帧数）来表示。相机的帧率取决于相机的性能、传感器、图像处理引擎等因素。

相机的帧率对于拍摄运动或快速移动的对象非常重要。较高的帧率意味着相机可以更快地拍摄连续的图像，从而捕捉到移动对象的每一个动作和细节。不过，较高的帧率需要更多的处理能力和更高的存储容量，这可能会带来一定的成本和复杂度。一般来说，较高的帧率比较适合拍摄快速移动的对象，而较低的帧率则可以提高相机的电池寿命和存储容量。

（4）传感器尺寸

相机的传感器指的是相机内部的感光元件，它用来捕捉光线并转化为图像。传感器尺寸通常以英寸[1]（inch）或毫米（mm）为单位来表示。相机传感器尺寸对照片质量和拍摄能力具有重要影响，主要表现在以下几个方面。

- 图像质量：通常情况下，较大的传感器尺寸能够捕捉更多的光线，因此能够提供质量更好的图像。相同像素数量的大传感器可以产生更低的噪点，有更好的动态范围和更强的低光性能，使得照片在各种条件下都能更清晰、更细腻。
- 背景虚化效果：传感器尺寸也会影响背景虚化效果。较大的传感器提供了更浅的景深，使得被摄主体更突出，背景模糊。这对于拍摄人像、产品或需要突出主体的场景非常有用。
- 手持拍摄稳定性：相同条件下，较大的传感器尺寸会导致更高的镜头等效焦距。这意味着在相同焦距下，相机更容易出现抖动，从而影响照片的清晰度。所以，较大的传感器可能需要更好的防抖技术或使用支架等辅助设备来稳定拍摄。

（5）快门

相机快门是指相机用于控制曝光时间的部件。除了快门类型，还有一些其他的快门相关概念也需要了解。

- 快门速度：快门速度指的是相机用来限制光线进入相机的时间，通常以秒和快门号数（例如：1/500）来表示。快门速度可以影响曝光时间和图片的清晰度，如果曝光时间太长，可能会出现模糊的情况，而曝光时间太短，则可能会导致图像过暗。
- 快门延迟：快门延迟是指从按下快门按钮到相机实际捕捉照片的时间间隔，这个时间间隔可能包括对焦延迟（如果尚未对焦）和其他准备操作。快门延迟可能导致拍摄的照片不太精确或错过关键的瞬间。
- 快门防抖：快门防抖技术主要用于对抗因手持相机而可能出现的抖动和模糊。这种技术可以通过相机内的稳定器来抵消相机晃动和抖动，使相机拍摄出的照片更加清晰、明亮。

[1] 1 英寸等于 25.4 毫米。

（6）像元尺寸

相机的像元尺寸，也称为图像传感器的像元尺寸，是指图像传感器上每个像素的物理尺寸。像元尺寸通常以微米（μm）为单位表示，表示每个像素在传感器上的长度和宽度。

像元尺寸对相机的图像质量和性能有一定的影响。以下是一些与像元尺寸相关的关键概念：

- 像元大小：较大的像元尺寸通常可以捕捉更多的光线，并产生更好的低光性能。这意味着相机在较暗的环境下能够产生更清晰、更低噪声的照片。相机通常会在规格中列出像元大小，比如 1/2.3 英寸、APS-C 和全画幅。
- 分辨率：像元尺寸和相机的分辨率有一定的关系。较小的像元尺寸可能会限制相机的分辨率，因为单个像素能够容纳的信息有限。
- 动态范围：像元尺寸对相机的动态范围也有影响。较大的像元尺寸通常可以提供更大的动态范围，即相机能够同时捕捉到更明亮和更暗区域的细节。

（7）曝光时间

相机的曝光时间，也称为快门速度，是指相机快门打开的时间长度，用于控制相机感光元件（例如图像传感器）暴露于光线的时间。曝光时间的长短直接影响照片的亮度和清晰度。曝光时间通常以秒为单位进行表示，如 1/1000 秒、1/250 秒等。较短的曝光时间意味着快门打开的时间非常短暂，光线进入感光元件的时间也很短。这可以用于冻结快速运动的物体，拍摄清晰的快照。较长的曝光时间意味着快门打开的时间较长，光线进入感光元件的时间也较长。这可以用于在低光条件下捕捉更多的光线，获得更亮的图像并捕捉到运动的轨迹。快门速度的选择由相机的设置和使用者的创造力决定。较快的快门速度适合拍摄运动中的主体，如体育运动、动物奔跑等。较慢的快门速度适合拍摄夜景、流水效果和艺术性的长曝光照片。需要注意的是，选择适当的曝光时间还需要根据其他曝光参数（如光圈和 ISO）进行调整，以获得正确的曝光结果。相机通常提供手动模式和自动模式来支持曝光时间的设置，用户可以根据需要进行调整。

（8）图像的色彩

相机图像的色彩是指图像中不同颜色的呈现和表现方式。相机中的图像传感器会通过感光元件记录光线的强度和颜色信息。然后，这些原始的光信号会经过相机的图像处理流程，包括色彩空间转换、色彩校正和图像增强等步骤，呈现出最终的彩色图像。以下是一些关于相机图像色彩的重要概念和因素。

- 色彩空间：色彩空间定义了一种颜色表示方式，常见的色彩空间包括 sRGB、Adobe RGB 和 ProPhoto RGB 等。不同的色彩空间具有不同的色域范围和色彩表现能力，影响着图像的色彩饱和度和准确性。

- 白平衡：白平衡是相机校正图像中的颜色偏移问题，以确保白色在图像中呈现为真实的白色。相机的白平衡设置可以根据光源的色温来调整，以保持色彩准确性。
- 图像样式 / 图像配置：相机通常提供不同的图像样式或图像配置选项，如标准、风景、人像等。这些配置会影响图像对比度、色调以及饱和度，从而呈现不同的色彩效果。
- 图像处理算法：相机内部的图像处理算法也会对图像色彩进行处理和增强。不同的相机品牌和型号可能具有不同的图像处理算法，从而呈现出不同的色彩风格和表现。

一些常见的相机参数如表 4-1 所示。

表 4-1 常见相机参数

像素	分辨率	帧率 /fps	传感器尺寸	快门类型	像元尺寸 /μm	曝光时间	图像色彩
30 万	640×480	300	1/4″	全局	4.8×4.8	16μs ~ 1s	彩色 / 黑白
120 万	1280×960	30	1/3″ CCD	全局	3.75×3.75	1μs ~ 1s	彩色 / 黑白
130 万	1280×1024	75	1/2″	全局	4.8×4.8	16μs ~ 1s	彩色 / 黑白
200 万	1920×1080	50	1/2.8″	卷帘	2.9×2.9	18μs ~ 1s	彩色 / 黑白
500 万	2448×2048	20	2/3″	全局	3.45×3.45	33.6μs ~ 1s	彩色 / 黑白
500 万	2592×1944	23	1/2.5″	卷帘	2.2×2.2	21.5μs ~ 1s	彩色 / 黑白
880 万	4096×2160	12	1″	全局	3.45×3.45	28.28μs ~ 1s	彩色 / 黑白
1000 万	3856×2764	10	1/2.3″	卷帘	1.67×1.67	34μs ~ 1s	黑白

4.2 机器视觉系统相机的选型方法

步骤一：根据传输速率 / 距离、稳定性、性价比选择传输接口，相机的接口类型及其特点如表 4-2 所示。

表 4-2 相机的接口类型及其特点

接口类型	特点
USB2.0	相机价格低，无需外接电源，理论传输距离 5m，带宽 480Mbps，即 60MB/s，最大设备数量为 127，CPU 占用率高
USB3.0	相机价格低，无需外接电源，理论传输距离 10m，带宽 5Gbps，即 625MB/s，最大设备数量为 63，CPU 占用率高
GIGE/ 千兆网	相机价格低，线缆价格低，POE 网口可直接供电，常规网口需要外接电源，理论传输距离 100m，加中继器传输距离无限制，带宽 1Gbps，即 125MB/s，最大设备数量无限制，主机配置要求相对较高
Camera Link	相机价格高，需要图像采集卡，图像采集卡有预处理功能，抗干扰能力强，光纤传几十公里无损，带宽 5.4Gbps，即 680MB/s，最大设备数量为 1

步骤二：根据检测目标的静态与运动性质来选择相机的快门模式是很重要的，因为不同的快门模式可以影响图像的清晰度和运动效果。以下是几种常见的快门模式。

- 手动模式：手动模式允许用户完全控制快门速度和光圈大小。这是最灵活的模式，适合专业摄影师或那些希望精确控制每个参数的用户。
- 快门优先模式：快门优先模式允许用户选择所需的快门速度，相机将自动调整光圈大小以实现正确的曝光。这种模式适用于需要准确控制动态目标速度或需要快速的快门速度的情况。
- 对于静态目标，可以使用较慢的快门速度，以获得更多细节和较低的噪点；可以选择较小的光圈，以获得更大的景深和更多明确的细节。
- 对于快速运动的目标，用户可以选择更快的快门速度，以冻结动作并避免运动模糊。
- 光圈优先模式：光圈优先模式允许您选择所需的光圈大小，相机将自动调整快门速度以实现正确的曝光。这种模式适用于需要控制景深的情况。
- 对于运动目标，可以选择较大的光圈，以减少景深，使主体更为突出。
- 对于快速运动的目标，需要选择更快的快门速度和较大的光圈来冻结动作并减少运动模糊。

步骤三：根据项目精度要求和拍摄视野范围选择相机分辨率。

- 检测精度：相机能清晰识别到的最小细则尺寸，或尺寸测量最小误差。
- 视野范围：项目所需要拍摄的长和宽。
- 理论分辨率：像元行数 = 视野的高 / 精度，像元列数 = 视野的宽 / 精度。
- 实际分辨率：像元行数≥2×视野的高 / 精度，像元列数≥2×视野的宽 / 精度。

步骤四：选择相机帧率的关键是根据物体的运动速度和拍摄视野范围来确定相机能够捕捉到足够的图像细节，而不会导致运动模糊或信息丢失。一般来说，较高的帧率可以捕捉到更多的图像细节，特别是在快速移动的目标和高速动作场景中。较低的帧率可能导致快速的动作造成的模糊效果或丢失某些关键画面。以下是一些常见的帧率选择指导原则：

- 静态或缓慢移动的目标：对于静态或缓慢移动的目标，通常使用较低的帧率，如 30 帧 / 秒，能够捕捉到足够的细节和平滑的画面。
- 快速移动的目标：对于快速移动的目标，建议选择更高的帧率，如 60 帧 / 秒或更高。这将有助于捕捉到高速动作的每一个细节，减少运动模糊。
- 限制的视野范围：如果用户的拍摄视野范围有限，即物体只在特定区域内运动，可以选择较高的帧率。这可以提供更多帧数，并在有限的范围内捕捉到更多图像细节。
- 平滑运动：如果追求平滑的运动效果，可以选择较高的帧率。例如，摄影师在拍摄运动视频或追踪快速移动目标时可能会选择较高的帧率，如 120 帧 / 秒或更高，以获得更加流畅的画面效果。

需要注意的是，选择更高的帧率会增加视频文件的大小和存储需求。因此，在选择帧率时，也需要考虑到存储容量和后续处理的因素。总之，根据物体的运动速度和拍摄视野范围选择相机帧率是非常重要的，以确保能够捕捉到足够的图像细节并达到想要的拍摄效果。根据具体的拍摄需求和场景合理地选择帧率将在拍摄过程中带来更好的结果。

步骤五：选择相机色彩模式时，是否需要识别目标颜色是一个重要的考虑因素。不同的色彩模式可以影响图像的颜色还原和色彩准确性，从而可能会对目标颜色的识别产生影响。以下是一些常见的相机色彩模式以及它们对目标颜色识别的影响：

- 标准模式：标准模式通常是相机默认的色彩模式，旨在提供较为自然的图像表现。它相对较为保守，不会过度增强或改变图像的颜色。这种模式下的图像在颜色还原方面相对准确，可以较好地呈现目标的真实颜色。
- 鲜艳模式：鲜艳模式旨在增强图像的颜色饱和度和对比度，使图像看起来更加鲜艳和生动。这种模式下的图像可能会强调和增强一些色彩，使得目标的颜色更加鲜明。这在一些摄影和影片制作场景中可能会有所帮助，使得目标颜色更加突出。
- 黑白模式：黑白模式下，相机将图像转换为灰度图像，不再保留彩色信息，因此，无法通过色彩来识别目标的具体颜色。这种模式适用于一些特定的拍摄需求，例如艺术照片或高对比度的场景。
- 自定义 / 用户模式：一些相机还提供自定义或用户模式，允许用户根据自己的需求和喜好来调整色彩设置。在这种模式下，用户可以根据需要微调颜色参数，以达到更贴合要表达的目标颜色的效果。

需要注意的是，色彩模式除了影响目标颜色识别外，还可能对整体图像的色彩效果和还原产生影响。因此，当选择相机色彩模式时，建议根据实际拍摄场景和目标颜色的重要性进行综合考虑。最好是在拍摄前进行一些实验和测试，以确保所选的色彩模式能够满足需求，并准确地呈现目标的颜色。

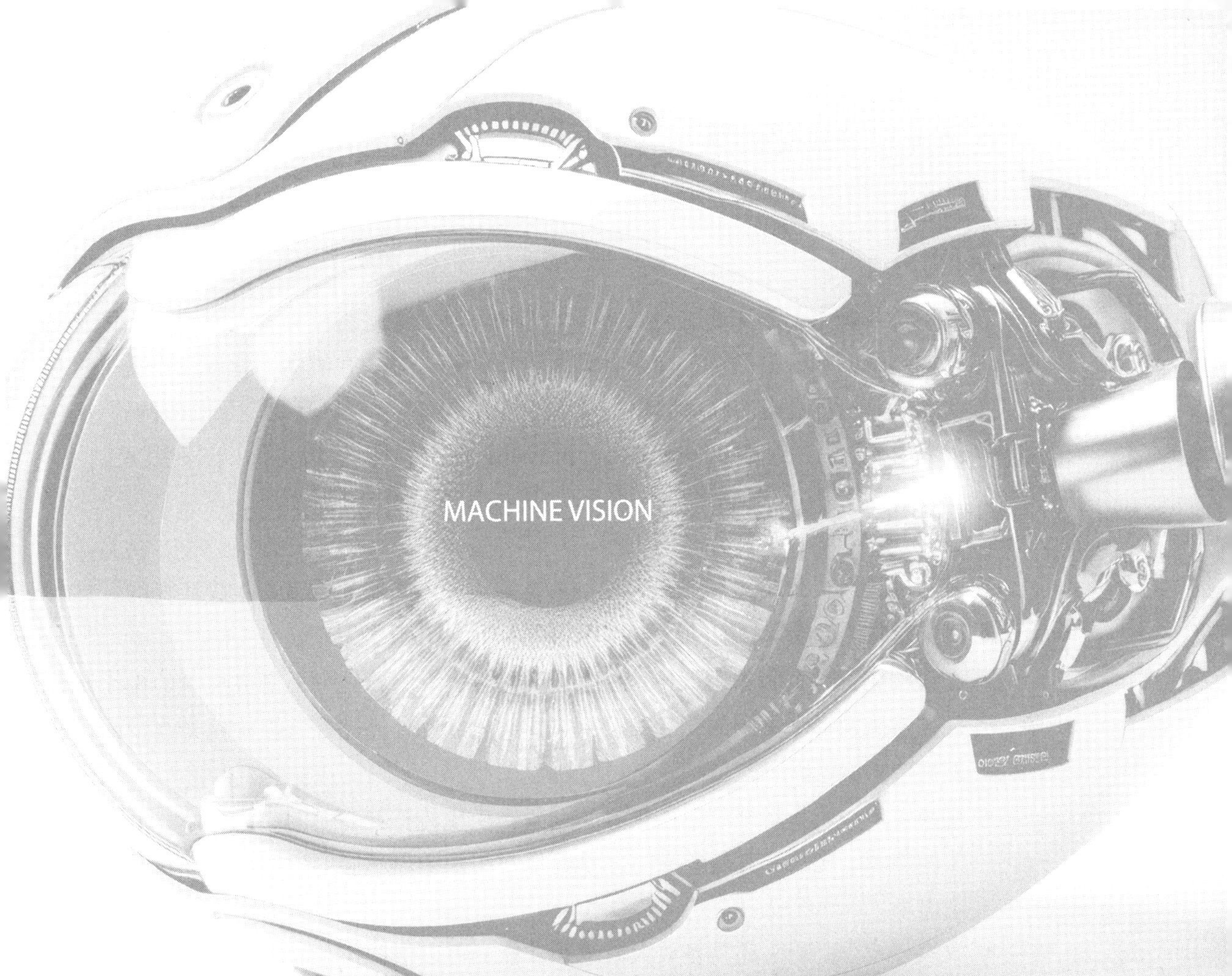

第5章 机器视觉系统镜头的选型

MACHINE VISION

5.1 机器视觉系统镜头的作用、分类和参数

5.1.1 镜头的作用

机器视觉系统中的镜头起着至关重要的作用，其功能是将外界的光线聚焦到传感器上，从而形成图像，供后续的图像处理和分析使用。镜头在机器视觉系统中具有多项关键功能，它不仅是连接外部世界与成像传感器的重要媒介，还决定了图像的质量、细节捕捉能力，以及后续的图像处理和分析的可靠性。

（1）成像功能

成像的过程涉及光线的折射和聚焦，其目的是在传感器的像素上生成清晰的、具有高对比度的图像。成像功能的具体细节包括以下几个方面。

- 光线收集：镜头的作用就像一个光线收集器，它将物体发出的或反射的光线捕捉到镜头内部。不同的镜片组合用来调整光线的传播路径，以确保光线正确投射到传感器表面。
- 空间转换：镜头将外部三维世界的场景转换成传感器表面的二维图像。由于镜头的焦距、光圈和其他参数，三维物体在图像中以不同的比例、大小和位置表现出来。
- 放大与缩小：镜头还具备放大或缩小功能，可以根据焦距的不同改变物体在图像中的比例。短焦距镜头具有更大的视场，适用于广角拍摄；而长焦距镜头则可以捕捉更细致的远距离物体。

（2）聚焦功能

聚焦是镜头的核心功能之一，旨在确保物体清晰成像。通过调整镜头的焦距，系统可以使某一特定距离的物体清晰呈现在传感器上。聚焦的原理是通过调节镜片的位置，使得光线准确汇聚在传感器的焦平面上。

- 手动聚焦与自动聚焦：手动聚焦通过调整镜头上的焦距环来改变镜头与物体之间的相对位置，进而获得清晰的图像。自动聚焦则通过电子控制来实现自动调节镜头，智能判断最佳焦点。
- 焦距的变化与景深：聚焦功能与焦距紧密相关。焦距的变化会影响景深，景深越小，则镜头聚焦的范围越小，某一特定距离的物体可以被极度清晰地捕捉；相反，景深较大时，多个距离的物体都能在相对清晰的范围内成像。
- 无限远聚焦：对于长焦距镜头，可以设定“无限远”焦点，这意味着所有非常远的物体都能相对清晰地聚焦。这对于遥远物体监控或远距离测量应用十分重要。

(3)光圈控制

光圈是镜头中用于控制进光量的部件，类似于人眼的瞳孔。光圈的大小通过F数来衡量，F数越小，光圈越大；反之，F数越大，光圈越小。光圈控制功能影响了图像的亮度、对比度以及景深。

- 控制进光量：光圈通过调节进入镜头的光线量来控制图像的亮度。在低光环境中，光圈可以打开得更大，以允许更多光线通过镜头，从而提高图像亮度；在强光环境中，光圈则可以缩小以避免图像过度曝光。
- 景深调节：光圈大小直接影响图像的景深。较大的光圈（较小的F数）会导致较浅的景深，即只有某一焦点范围内的物体是清晰的，其他物体可能变得模糊；较小的光圈（较大的F数）会增加景深，使得图像中前景和背景的更多物体都能保持清晰。
- 曝光控制：光圈的设置与快门速度和传感器的感光度（ISO）共同决定了图像的曝光程度。正确的光圈设置可以有效避免图像过暗或过曝。

(4)视场控制

视场是镜头能够捕捉到的成像范围，通常用角度来表示。视场的大小决定了镜头的“取景”范围，即系统能够看到多大范围的外部世界。视场越大，镜头所能覆盖的区域越广，适合需要捕捉大范围场景的应用；视场越小，镜头的放大倍数越高，适合需要捕捉远距离或小细节的场景。

- 广角镜头与长焦镜头：广角镜头的视场较大，适用于监控、全景检测等需要大范围成像的应用；长焦镜头的视场较小，但可以放大远处的物体，适用于远距离测量或高精度检测。
- 变焦镜头：变焦镜头可以根据需求灵活调整视场，通过改变焦距来改变视场大小。在某些应用中，系统可能需要调整焦距以适应不同大小的物体或不同距离的场景，变焦镜头则提供了这种灵活性。
- 视场的分辨率影响：较大的视场虽然可以捕捉更多的场景内容，但会导致图像中每单位区域的分辨率降低。因此，在需要精细检测的应用中，需要在视场与分辨率之间取得平衡。

5.1.2 镜头的分类

① 依焦距分：定焦镜头与变焦镜头。

定焦镜头特指只有一个固定焦距的镜头，没有变焦功能。定焦镜头通过调整调焦环（对焦环），使得场景目标聚焦在相机感光元件上，获得清晰图像。定焦镜头具有设计简单、所用光学元件少、体积小、重量轻、对焦速度快、成像质量稳定、低光学失真和相对便宜等优点，在机器视觉系统中被广泛使用。定焦镜头可分为标准镜头、鱼眼镜头、短焦镜头、长焦镜头等多种型号。

- 标准镜头如图 5-1 所示。标准镜头通常指焦距与感光元件对角线长度相当的镜头，这是其主要定义之一。另一种定义是，标准镜头的拍摄视角接近人眼的明视场角。因此，标准镜头可以很好地还原人眼的自然视角，呈现出接近真实的视觉效果。在实际应用中，135 相机（也称为全画幅相机或 35mm 相机，其感光元件尺寸为 36mm × 24mm）通常使用焦距在 40 ~ 65mm 之间的镜头作为标准镜头。具体来说，焦距为 50mm 的镜头被广泛认为是 135 相机的典型标准镜头，因为其拍摄的视角最接近人眼的自然视角。值得注意的是，标准镜头的焦距随着不同画幅的相机而变化。例如，中画幅或 APS-C 格式相机的标准镜头焦距会相应调整，以保持与全画幅相机类似的视角。这是因为相机的感光元件大小直接影响了镜头的视场角和焦距选择。因此，在选择标准镜头时，需要根据相机的感光元件尺寸来匹配合适的焦距，从而获得自然、逼真的成像效果。

图 5-1　标准镜头

- 鱼眼镜头如图 5-2 所示。鱼眼镜头是一种极广角镜头，其焦距通常为 16mm 或更短，视角接近甚至达到 180°。这类镜头因其独特的光学设计和极短的焦距，能够捕捉到大范围的场景，但同时伴随着显著的畸变效果。鱼眼镜头的前镜片呈抛物状向外凸出，类似鱼的眼睛，故而得名。由于鱼眼镜头的前镜片直径较大，且前端凸出明显，它能够覆盖超广视野，常用于需要最大范围视角的拍摄场景，如全景摄影、天文摄影和虚拟现实（VR）应用等。鱼眼镜头的畸变效果使得画面边缘呈现弯曲或夸张的形态，具有强烈的视觉冲击力，因此在艺术摄影、特殊效果拍摄中也有广泛应用。这种镜头在光学结构上与传统镜头有所不同，通常包含更多的光学元素来控制畸变，并在成像时极大程度地扩展视角。这使得鱼眼镜头成为在空间受限或需要全景覆盖的场景中的理想选择，尽管其显著的畸变对常规拍摄不适用，但在特定场合具有无可替代的优势。

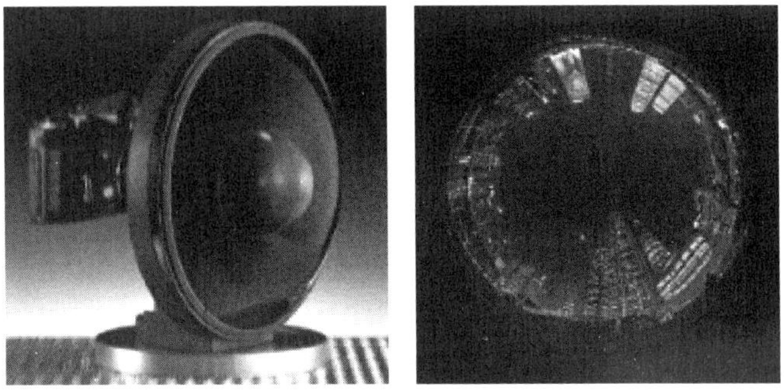

图 5-2　鱼眼镜头

- 短焦镜头（广角镜头）如图 5-3 所示。广角镜头是一类焦距短于标准镜头的镜头，具有较大的视角，能够捕捉到更宽广的场景。以 35mm 全画幅相机为例，焦距短于 40mm 的镜头通常被归类为广角镜头。根据焦距的不同，广角镜头可以进一步划分为普通广角镜头和超广角镜头。普通广角镜头的焦距一般在 22 ~ 39mm 之间，适合用于拍摄风景、建筑或较大场景，能够在有限的空间内获得更多的画面内容。超广角镜头的焦距则更短，通常在 8 ~ 21mm 之间，视角更为广泛，适合极端广角的拍摄需求，如全景摄影或狭小空间内的场景捕捉。广角镜头的主要特点是提供更大的视角，但与此相伴的是画面边缘可能出现轻微的畸变，尤其是在焦距较短的超广角镜头上。尽管如此，这类镜头因其出色的场景覆盖能力，广泛应用于风景摄影、建筑摄影以及新闻摄影等领域，能够有效增强空间感和纵深感，使得画面内容更加丰富。

图 5-3　短焦镜头（广角镜头）

- 长焦镜头如图 5-4 所示。长焦镜头是一类焦距较长的镜头，其焦距明显长于标准镜头，视角较为狭窄，因此也被称为窄角镜头。由于其焦距的特性，长焦镜头主要用于远距离拍摄或者放大微小物体的细节，使得远处的拍摄对象能够清晰呈现。根据焦距范围，长焦镜头可以分为普通长焦镜头和超长焦镜头。普通长焦镜头的焦距通常在 85 ~ 300mm 之间，广泛应用于人像摄影、体育赛事和野生动物拍摄等场景，能够有效拉近远处的主体，突出细节并压缩空间感。超长焦镜头的焦距则在 300 ~ 2000mm 之间，适合更远距离的拍摄需求，如天文摄影、鸟类观测和特殊环境监控等。长焦镜头的主要优势在于其能够捕捉远处的景物，同时提供较浅的景深，使得背景虚化效果更加显著，突出拍摄主体。不过，长焦镜头由于视角较窄，在拍摄时对相机稳定性要求较高，常常需要配合三脚架或防抖装置使用，以避免因轻微抖动导致图像模糊。总体而言，长焦镜头凭借其强大的远距离捕捉能力，在各类专业摄影领域中扮演着重要角色。

图 5-4　长焦镜头

② 依接口分：C 接口、CS 接口、M12 接口、M5/M6/M7/M8/M9/M10 接口、F 接口、V 接口、M42/M58/M72/M90/M95 接口、其他单反镜头接口。

C 接口和 CS 接口是工业相机中常见的镜头接口类型，两者的外径均为 1in（25.4mm），螺纹规格为每英寸 32 牙，如图 5-5 所示。这两种接口的主要区别在于法兰焦距，即从镜头与相机接触的法兰端面到镜头焦平面的距离。C 接口镜头的法兰焦距为 17.5mm，而 CS 接口镜头的法兰焦距较短，为 12.5mm。在实际应用中，C 接口镜头可以通过增加一个 5mm 厚的 C/CS 转接环与 CS 接口的相机配合使用，这样可以补偿两者之间的法兰焦距差异，确保成像的正常进行。然而，CS 接口镜头由于其较短的法兰焦距，无法在没有改动的情况下与 C 接口相机兼容，因此直接使用时会导致无法对焦或成像不清晰。总结来说，虽然 C 接口和 CS 接口在结构上十分相似，但它们在法兰焦距上的差异决定了它们在相机和镜头搭配上的使用限制。了解并正确使用转接环可以有效扩大镜头的兼容性，但需注意接口不匹配时的局限性。

图 5-5　C 接口与 CS 接口

M12 接口（也称为 S 接口）是一种常见的轻巧型工业镜头接口，如图 5-6 所示。其螺纹规格为 12mm 直径，螺距为 0.5mm，结构紧凑小巧，因此广泛应用于体积较小的工业相机中，尤其适用于对尺寸要求较高的应用场景，如无人机摄像头（如穿越机摄像头）等。M12 接口镜头凭借其轻便性和紧凑性，在空间受限的环境中表现优异，常用于微小工业设备或需要灵活安装的场合。尽管其尺寸较小，但 M12 镜头依然能够提供高质量的图像效果，适用于多种视觉检测、监控以及无人系统等。

图 5-6　M12 接口（S 接口）

M5、M6、M7、M8、M9 和 M10 接口是多种小型工业镜头的接口类型，如图 5-7 所示。各接口的螺纹规格及其螺距如下。

- M5 接口：直径 5mm，螺距为 0.2mm；
- M6 接口：直径 6mm，螺距为 0.35mm；
- M7 接口：直径 7mm，螺距为 0.35mm；
- M8 接口：直径 8mm，螺距为 0.35mm；
- M9 接口：直径 9mm，螺距为 0.5mm；
- M10 接口：直径 10mm，螺距为 0.5mm。

这些接口类型主要用于迷你型工业镜头，因其小巧的结构设计而受到广泛欢迎。它们适合在空间受限的环境中应用，如微型相机、嵌入式视觉系统及自动化设备等。迷你型镜头不仅能够有效满足尺寸和重量的要求，还能提供高质量的成像性能，适用于多种工业视觉检测和监控任务。通过不同螺纹直径和螺距的选择，这些接口能够适配不同的镜头和相机组合，灵活满足各类应用需求。在现代工业应用中，M 系列接口的镜头因其精巧的设计和可靠的性能，成为高效视觉系统的重要组成部分。

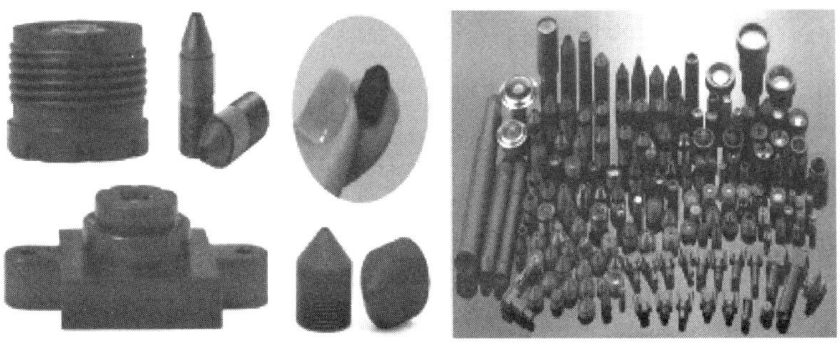

图 5-7　M5/M6/M7/M8/M9/M10 接口

F 接口是一种广泛应用于尼康镜头的接口标准，因此也被称为尼康口。其螺纹直径为 47mm，法兰焦距为 46.5mm。F 接口不仅在摄影领域中备受青睐，也是工业镜头中常用的接口类型。一般来说，当工业相机的靶面大于 1 英寸时，通常需要使用 F 接口的镜头，以确保实现良好的成像质量和兼容性。

V 接口则是施奈德镜头的主要标准，也被广泛应用于工业镜头中。V 接口在在线扫描镜头中尤为常见，适用于需要高精度和高分辨率的成像场景。其设计考虑到了工业应用中的稳定性和可靠性，能够满足严苛的工作环境要求。

此外，M42、M58、M72、M90 和 M95 接口主要出现在远心镜头中。远心镜头因其特殊的光学设计，能够提供平坦的成像场和较高的放大率，非常适用于精密测量和高精度视觉检测应用。

③ 依驱动分：手动、电动和自动。

手动光圈适用于光照条件相对稳定的场合。在这种情况下，摄影师可以根据实际光线情况手动调整光圈大小，以实现所需的曝光效果。手动光圈使得用户可以精确控制光线进入镜头的多少，从而影响景深和成像质量。通常，在专业摄影或需要特定曝光控制的场合，手动光圈是一个理想的选择。

自动光圈则在亮度变化时自动调整光圈大小，适用于环境光照条件不断变化的场合。这种光圈设计使得相机能够在不同光照环境中快速响应，保持图像的最佳曝光。自动光圈广泛应用于动态场景拍摄，例如户外活动或室内拍摄，使得操作更加便捷且有效。

手动变焦镜头的变焦过程依赖用户手动旋转变焦环来实现。用户可以根据拍摄需要随时调整焦距，控制画面的组成部分。这种方式通常在对焦和构图要求较高的拍摄环境中被广泛采用，给予摄影师更大的创作自由度。

电动变焦镜头则通过电机驱动实现变焦过程。这种设计使得变焦更加平滑和快速，特别适合需要快速切换焦距的应用场景，如视频拍摄和实时监控。电动变焦镜头能够在不影响画面稳定性的情况下，迅速调整视角，提升操作效率。

手动对焦的过程需要用户手动旋转对焦环，以准确对焦于所需的拍摄对象。这种方式适合需要精确控制焦点的拍摄情境，如微距摄影或特殊艺术效果的创作，能够让摄影师在对焦上有更大的掌控权。

自动对焦是指系统自主驱动电机，带动镜片组前后移动以实现对焦。这是现代相机中常用的对焦方式，能够快速、准确地找到焦点，尤其在拍摄运动物体或快速变化的场景时表现突出。自动对焦的高效性使其成为大多数摄影师和视频制作者的首选，能够大幅提高拍摄的便捷性和准确性。

④ 专用镜头：显微镜头、微距镜头、远心镜头、紫外镜头、红外镜头。

显微镜头一般指放大率大于 10 的镜头。在现代工业相机中，由于像素尺寸已经小于 3μm，因此放大率大于 2 的镜头也被视为显微镜头。这类镜头设计用于高精度成像，能够清晰捕捉微小细节，广泛应用于生物学、材料科学和精密制造等领域。显微镜头的高放大率使其在观察细微结构和进行显微测量时具备重要优势。

微距镜头通常指放大率在 1/4 ~ 2 范围内的特殊设计镜头。这类镜头专为近距离拍摄而设计，能够在相对较短的物距下获取清晰的图像，适用于花卉、昆虫等小型物体的拍摄。专用的微距镜头通常具有优异的成像质量，但相应的价格也较高。在对图像质量要求不是特别严格的情况下，可以采用在镜头和工业相机之间添加近摄接圈或在镜头前加装近拍镜的方式，以达到放大成像的效果。这种灵活的应用方式能够满足不同场景下的需求。

远心镜头是为了纠正传统镜头的视差而特别设计的光学系统。它的主要特点是在一定的物距范围内，图像的放大倍率不会随物距的变化而变化，这对被测物体不在同一物面上的应用尤为重要。远心镜头通过在光学系统的焦点位置放置孔径光阑，仅允许平行于光轴的光线被光学器件捕捉。物方远心镜头将孔径光阑放在像方焦平面上，即使物距发生变化，拍摄的物体尺寸也不会变化。像方远心镜头将孔径光阑放置在物方焦平面上，因此即使 CCD 芯片的安装位置出现偏差，CCD 芯片上投影成像的大小也不变。此外，像方有着均匀的照度。双远心镜头拥有上面两种远心镜头的优点。

选用远心镜头的情况包括以下几个方面。

- 当被测物体厚度较大，需要检测不止一个平面时；
- 当被测物体的摆放位置不确定，可能跟镜头成一定角度时；
- 当被测物体在检测过程中上下跳动，如生产线上下振动导致工作距离变化时；
- 当被测物体带孔径，或是三维物体时；
- 当需要低畸变率、图像效果亮度几乎完全一致时；
- 当需要检测的缺陷只在同一方向平行照明下才能检测到时。

普通镜头主要针对可见光范围内的使用设计。然而，由于同一光学系统对不同波长的光线折射率不同，因此不同波长光线在成像时无法聚焦于同一点，从而产生色差。常用镜头的消色差设计通常针对可见光范围，紫外镜头和红外镜头则专门针对紫外线和红外线进行设计。紫外镜头：可用于燃烧成像、指纹和掌纹侦查、放电研究等领域，能够捕捉到人眼不可见的紫外线图像。红外镜头：广泛应用于夜视和透雾设备，能够在低光照条件下提供良好的成像效果。

5.1.3 镜头的参数

（1）焦距

在光学系统中，焦距是一个关键参数，用于衡量光线聚集或发散的能力。具体来说，焦距指的是平行光线入射到透镜后，从透镜光心到光线聚焦于一点（焦点）之间的距离。焦距的大小直接影响光学系统的成像特性和使用场景。

一般来说，短焦距镜头相较于长焦距镜头具有更强的聚光能力。这是因为短焦距镜头能够在较近的物距下实现较高的放大率，使得成像系统能够在小空间内捕捉到更多的光线细节。因此，短焦距镜头通常用于需要广视角和高细节捕捉的应用场景，例如微距摄影和广角摄影。然而，焦距越小，渐晕现象（即图像边缘亮度降低）越明显。这是由于短焦距镜头在处理光线时，尤其是在图像的边缘区域，光线的折射会产生更大的角度变化，从而导致光线在到达成像平面时不能有效聚焦。此外，像场边缘的照度也往往较低，影响整体图像的均匀性和质量。

（2）光圈、F数、数值孔径 NA

在光学系统中，光圈是通过可变面积的孔状光栅（通常为多边形或圆形）来控制镜头通光量的重要装置。光圈的大小直接影响光线进入镜头的数量，从而影响图像的亮度、景深和成像质量。

光圈的大小通常用 F 数表示，记作 $F/$，也被称为光圈系数。F 数定义为镜头焦距 f 与通光孔径 D 之比：

$$F=\frac{f}{D} \tag{5-1}$$

这意味着 F 数实际上是相对孔径的倒数。F 数的数值越小，光圈越大，允许更多的光线通过；反之，F 数越大，光圈越小，通光量减少。因此，光圈大小与 F 数呈反比关系。实际的 F 数可以表示为像距与通过孔径的比值，并可以用以下公式计算：

$$F_{实际}=(1+放大率)\times F \tag{5-2}$$

在光学成像中，数值孔径（NA）是另一个重要的参数，用于描述光学系统的聚光能力。物侧的数值孔径（NA）可以通过以下公式计算：

$$物侧\mathrm{NA}=n\sin u \tag{5-3}$$

式中，u 是物体的入射角，n 是介质的折射率。相似地，像侧的数值孔径（NA′）可以表示为：

$$像侧\mathrm{NA}'=n'\sin u' \tag{5-4}$$

式中，u' 是出射角，n' 是成像介质的折射率。

进一步地，数值孔径（NA）与放大率之间的关系可以表示为：

$$\mathrm{NA}=\mathrm{NA}'\times 放大率 \tag{5-5}$$

这一公式表明，光学系统的聚光能力（数值孔径）不仅受到光圈大小的影响，还与镜头的放大率密切相关。

（3）分辨率和最大靶面尺寸

分辨率是衡量镜头能够清晰分辨最小特征尺寸的关键指标。常见的分辨率等级包括 200 万级、500 万级、1000 万级和 2000 万级，这些分辨率等级应与对应的最大靶面尺寸相匹配，例如 1/1.8in、2/3in、1in、4/3in 和 44mm。确保镜头的分辨率不低于相机的分辨率和靶面尺寸是至关重要的，以便实现高质量的成像效果。

物方分辨率和像方分辨率是指在物平面和像平面上每毫米间距内能够清晰分辨开的黑白相间的线条对数，单位通常为“线对 / 毫米”（lp/mm，line-pairs/mm）。物方分辨率与像方分辨率之间的关系可以通过放大率来表示：物方分辨率：像方分辨率 = 放大率。最小可分辨的尺寸是线对数的倒数的两倍。比如，如果镜头的分辨率为 100lp/mm，那么最小可分辨的尺寸可以计算为：最小可分辨尺寸 =1/（100 × 2）=0.005mm。

分辨力是指光学系统在成像过程中能够分辨的最小间隔。它直接影响图像的清晰度和细节呈现，是评估光学系统性能的重要指标。在理论上，理想光学系统的分辨力受到衍射效应的限制，这种限制可以通过不同的判据来评估：

- 瑞利判据：根据瑞利判据，当两个点源在成像平面上形成的衍射图样的中心亮度达到最小的第一暗条纹的亮度值时，两个点源被认为是可分辨的。
- 道斯判据：道斯判据则定义为两个衍射图样的主峰重叠时，依然可以分辨出两个点源。
- 斯派罗判据：斯派罗判据更为严格，它规定在可分辨的条件下，衍射图样的中心亮度应低于某个特定值，确保能够清晰分辨两个点源。

（4）视野范围（视场）

视野范围或称视场，是指图像采集设备能够覆盖的区域，与靶面上的图像所对应的物平面尺寸密切相关。视场的大小不仅影响到所采集图像的信息量，也直接关系到设备在实际应用中的灵活性和效率。

视场范围受多个因素影响，主要包括物距（工作距离）、镜头焦距以及图像传感器的尺寸等。合理调整这些因素可以有效拓展视场，满足不同应用需求。

- 增大物距（工作距离）：增加物体与镜头之间的距离，即工作距离，可以有效拓宽视场范围。当物距增加时，镜头能够捕捉到更大区域内的物体。这种方法特别适用于需要从远处观察或拍摄大型物体的场合。此外，增大物距还可以减少物体运动对成像质量的影响，提高图像的稳定性。
- 使用更短焦距的镜头：采用短焦距镜头（如广角镜头）可以显著提高视场角度，从而覆盖更广泛的场景。短焦距镜头的设计使其能够在近距离内捕捉到更多的物体，尤其是在空间有限的环境中，广角镜头能够更有效地将多个目标纳入视野范围，提升图像采集的效率。
- 选用更大尺寸的传感器：使用更大尺寸的图像传感器可以提升图像质量，并扩大视场范围。较大的传感器能够捕捉到更广泛的场景，同时减少图像的裁剪和失真，确保图像的清晰度与细节。这在需要高分辨率图像和广阔视场的应用场合尤为重要，例如在工业检测、医疗成像和科学研究等领域。

（5）工作距离

工作距离是指镜头前端到被测物体表面的距离。这一参数在镜头设计和应用中至关重要，因为它直接影响成像的清晰度和成像质量。通常，工作距离需大于镜头的最小工作距离，以确保系统能够实现清晰的成像。当物体距离镜头的距离小于这一最小工作距离时，成像可能会变得模糊或失真，导致无法获取有用的图像信息。

（6）光学放大率

光学放大率是衡量光学系统成像能力的重要指标，定义为物体在焦平面上的成像大小与物体实际大小的比值。该比值可以用以下公式表示：

$$光学放大率=\frac{成像大小}{物体实际大小} \tag{5-6}$$

光学放大率不仅反映了镜头系统的成像能力，也对图像质量和细节表现有重要影响。在显微镜和其他高精度成像应用中，通常需要较高的光学放大率以观察微小细节。当放大率大于1时，意味着成像的尺寸大于物体的实际尺寸，适用于观察细微特征的应用。当放大率小于1时，成像尺寸则小于物体尺寸，这种情况通常用于广角成像或环境监测。

（7）镜头畸变

镜头畸变是由透镜制造精度和组装工艺的偏差引起的图像变形，通常表现为直线弯曲，属于一种像差。畸变的类型主要包括径向畸变、离心畸变和薄棱镜畸变。这些畸变会影响图像的几何形状，虽然不直接影响图像的清晰度，但会显著限制视觉测量的准确性。

径向畸变是由镜头元件的径向曲率缺陷引起的，这种畸变在所有畸变类型中占主导地位。它会导致图像中的直线在离光轴越远的地方越明显地出现弯曲。径向畸变常常在图像边缘处表现得尤为明显，影响图像的几何准确性。径向畸变可由下式计算：

$$\begin{aligned}\delta_{xr} &= k_1 x_d\left(x_d^2+y_d^2\right)+k_2 x_d\left(x_d^2+y_d^2\right)^2 \\ \delta_{yr} &= k_1 y_d\left(x_d^2+y_d^2\right)+k_2 y_d\left(x_d^2+y_d^2\right)^2\end{aligned} \tag{5-7}$$

式中，k_1 和 k_2 为径向畸变参数；（x_d，y_d）为畸变点坐标。

离心畸变的产生是由于镜头元件的光心与其几何中心不重合。这种畸变导致图像中的物体在不同位置的成像出现不一致，通常表现为偏移和扭曲，影响图像的整体形状和对称性。离心畸变可由下式计算：

$$\begin{aligned}\delta_{xd} &= p_1\left(3x_d^2+y_d^2\right)+2p_2 x_d y_d \\ \delta_{yd} &= p_2\left(x_d^2+3y_d^2\right)+2p_1 x_d y_d\end{aligned} \tag{5-8}$$

式中，p_1 和 p_2 是离心畸变系数。

薄棱镜畸变是由镜头元件的光轴与成像传感器之间的倾斜引起的。这种畸变会导致图像的某些区域出现角度偏差，使得图像中的直线在视觉上变得不直。这种偏差在高精度应用中尤为重要，因为它会影响测量的准确性。薄棱镜畸变可由下式计算：

$$\begin{aligned} \delta_{xp} &= s_1\left(x_d^2 + y_d^2\right) \\ \delta_{yp} &= s_2\left(x_d^2 + y_d^2\right) \end{aligned} \tag{5-9}$$

式中，s_1 和 s_2 是薄棱镜畸变系数。

上述三种畸变可以最终归为两类：径向失真和切向失真。径向畸变、离心畸变和薄棱镜畸变对径向失真均有贡献，离心畸变和薄棱镜畸变对切向失真有贡献。畸变只引起像的变形，对象的清晰度并无影响。

如图 5-8 所示，透视变形是物体经投影中心被投射在二维平面上造成的变形，通常表现为“近大远小”的效果。此类变形在实际应用中非常常见，特别是在建筑和场景摄影中，常常需要考虑这一现象以避免失真。

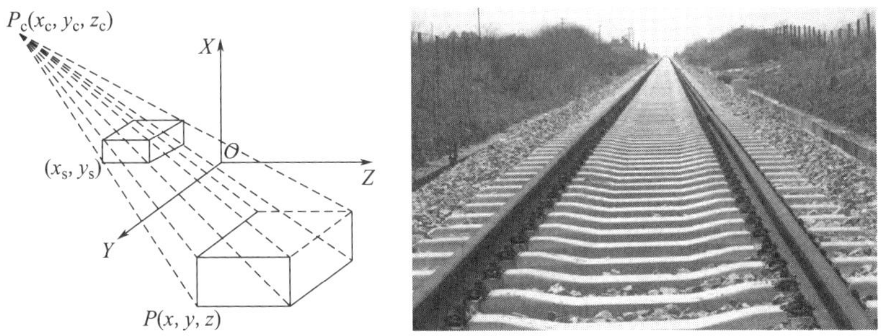

图 5-8　透视变形

需要注意的是，视觉系统对物体所成的像相对于物体本身而言的失真程度包含了镜头畸变和透视失真，是限制视觉测量准确性的重要因素之一。

（8）景深

景深是指在成像系统中，能够在传感器上获得清晰图像的物空间深度范围。它是影响图像质量的重要因素，尤其在微距摄影和工业检测中具有重要意义。在光学系统中，物平面（也称为对焦平面或合焦平面）上的点在与之共轭的像平面（理想聚焦像平面）上形成点像。然而，在其他像平面上，该点的成像会形成一定直径的模糊圆，这种现象称为弥散圆。当弥散圆的直径小到人眼无法识别（即小于传感器像元的大小）时，这些模糊圆可被视为点的成像，看起来与对焦效果一样清晰。此时无法分辨的弥散圆称为容许弥散圆（circle of confusion，CoC）。在被摄物体前后存在一段距离，在这一范围内成像的模糊程度仍在容许弥散圆的限定范围内，肉眼无法分辨清晰度差异。这个距离范围被称为景深。

如图 5-9 所示，景深可以用下式计算：

$$\mathrm{DOF} = \Delta L_1 + \Delta L_2 = \frac{2f^2 F\delta L(L-f)}{f^4 - F^2\delta^2 (L-f)^2} \tag{5-10}$$

式中，f 为焦距；F 为镜头光圈值。普通相机（L 远大于 f）的景深计算公式可简化为下式：

$$\mathrm{DOF} \approx \frac{2f^2 F\delta L^2}{f^4 - F^2\delta^2 L^2} \tag{5-11}$$

工业相机一般拍摄近距离物体，放大倍率 M 值较大，根据成像放大倍率公式：

$$M = \frac{f}{L-f} \tag{5-12}$$

景深可由下式计算：

$$\mathrm{DOF} = \frac{2f^2 F\delta(1+M)}{M^2 f^2 - F^2\delta^2} \approx \frac{2F\delta(1+M)}{M^2} \tag{5-13}$$

对于景深的扩大，可选择以下策略。

① 更换短焦距镜头：短焦距镜头通常具有较大的景深，适合拍摄更广阔的场景。

② 减小光圈：减小光圈可以增加景深范围，使得更多的物体处于清晰成像状态。

③ 增大拍摄距离：增加物距可以显著提高景深，使得更远处的物体也能成像清晰。

对于景深的缩小，可选择以下方法：

① 更换长焦距镜头：长焦距镜头通常会减少景深，使背景更加模糊，突出前景主体。

② 增大光圈：增大光圈可以降低景深，使得仅在特定范围内的物体成像清晰，适用于人像摄影等需要突出主体的场合。

③ 减小拍摄距离：减小物距会降低景深，适用于需要强调细节的拍摄。

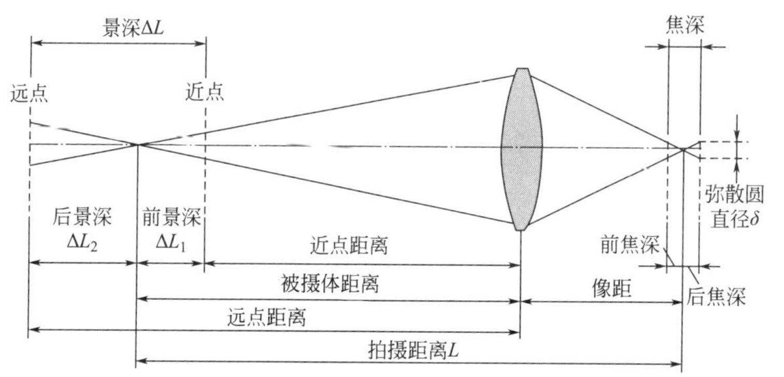

图 5-9　景深

（9）光学传递函数

光学传递函数（optical transfer function，OTF）是一个重要的光学特性，用于描述光学系统在成像过程中对不同空间频率的响应。它以空间频率为变量，表征了成像过程中调制度和横向相移的相对变化。OTF 的实部通常表示对比度（或调制度），而虚部则反映了相移特性。

在机械系统中，传递函数可以通过脉冲响应的傅里叶变换来获得，如图 5-10 所示。考虑一个单自由度的机械系统，当施加一个单位脉冲强迫函数（即时间无限短的冲击力）时，系统中的质量块会产生位移，这个位移的变化即为系统的脉冲响应。

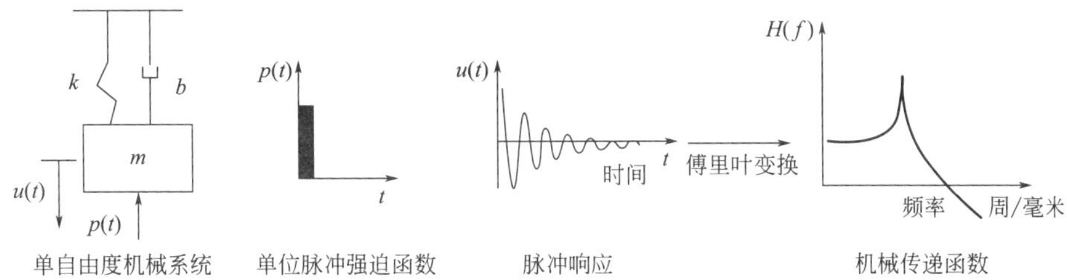

图 5-10　机械系统的传递函数

光学系统的传递函数也是脉冲响应的傅里叶变换，如图 5-11 所示。在光学系统中，脉冲响应对应于一个点源的成像效果，称为点扩散函数（PSF，point spread function）。PSF 描述了理想点源经过光学系统成像后的模糊程度，其形状和大小反映了系统的成像性能。通过分析 OTF，能够获得关于系统的成像质量、分辨率和对比度等信息。光学传递函数是光学系统对空间频谱的滤波变换，是表征非相干光照明下衍射受限系统成像质量的指标。物体经光学系统成像，可视为物图像经光学系统传递后，其传递效果是频率不变，对比度下降，相位发生推移，并在某一频率处截止。这种对比度的降低和相位推移是随频率变化的，其函数关系即为光学传递函数。

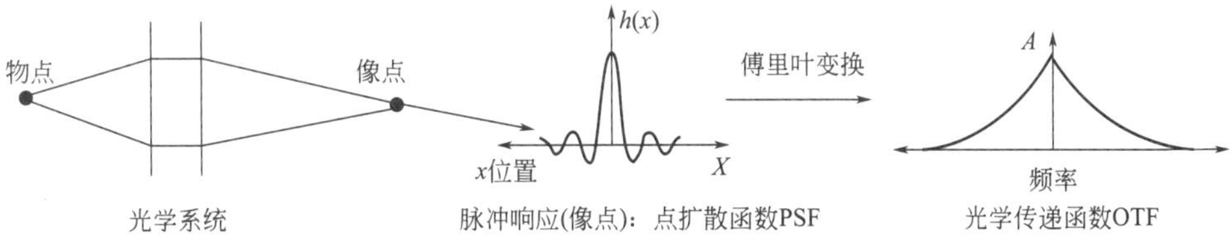

图 5-11　光学系统的传递函数

OTF 可进一步分为调制传递函数（MTF）和相位传递函数（PTF），其中调制传递函数在实际应用中尤为重要。MTF 定义为输出图像与输入图像的对比度之比。MTF 综合反映了镜头的反差和分辨率特性，是目前评估镜头性能的最客观、准确的方法之一。调制度（对比度、反差度、MTF 值）计算公式为：调制度（对比度，反差度，MTF 值）=

（照度的最大值 – 照度的最小值）÷（照度的最大值 + 照度的最小值）。调制度不但受镜头像差影响，还要受到空间频率、光圈和像场大小三个变量的影响，所以一般绘制二维的 MTF 曲线时都是固定空间频率、光圈和像场三个变量中的两个，剩余一个作为横坐标，并且以调制度作为纵坐标。一般选定调制度为 0.03 时的空间频率作为镜头的目视分辨率。视觉系统的分辨率所对应的调制度还取决于感光元件。MTF 曲线不是万能的，它只能判读镜头的反差和分辨率特性，无法判别诸如抗眩光、畸变等特性，所以在合理判读 MTF 曲线的同时，要保持理性和客观的心态，MTF 只是个参考值而非全部。

（10）远心度（远心镜头参数）

远心度是衡量远心镜头光学性能的重要参数，它描述了主光线偏离光轴的角度。远心度越小，意味着镜头的成像精度越高，能够提供更准确的图像。在理想情况下，一个完美的远心镜头将没有梯形畸变，其远心度为 0°。远心度的重要性在于，它直接影响了在不同物距下成像的几何精度。若物体在光学系统中存在高度差，远心度的微小偏差可能导致成像位置的显著变化。例如，假设物体的高度差为 d=2mm，而镜头的远心度为 θ=0.05°，则由于远心度的影响，物体位置的偏移量可以通过以下公式计算：

$$物体位置偏移量 = d\tan\theta \qquad (5\text{-}14)$$

将具体数值代入公式，可计算出物体位置的偏移量约等于 1.7μm。这表明，尽管物体的实际高度差为 2mm，但由于远心度的影响，成像位置的实际偏移量仅为 1.7μm。这一偏移在高精度测量或检测应用中可能导致显著的误差，因此在选择和使用远心镜头时，必须重视其远心度参数。

5.2 机器视觉系统镜头的选型方法

（1）工业镜头种类的确定

在选择工业镜头时，首先需要明确应用场景对成像视场、精度和灵活性的需求。定焦镜头由于其固定的焦距，具有较大的视场角和较轻的重量，能够在各种广泛的应用场景中提供稳定的成像效果。

定焦镜头的结构较为简单，光学性能也十分稳定，适用于那些不需要频繁调整焦距的场合。然而，定焦镜头的灵活性较差，无法适应多种拍摄距离，限制了其在一些需要动态调整视角的应用中的表现。

相较之下，变焦镜头提供了更大的灵活性，用户可以根据需求调整焦距，从而在不同距离和视角下获得清晰的图像。这使得变焦镜头非常适合监控等需要多变焦段的场景。不过，由于其复杂的内部结构，变焦镜头往往较重，畸变也较大，尤其是在最大或最小焦距时，成像质量可能有所下降。

对于高精度测量场合，远心镜头则是首选。远心镜头的最大特点是其倍率恒定，不会因物距的变化而改变。这使得它在需要减少视差误差的任务中表现出色，尤其适用于精密检测和尺寸测量。远心镜头虽然能够提供非常准确的成像效果，但其视场角较小，重量较重，因此不太适合大范围成像任务。此外，远心镜头的价格通常较高，主要用于需要高精度的工业场合。

线扫描镜头则适用于那些需要高分辨率和快速连续成像的场景。它们常用于工业检测、印刷检测等需要扫描大幅面图像的场合。线扫描镜头可以确保在高速扫描时仍能维持较高的成像质量，特别是在需要处理连续表面时。然而，线扫描镜头通常需要与线扫描相机配合使用，限制了其在一般场景中的应用。此外，线扫描镜头一次只能获取一条扫描线，无法直接捕捉完整的二维图像。

综上所述，不同类型的工业镜头在应用场景、性能和成像特性上各有优势。定焦镜头适合应用广泛且不需频繁调整焦距的场合，变焦镜头则为需要灵活成像的场景提供了极大便利。远心镜头由于其精度优势，是高精度测量的理想选择，而线扫描镜头则专注于高速和高分辨率的成像任务。根据具体的应用需求合理选择镜头类型，能够最大限度地提升机器视觉系统的效率与准确性。

（2）定焦工业镜头的选型

在选用定焦工业镜头时，通常需要依据相机和应用场景的特定需求，按照一系列步骤进行合理选择。

步骤 1：确定相机接口。首先，确保镜头接口与相机接口兼容，这是选型的基础。常见的镜头接口包括 C 口、F 口等。如果现有的镜头分辨率无法满足需求，可以考虑使用更高解析度的 F 口镜头，并通过转接环（如 C 口转 F 口转接环）进行接口适配，以确保系统能够正常工作。

步骤 2：确定镜头的靶面尺寸及分辨率。镜头的靶面尺寸和分辨率应当大于或等于相机的靶面尺寸及分辨率。若镜头的靶面尺寸小于相机的靶面尺寸，可能会导致图像四周出现黑影（即暗角效应）。同时，若镜头的分辨率低于相机分辨率，会导致相机的分辨能力无法完全发挥，图像细节可能受到影响，降低整体系统的成像精度。因此，在选定镜头时，应仔细比对相机和镜头的技术参数，以确保两者相匹配。

步骤 3：计算镜头焦距。根据具体的视野需求，可以通过以下公式计算镜头的焦距。

$$\begin{aligned}&\text{长边焦距}=(\text{感光元件长边尺寸}\times\text{工作距离})/\text{视野长边尺寸}\\&\text{短边焦距}=(\text{感光元件短边尺寸}\times\text{工作距离})/\text{视野短边尺寸}\end{aligned}\tag{5-15}$$

其中，感光元件的尺寸、镜头的工作距离和拍摄的视野边长共同决定了需要选择的焦距值。计算后，选择最接近计算值的标准焦距规格，常见的定焦镜头焦距为4mm、6mm、8mm、12mm、16mm、25mm、35mm、50mm、75mm、100mm。需要注意的是，焦距越短，视野越大，同时景深也会增加，但镜头畸变会随之加大，影响成像的准确性。

注意事项：

① 最短工作距离限制：每个定焦镜头都有其规定的最短工作距离，低于该距离时，镜头无法正常成像。如果应用场景需要更短的工作距离，可以通过加装延长环进一步缩短该距离。

② 焦距与视野的关系：在相同的工作距离下，焦距越短，视野范围越大，适合大视野成像的应用；但与此同时，畸变也会增大，特别是在广角镜头下，这种现象尤为明显。

③ 光圈与景深的平衡：镜头的光圈大小影响曝光时间和景深。光圈越大，传感器接收到的光线越多，意味着可以使用更短的曝光时间，减少运动模糊。然而，光圈越大，景深越小，背景和前景的清晰度将会降低，这在高速动态拍摄中需要特别注意。

通过这三步选择流程以及相关注意事项的综合考量，能够确保在不同的应用场景下选取到最适合的定焦镜头，从而提升机器视觉系统的整体性能和成像质量。

（3）远心工业镜头的选型

在选择远心工业镜头时，需要综合考虑应用需求和相机参数，以确保成像质量和系统性能的最佳匹配。以下是详细的远心镜头选型步骤：

步骤 1：明确基本要求。在选择远心镜头之前，首先需要确定几个关键参数，以确保镜头能满足特定的成像需求。具体包括：

- 拍摄视野范围：定义镜头需要覆盖的物体区域或测量区域的大小。
- 相机靶面尺寸：了解相机传感器的物理尺寸，这是镜头与相机匹配的重要参数。
- 工作距离：镜头到被拍摄物体的距离，它影响镜头的放大倍率和视野。
- 相机分辨率：相机的分辨率决定了系统的成像精度，因此镜头的分辨率应与之匹配。
- 景深要求：不同的应用对景深的要求不同，镜头需在合适的景深范围内提供清晰的成像。
- 相机接口类型：确保镜头接口与相机的接口匹配，如 C 口、F 口等。

步骤 2：根据相机接口选择镜头。远心镜头的选择需要根据相机的接口类型来确定。常见的工业相机接口类型有 C 口、F 口等，确保镜头接口与相机接口兼容。此外，根据所需的分辨率，如果相机的靶面较大，可以选择与其相匹配的高分辨率远心镜头。对于某些特殊需求，还可以通过转接环实现不同接口的适配。

步骤 3：计算光学放大率，确定镜头放大倍率。根据所需的拍摄视野范围与相机传感器的尺寸，计算镜头的光学放大率。光学放大率（放大倍率）可以通过以下公式确定：

$$光学放大率=传感器边长/视野边长 \tag{5-16}$$

这一公式用于确保镜头在既定的工作距离内能够提供足够的放大倍率以满足成像要求。远心镜头的放大倍率是恒定的，这对于保持一致的测量精度和消除透视畸变尤为重要。一般来说，远心镜头的放大倍率越高，成像精度越高，但视野范围会相应缩小。

步骤 4：综合镜头放大倍率、工作距离、景深、分辨率等进行选型。在确定了放大倍率和基本参数后，需要根据应用需求综合选择合适的远心镜头。

- 放大倍率：选择的镜头应能够提供足够的放大倍率，以保证在视野范围内可以精确地捕捉到所需的细节，同时不会牺牲测量精度。
- 工作距离：应确保镜头的工作距离适合实际应用场景。在某些近距离测量应用中，工作距离较小的镜头可能更为合适，但需要注意其对景深的影响。
- 景深要求：根据具体的成像需求选择合适的光圈和焦距，确保在合适的景深范围内提供清晰的成像。景深越大，系统的容错率越高，但景深过大可能会降低镜头的光圈大小，导致进光量减少。
- 分辨率与靶面尺寸匹配：镜头的分辨率应与相机的分辨率相匹配，确保高分辨率的图像能够被充分利用，同时镜头的靶面尺寸也要与相机传感器的尺寸相匹配，避免出现图像失真或边缘遮挡的现象。

综上所述，远心工业镜头的选型不仅需要考虑相机和镜头的接口适配，还需综合分析放大倍率、视野范围、工作距离、景深、分辨率等因素，确保所选镜头能够满足具体应用的成像需求，同时实现精确的测量和成像效果。

5.3 机器视觉系统镜头的配件及选用

（1）滤镜

在机器视觉系统中，滤镜的选择和应用对成像质量有着重要影响。如图 5-12 所示，不同类型的滤镜不仅能保护镜头，还能够优化图像效果，使其更适合具体的检测任务。以下是几种常用滤镜及其应用特点：

- 保护镜：保护镜主要用于防护镜头，确保镜头在操作和维护过程中不受损坏。它能够有效地防止镜头表面被加工碎屑划伤，延长镜头的使用寿命。由于保护镜与镜头的分离设计，在镜头需要清洁时，只需更换或清洗保护镜即可，既方便又经济。保护镜可用水清洗，减少了因附着油雾、粉尘等污染物而带来的维护工时，从而提高设备的工作效率。

- 锐波滤镜：锐波滤镜用于抑制环境光的干扰，在光线复杂的环境中尤为重要。当外界环境光较强，可能影响图像质量时，锐波滤镜可以过滤掉不需要的光线，使传感器接收到更纯净的图像信号，提升视觉系统的准确性。
- 偏光镜：偏光镜的主要功能是消除反射光和炫光对图像的影响。在拍摄具有反光性或高光表面的物体时，反射光容易掩盖细节，使图像失真。偏光镜能够有效减少这些反射光，突出物体的真实细节，使视觉系统能够更准确地进行分析和检测，广泛应用于高反光表面的检测任务中。
- 抗蓝光滤镜：抗蓝光滤镜通常与波长转换膜结合使用，以实现特定的背光效果。抗蓝光滤镜能够过滤掉蓝光部分的波长，改善背光条件下的成像效果，尤其是在一些高亮度或反差较大的场景中，能够提升图像的细节和对比度。这种滤镜常用于要求高精度的检测任务，如液晶屏幕的检测等。
- 灰密度滤镜（ND 镜）：中灰密度滤镜，也称为减光镜，主要用于控制曝光量，防止图像过曝光。在强光环境下，过多的光线会导致传感器过载，使图像细节丢失，甚至出现白茫现象。使用 ND 镜能够减少进入镜头的光量，从而有效防止过曝光的发生，保证图像的正常曝光。这种滤镜在户外或强光环境中的拍摄应用中非常常见。

无锐波滤镜 金属表面反射荧光灯的光　有锐波滤镜 可抑制环境光进行拍摄　无偏光镜 照到环形照明光　有偏光镜 减轻照到环形照明光的问题

图 5-12　滤镜

（2）滤光片

如图 5-13 所示，滤光片是一种只允许特定波长的光透过，其余波长的光则被截止的光学元件。它的主要作用是抑制光噪声、增强特定光信号，从而为后续的图像识别处理奠定基础。通过滤光片，系统能够减少不必要的光干扰，提升识别的准确性与效率。

滤光片根据不同的标准可以进行分类：

- 按波长分类：包括紫外滤光片、可见光滤光片和近红外滤光片，分别针对不同光谱区域进行滤波。
- 按过滤类型分类：可分为短波通滤光片、长波通滤光片和窄带滤光片。短波通滤光片用于透过较短波长的光，而长波通滤光片则允许较长波长的光透过。窄带滤光片只允许特定波长的光通过，具有更高的选择性。

白色光源无　　红色光源红　　绿色光源绿　　蓝色光源蓝

图 5–13　滤光片（彩图见前言页二维码）

（3）连接环 / 转接环

如图 5-14 所示，连接环（或转接环）是一种安装在相机与镜头之间的光学配件，主要用于调整相机与镜头的连接方式，使它们的接口能够相互匹配。转接环的使用不仅能够扩展设备的兼容性，还可以改变镜头的对焦范围，使得一些原本不兼容的镜头能够在不同类型的相机上使用。

图 5–14　连接环 / 转接环

对于摄影或工业视觉应用来说，转接环通常解决了镜头和相机接口类型不一致的问题，例如，将 F 口镜头通过转接环连接到 C 口相机上。此外，连接环还可用于增加镜头与相机之间的距离，从而实现更近的对焦距离，这在微距摄影或特定工业检测中尤为重要。通过合理选用连接环，可以显著提升系统的灵活性和适应性。

选择连接环或转接环时，需要根据具体的应用场景和设备配置进行选择。以下是选型时应考虑的几个关键因素：

- 接口类型：确定相机和镜头的接口类型是最基本的要求。例如，常见的接口类型有 C 口、CS 口、F 口等。如果相机和镜头的接口不一致，则需要选择适配相应接口的转接环，确保相机与镜头能够稳定连接。
- 是否影响光学性能：转接环会增加镜头与相机传感器之间的距离，从而可能影响焦距、视角以及成像质量。在选型时，应考虑是否需要补偿由增加的距离引起的光学变化，尤其是在需要精准对焦或微距拍摄的情况下。
- 扩展功能：一些转接环除了基本的连接功能外，还可能具备其他扩展功能，如调整光圈、改变镜头对焦距离、提高光轴精度等。在高端工业视觉系统中，带有这些功能的连接环可能会更为实用。

（4）侧视镜

如图 5-15 所示，侧视镜是一种特殊的光学装置，能够将光轴弯曲 90°，从而实现镜头在狭小空间内的安装与使用。它通过改变光线传播路径，使得相机可以从不同的

图 5-15 侧视镜

角度拍摄到目标物体，尤其是在传统方式无法正面对准的空间中，侧视镜能够提供独特的视角。

在实际应用中，侧视镜广泛用于工业检测、机器视觉以及其他要求特殊安装条件的场合。例如，在有限的空间内或难以直接对准的目标面前，侧视镜能够绕开障碍物，实现精准成像，确保系统能够在复杂环境下正常工作。

在工业视觉系统中，侧视镜的选型尤为关键，特别是在狭小或复杂空间中使用时，需要确保侧视镜能够提供稳定、清晰的成像。选型时主要考虑以下几点：

- 光轴弯曲角度：侧视镜通常提供固定的光轴弯曲角度（例如 90°），但有些特殊场合可能需要其他角度的侧视镜，因此要根据具体应用环境来选择合适的弯曲角度。
- 成像质量：侧视镜的光学设计会影响成像质量，特别是镜头和相机配合使用时。选型时应考虑是否会引起光学畸变、焦距变化等问题，必要时可以进行测试，确保侧视镜在实际使用场景中的成像效果不会被显著影响。
- 安装空间和尺寸：在狭小空间中，侧视镜的体积和安装方式是重要的选型依据。需要确保侧视镜尺寸足够小，且能够适配地安装在设备中，而不影响其他组件的操作或使用。
- 耐用性和环境适应性：侧视镜的材质和结构设计应能够适应工作环境中的温度、湿度和振动等条件，尤其是在工业生产环境中，选用高耐用性和抗干扰能力强的侧视镜能够提升系统的可靠性和寿命。

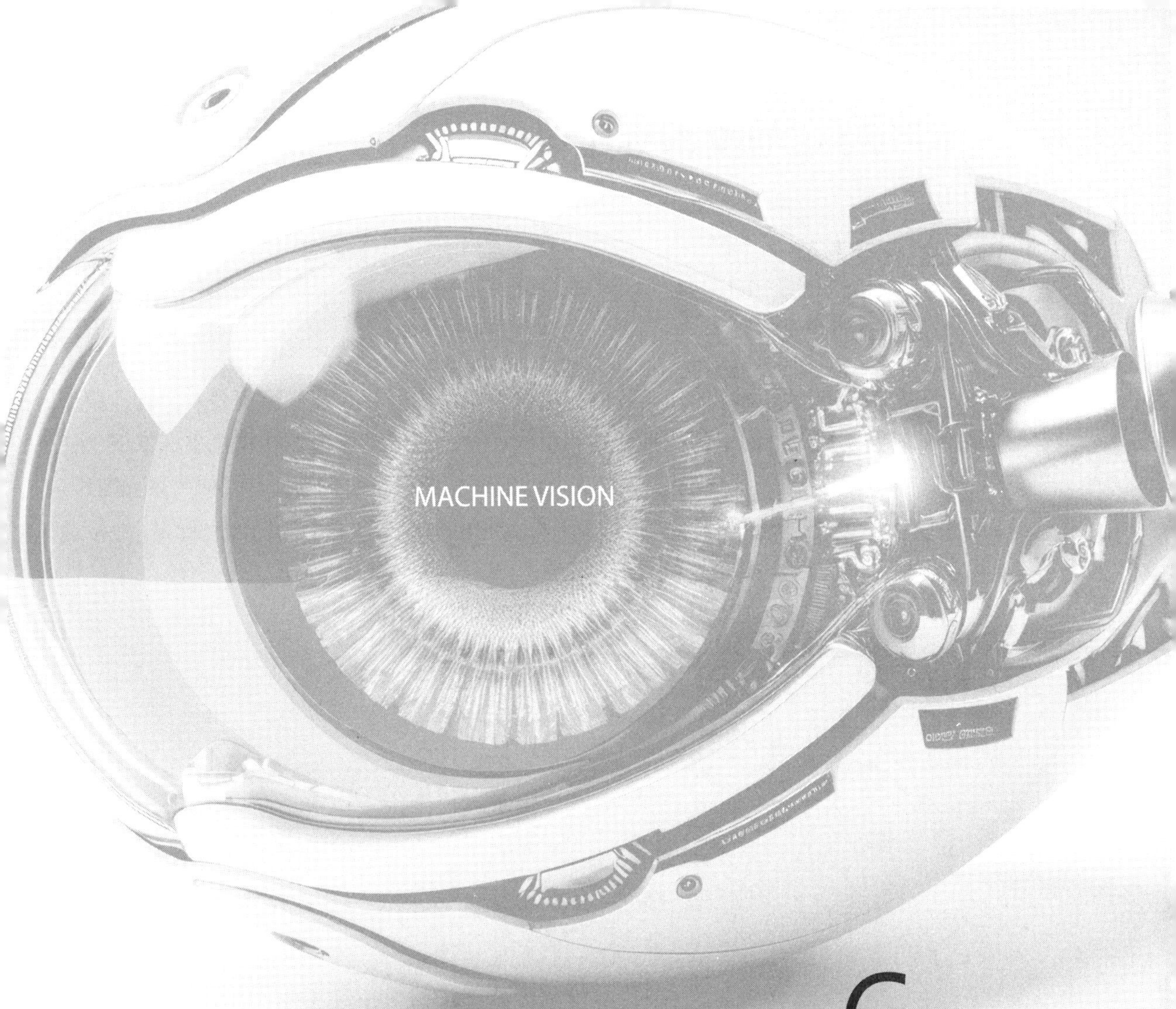

第6章

机器视觉系统预处理算法

MACHINE VISION

6.1 相机标定与手眼标定算法

6.1.1 相机标定基础

（1）线性模型

在大部分的应用环境中，实际的相机可采用理想的针孔成像模型表示。针孔模型是相机成像模型中最简单的一种，是相机的一个近似线性模型。在相机坐标系下，任一点在像平面的投影位置就是点 $\boldsymbol{P}$ 与光心的连线与像平面的交点，其几何关系如图 6-1 所示，$O_wX_wY_wZ_w$ 为世界坐标系、$O_cX_cY_cZ_c$ 为相机坐标系、Oxy 为图像坐标系、Iuv 为像素坐标系。投影公式如式（6-1）所示。

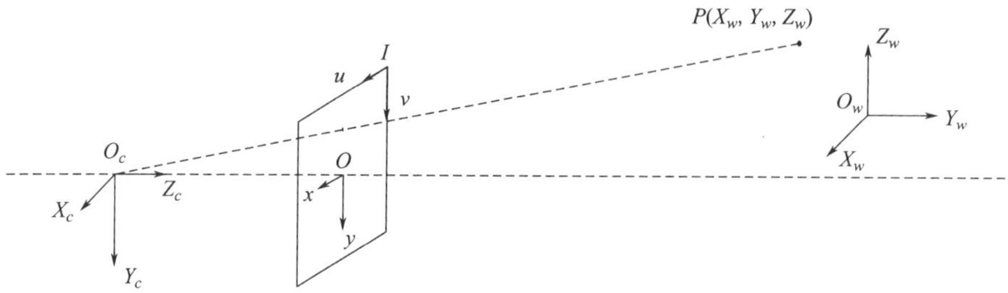

图 6-1　相机成像模型

$$s\begin{bmatrix}u\\v\\1\end{bmatrix}=\begin{bmatrix}\alpha_x & 0 & u_0 & 0\\0 & \alpha_y & v_0 & 0\\0 & 0 & 1 & 0\end{bmatrix}\begin{bmatrix}\boldsymbol{R} & \boldsymbol{T}\\0 & 1\end{bmatrix}\begin{bmatrix}X_w\\Y_w\\Z_w\\1\end{bmatrix} \tag{6-1}$$

式中，α_x 和 α_y 为相机的焦距；u_0 和 v_0 为相机的主点；$\boldsymbol{R}$ 为从 $O_wX_wY_wZ_w$ 变换到 $O_cX_cY_cZ_c$ 的旋转矩阵；$\boldsymbol{T}$ 为从 $O_wX_wY_wZ_w$ 变换到 $O_cX_cY_cZ_c$ 的平移矩阵。α_x、α_y、u_0、v_0 与相机的内部结构有关，因此被称为相机的内参；$\boldsymbol{R}$、$\boldsymbol{T}$ 由相机相对于世界坐标系的位置决定，被称为相机的外参。上式可以简写为：

$$s\begin{bmatrix}u\\v\\1\end{bmatrix}=\boldsymbol{M}\begin{bmatrix}X_w\\Y_w\\Z_w\\1\end{bmatrix} \tag{6-2}$$

（2）非线性模型

实际成像过程中，受相机镜头加工误差、装配误差等原因影响，相机容易产生畸变，使得成像点偏离原有的成像位置，因此，线性模型不能准确地描述相机的成像几何关系。非线性模型可用式（6-3）表示。

$$\begin{cases} x_0 = x_d + \delta_x(x,y) \\ y_0 = y_d + \delta_y(x,y) \end{cases} \tag{6-3}$$

式中，x_0，y_0 是畸变后的点的像素坐标值；x_d，y_d 是线性模型计算得到的点的理想的像素坐标值；δ_x、δ_y 是点的畸变量，可用式（6-4）计算。

$$\begin{cases} \delta_x(x,y) = k_1x(x^2+y^2) + p_1(3x^2+y^2) + 2p_2xy + s_1(x^2+y^2) \\ \delta_y(x,y) = k_2x(x^2+y^2) + p_2(3x^2+y^2) + 2p_1xy + s_2(x^2+y^2) \end{cases} \tag{6-4}$$

式中，$k_1y(x^2+y^2)$ 和 $k_2y(x^2+y^2)$ 是径向畸变；$p_1(3x^2+y^2)+2p_2xy$ 和 $p_2(3x^2+y^2)+2p_1xy$ 是离心畸变；$s_1(x^2+y^2)$ 和 $s_2(x^2+y^2)$ 是薄棱镜畸变。

引入较多的非线性参数不仅对标定精度的提高作用不大，还会造成解的不稳定。因此，在相机标定过程中，通常不考虑离心畸变和薄棱镜畸变，只使用径向畸变描述非线性畸变。则式（6-3）可变为

$$\begin{cases} x_0 = x_d + \delta_x(x,y) = x_d(1+k_1r^2) \\ y_0 = y_d + \delta_y(x,y) = y_d(1+k_2r^2) \end{cases} \tag{6-5}$$

式中，r 为径向半径，$r^2 = x_d^2 + y_d^2$；k_1、k_2 表示相机的径向畸变系数。

式（6-5）表明，相机的畸变程度与半径 r 有关，r 越大，畸变越严重。将式（6-5）代入式（6-1）可得

$$\boldsymbol{s}\begin{bmatrix} u \\ v \\ 1 \end{bmatrix} = \begin{bmatrix} 1+k_1r^2 & 0 & 0 \\ 0 & 1+k_2r^2 & 0 \\ 0 & 0 & 1 \end{bmatrix} \begin{bmatrix} a_x & 0 & u_0 & 0 \\ 0 & a_y & v_0 & 0 \\ 0 & 0 & 1 & 0 \end{bmatrix} \begin{bmatrix} \boldsymbol{R} & \boldsymbol{T} \\ 0 & 1 \end{bmatrix} \begin{bmatrix} X_w \\ Y_w \\ Z_w \\ 1 \end{bmatrix} \tag{6-6}$$

简写为

$$\boldsymbol{s}\begin{bmatrix} u \\ v \\ 1 \end{bmatrix} = \boldsymbol{M}_d \begin{bmatrix} X_w \\ Y_w \\ Z_w \\ 1 \end{bmatrix} \tag{6-7}$$

6.1.2 相机标定方法

（1）Tsai 标定法

直接线性变换方法或者透视变换矩阵方法利用线性方法求取相机参数，该方法的缺点是没有考虑镜头的非线性畸变。如果利用直接线性变换方法或透视变换矩阵方法求得相机参数，进而将求得的参数作为下一步的初始值，增加考虑畸变因素，利用最

优化算法进一步提高标定的精度，这样就形成了两步法。

典型的两步法是 Tsai 提出的基于径向约束的两步法。基于径向约束的相机标定方法标定过程快捷、准确，但该方法只考虑了径向畸变，没有考虑其他畸变。同时，该方法所使用的大部分方程是线性方程，从而降低了参数求解的复杂性。该方法的标定过程是先忽略镜头的误差，利用中间变量将标定方程转化为线性方程求解出相机的外参，然后根据外参利用非线性优化的方法求取径向畸变系数 k、有效焦距 f 和平移分量 t_z。

径向排列约束矢量 $\boldsymbol{L}_1$ 和矢量 $\boldsymbol{L}_2$ 具有相同的方向。由成像模型可知，径向畸变不改变 $\boldsymbol{L}_1$ 的方向，即

$$\begin{cases} x = r_{11}x_w + r_{12}y_w + r_{13}z_w + t_x \\ y = r_{21}x_w + r_{22}y_w + r_{23}z_w + t_y \\ z = r_{31}x_w + r_{32}y_w + r_{33}z_w + t_z \end{cases} \tag{6-8}$$

则

$$\frac{x}{y} = \frac{X_d}{Y_d} = \frac{r_{11}x_w + r_{12}y_w + r_{13}z_w + t_x}{r_{21}x_w + r_{22}y_w + r_{23}z_w + t_y} \tag{6-9}$$

整理可得

$$x_w Y_d r_{11} + y_w Y_d r_{12} + z_w Y_d r_{13} + Y_d t_x - x_w X_d r_{21} - y_w X_d r_{22} - z_w X_d r_{23} = X_d t_y \tag{6-10}$$

将式（6-10）两边同时除以 t_y，得

$$x_w Y_d \frac{r_{11}}{t_y} + y_w Y_d \frac{r_{12}}{t_y} + z_w Y_d \frac{r_{13}}{t_y} + Y_d \frac{t_x}{t_y} - x_w X_d \frac{r_{21}}{t_y} - y_w X_d \frac{r_{22}}{t_y} - z_w X_d \frac{r_{23}}{t_y} = X_d \tag{6-11}$$

将式（6-11）转换为矢量形式如式（6-12）所示。

$$\begin{bmatrix} x_w Y_d & y_w Y_d & z_w Y_d & Y_d & -x_w X_d & -y_w X_d & -z_w X_d \end{bmatrix} \begin{bmatrix} r_{11}/t_y \\ r_{12}/t_y \\ r_{13}/t_y \\ t_x/t_y \\ r_{21}/t_y \\ r_{22}/t_y \\ r_{23}/t_y \end{bmatrix} = X_d \tag{6-12}$$

式中，行矢量$\begin{bmatrix} x_w Y_d & y_w Y_d & z_w Y_d & Y_d & -x_w X_d & -y_w X_d & -z_w X_d \end{bmatrix}$是已知的，而列矢量$\begin{bmatrix} r_{11}/t_y & r_{12}/t_y & r_{13}/t_y & t_x/t_y & r_{21}/t_y & r_{22}/t_y & r_{23}/t_y \end{bmatrix}^{\mathrm{T}}$为待求参数。

对于成像系统中的物点，已知其 x_w、y_w、X_d、Y_d，选取合适的 7 个点即可求解出列矢量中的 7 个分量。式（6-12）可以简化为

$$\begin{bmatrix} x_w Y_d & y_w Y_d & Y_d & -x_w X_d & -y_w X_d \end{bmatrix} \begin{bmatrix} r_{11} / t_y \\ r_{12} / t_y \\ t_x / t_y \\ r_{21} / t_y \\ r_{22} / t_y \end{bmatrix} = X_d \tag{6-13}$$

在利用最小二乘法求解这个方程组，并计算有效焦距f、平移分量t_z和透镜畸变系数k时，先用线性最小二乘计算有效焦距f和平移向量$\boldsymbol{T}$的t_z分量，然后利用有效焦距f和平移向量$\boldsymbol{T}$的t_z分量作为初始值，求解非线性方程组得到f、t_z和k的准确值，进而利用式（6-13）以及旋转矩阵为正交阵的特点，可以确定旋转矩阵$\boldsymbol{R}$和平移分量t_x、t_y。

利用径向一致约束方法将外参分离出来，并用求解线性方程的方法求解外参。另外，可以将世界坐标与相机坐标重合，在标定时只求内参，从而可以简化标定的过程。

（2）DLT 标定

在已知一组三维点的位置以及其在相机中的投影位置时，直接根据相机线性模型计算相机的内外参是较为常用的方法。

相机的线性模型如式（6-14）所示。

$$s_i \begin{bmatrix} u_i \\ v_i \\ 1 \end{bmatrix} = \begin{bmatrix} m_{11} & m_{12} & m_{13} & m_{14} \\ m_{21} & m_{22} & m_{23} & m_{24} \\ m_{31} & m_{32} & m_{33} & m_{34} \end{bmatrix} \begin{bmatrix} X_{wi} \\ Y_{wi} \\ Z_{wi} \\ 1 \end{bmatrix} \tag{6-14}$$

式中，$(X_{wi}, Y_{wi}, Z_{wi}, 1)$是三维立体靶标第$i$个点的坐标；$(u_i, v_i, 1)$为第$i$个点的图像坐标；$m_{ij}$为投影矩阵$\boldsymbol{M}$第$i$行第$j$列的元素。式（6-14）包含三个方程，如式（6-15）所示。

$$\begin{cases} s_i u_i = m_{11} X_{wi} + m_{12} Y_{wi} + m_{13} Z_{wi} + m_{14} \\ s_i v_i = m_{21} X_{wi} + m_{22} Y_{wi} + m_{23} Z_{wi} + m_{24} \\ s_i = m_{31} X_{wi} + m_{32} Y_{wi} + m_{33} Z_{wi} + m_{34} \end{cases} \tag{6-15}$$

用最后一行消去s，即可得到两个约束方程：

$$\begin{cases} u_i = \dfrac{m_{11} X_{wi} + m_{12} Y_{wi} + m_{13} Z_{wi} + m_{14}}{m_{31} X_{wi} + m_{32} Y_{wi} + m_{33} Z_{wi} + m_{34}} \\ v_i = \dfrac{m_{21} X_{wi} + m_{22} Y_{wi} + m_{23} Z_{wi} + m_{24}}{m_{31} X_{wi} + m_{32} Y_{wi} + m_{33} Z_{wi} + m_{34}} \end{cases} \tag{6-16}$$

每个特征点可提供两个关于m的线性约束，假设一共有n个特征点，并已知它们的空间坐标，就会得到$2n$个关于$\boldsymbol{M}$矩阵元素的线性方程，线性方程组如式（6-17）所示。

$$\begin{bmatrix} X_{w1} & Y_{w1} & Z_{w1} & 1 & 0 & 0 & 0 & 0 & -u_1X_{w1} & -u_1Y_{w1} & -u_1Z_{w1} \\ 0 & 0 & 0 & 0 & X_{w1} & Y_{w1} & Z_{w1} & 1 & -v_1X_{w1} & -v_1Y_{w1} & -v_1Z_{w1} \\ \vdots & \vdots & \vdots & \vdots & \vdots & \vdots & \vdots & \vdots & \vdots & \vdots & \vdots \\ X_{wn} & Y_{wn} & Z_{wn} & 1 & 0 & 0 & 0 & 0 & -u_nX_{wn} & -u_nY_{wn} & -u_nZ_{wn} \\ 0 & 0 & 0 & 0 & X_{wn} & Y_{wn} & Z_{wn} & 1 & -v_nX_{wn} & -v_nY_{wn} & -v_nZ_{wn} \end{bmatrix} \times \begin{bmatrix} m_{11} \\ m_{12} \\ m_{13} \\ m_{14} \\ m_{21} \\ m_{22} \\ m_{23} \\ m_{24} \\ m_{31} \\ m_{32} \\ m_{33} \end{bmatrix} = \begin{bmatrix} u_1m_{34} \\ v_1m_{34} \\ \\ \\ \\ \vdots \\ \\ \\ \\ u_nm_{34} \\ v_nm_{34} \end{bmatrix} \tag{6-17}$$

实际上，矩阵 $\boldsymbol{M}$ 乘以任意不为零的常数并不影响 (X_w,Y_w,Z_w) 与 (u,v) 的关系，因此可以令 $m_{34}=1$，从而可以得到关于矩阵 $\boldsymbol{M}$ 其他元素的 $2n$ 个线性方程，这些未知元素的个数为 11 个，记为 11 维向量 $\boldsymbol{m}$，即可以将式（6-17）简写为

$$\boldsymbol{Km}=\boldsymbol{U} \tag{6-18}$$

式中，$\boldsymbol{K}$ 为式（6-17）中左边的 $2n\times 11$ 矩阵；$\boldsymbol{m}$ 为未知的 11 维向量；$\boldsymbol{U}$ 为式（6-17）中右边的 $2n$ 维向量；$\boldsymbol{K}$、$\boldsymbol{U}$ 都为已知向量。对于式（6-18），可以采用线性方程组的常规解法求解出矩阵 $\boldsymbol{M}$，当 $2n>11$ 时，可以利用最小二乘法求解出上述线性方程的解。

（3）张正友标定

1998 年，张正友提出了一种基于二维平面靶标的标定方法，该方法利用如棋盘格图像等相机不同角度下拍摄的多幅平面靶标图像，通过对棋盘格角点的计算分析求解相机的内外参数，其标定过程如下：

① 计算图像的映射矩阵 $\boldsymbol{H}$。

一个三维点可以用 $\boldsymbol{M}=[X,Y,Z]^{\mathrm{T}}$ 表示，一个二维点可以用 $\boldsymbol{m}=[u,v]^{\mathrm{T}}$ 表示，用 $\tilde{\chi}$ 表示其齐次坐标，则 $\tilde{\boldsymbol{m}}=[u,v,1]^{\mathrm{T}}$ 和 $\tilde{\boldsymbol{M}}=[X,Y,Z,1]^{\mathrm{T}}$，三维点与其投影的图像点之间的关系如下：

$$s\tilde{\boldsymbol{m}}=\boldsymbol{A}[\boldsymbol{R},\boldsymbol{t}]\tilde{\boldsymbol{M}} \tag{6-19}$$

式中，s 是任意标准矢量；$\boldsymbol{R}$、$\boldsymbol{t}$ 为外参；矩阵 $\boldsymbol{A}$ 是相机内参，可以表示为

$$\boldsymbol{A}=\begin{bmatrix} \alpha & \gamma & u_0 \\ 0 & \beta & v_0 \\ 0 & 0 & 1 \end{bmatrix} \tag{6-20}$$

式中，(u_0,v_0) 表示图像坐标系原点在像素坐标系里的坐标；α、β 是图像上 u、v 坐标轴的尺度因子；γ 表示图像坐标轴的垂直度。

假定模板平面在世界坐标系 $Z=0$ 的平面上，则可得

$$s\begin{bmatrix}u\\v\\1\end{bmatrix}=A\begin{bmatrix}r_1 & r_2 & r_3 & t\end{bmatrix}\begin{bmatrix}X\\Y\\0\\1\end{bmatrix}=A\begin{bmatrix}r_1 & r_2 & t\end{bmatrix}\begin{bmatrix}X\\Y\\1\end{bmatrix} \tag{6-21}$$

式中，$\boldsymbol{r}_i$ 为 $\boldsymbol{R}$ 的第 i 列向量。此时，可以得到一个 3×3 的矩阵：

$$\boldsymbol{H}=\begin{bmatrix}\boldsymbol{h}_1 & \boldsymbol{h}_2 & \boldsymbol{h}_3\end{bmatrix}=\lambda\boldsymbol{A}\begin{bmatrix}\boldsymbol{r}_1 & \boldsymbol{r}_2 & \boldsymbol{t}\end{bmatrix} \tag{6-22}$$

利用上述映射矩阵可得内参矩阵 $\boldsymbol{A}$ 的约束条件为

$$\boldsymbol{h}_1^{\mathrm{T}}\boldsymbol{A}^{-\mathrm{T}}\boldsymbol{A}^{-1}\boldsymbol{h}_2=0 \tag{6-23}$$

② 利用约束条件线性求解内参矩阵 $\boldsymbol{A}$。

假设存在：

$$\boldsymbol{B}=\boldsymbol{A}^{-\mathrm{T}}\boldsymbol{A}^{-1}=\begin{bmatrix}B_{11} & B_{12} & B_{13}\\B_{21} & B_{22} & B_{23}\\B_{31} & B_{32} & B_{33}\end{bmatrix}=\begin{bmatrix}\dfrac{1}{\alpha^2} & -\dfrac{\gamma}{\alpha^2\beta} & \dfrac{v_0r-u_0\beta}{\alpha^2\beta}\\ -\dfrac{\gamma}{\alpha^2\beta} & \dfrac{\gamma^2}{\alpha^2\beta}+\dfrac{1}{\beta^2} & -\dfrac{\gamma(v_0\gamma-u_0\beta)}{\alpha^2\beta}-\dfrac{v}{\beta^2}\\ \dfrac{v_0r-u_0\beta}{\alpha^2\beta} & -\dfrac{\gamma(v_0\gamma-u_0\beta)}{\alpha^2\beta}-\dfrac{v}{\beta^2} & \dfrac{(v_0\gamma-u_0\beta)^2}{\alpha^2\beta}+\dfrac{v_0}{\beta^2}+1\end{bmatrix} \tag{6-24}$$

式中，矩阵 $\boldsymbol{B}$ 是对称矩阵，可以表示为六维矢量 $\boldsymbol{b}=\begin{bmatrix}B_{11},B_{12},B_{13},B_{21},B_{22},B_{23}\end{bmatrix}$。基于绝对二次曲线原理求出矩阵 $\boldsymbol{B}$ 以后，再对矩阵 $\boldsymbol{B}$ 求逆，并从中导出内参矩阵 $\boldsymbol{A}$，再由矩阵 $\boldsymbol{A}$ 和映射矩阵 $\boldsymbol{H}$ 计算外参旋转矩阵 $\boldsymbol{R}$ 和平移向量 $\boldsymbol{t}$，公式为

$$\begin{cases}\boldsymbol{r}_1=\lambda\boldsymbol{A}^{-1}\boldsymbol{h}_1\\ \boldsymbol{r}_2=\lambda\boldsymbol{A}^{-1}\boldsymbol{h}_2\\ \boldsymbol{r}_3=\boldsymbol{r}_1\times\boldsymbol{r}_2\\ \boldsymbol{t}=\lambda\boldsymbol{A}^{-1}\boldsymbol{h}_3\end{cases} \tag{6-25}$$

③ 最大似然估计。假设有 n 幅图像，模板平面标定点有 m 个，则最大似然估计值为

$$\sum_{i=1}^{n}\sum_{j=1}^{m}\left\|m_{ij}-m\left(\boldsymbol{A},k_1,k_2,\boldsymbol{R}_i,\boldsymbol{t}_i,M_j\right)\right\|^2 \tag{6-26}$$

式中，m_{ij} 是第 j 个点在第 i 幅图像中的像点；$\boldsymbol{R}_i$ 是第 i 幅图像的旋转矩阵；$\boldsymbol{t}_i$ 为第 i 幅图像的平移向量；$\boldsymbol{M}_i$ 为第 j 个点的空间坐标；初始估计值利用上面线性求解的结果，畸变系数 k_2,k_2 的初始值为 0，通过最小化式（6-25），采用最大似然准则优化上述参数。

6.1.3 手眼标定方法

机器视觉方法在众多领域中得到了广泛的应用，其中，在工业以及太空等领域的应用中，通常与机械臂相结合。在与机械臂结合应用时，机器视觉所用的相机通常被称为“眼”，机械臂的末端执行器通常被称为“手”。手眼关系一般有两种，一种是将相机安装在机械臂外用来采集图像信息，称为“眼在手外”；另一种是将相机安装在机械臂的末端，称为“眼在手上”。第一种安装方式比较简单，不占用机械臂末端负载；第二种安装方式比较灵活，相机可以跟随机械臂的移动而移动，视野范围更大。对于机械臂需要执行的操作，需要确定目标的位置信息并发送给机械臂，因此，需要确定相机与机械臂之间的转换关系。通过相机标定，就可以获得目标在相机坐标系下的位置信息，如果确定了相机与机械臂之间的转换关系，就可以得到目标在机械臂坐标系下的位置信息，进而可以实现机械臂的预期操作。

手眼标定的目的是求解工业机器人的末端坐标系与相机坐标系之间的坐标变换关系，或者工业机器人的基底坐标系与相机坐标系之间的坐标变换关系，本节分为“眼在手上”和“眼在手外”两部分，分别介绍相机坐标系和机械臂末端坐标系之间的关系。

（1）“眼在手上”手眼标定

“眼在手上”手眼标定中各个坐标系的关系如图 6-2 所示。

图 6-2 中，$\boldsymbol{M}_i(i=1,2)$ 是靶标坐标系到相机坐标系的转换矩阵，即相机的外参，该矩阵可以通过上一节的相机标定得到。

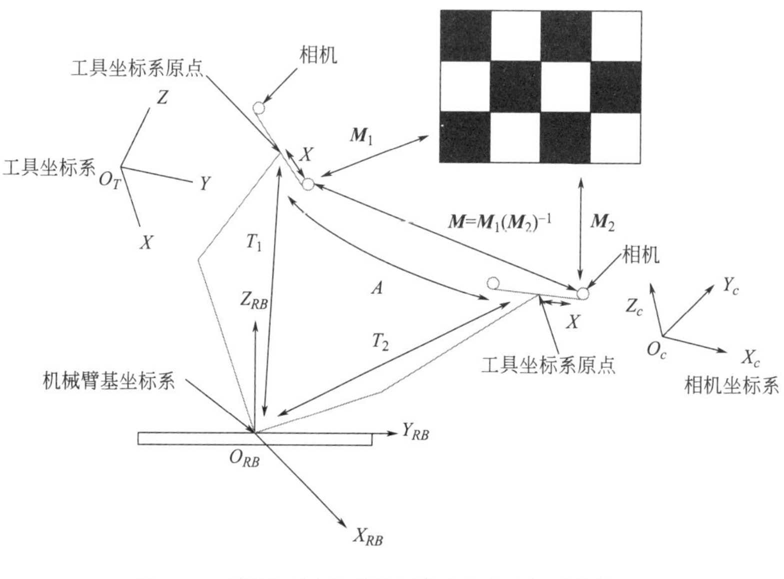

图 6–2 “眼在手上”手眼标定中各个坐标系的关系

假设左相机坐标系为 $O_{c1}-X_{c1}Y_{c1}Z_{c1}$，右相机坐标系为 $O_{c2}-X_{c2}Y_{c2}Z_{c2}$，机械臂的基坐标系为 $O_{RB}-X_{RB}Y_{RB}Z_{RB}$，机械臂的工具坐标系为 O_T-XYZ，机械臂移动前后的相机坐标系分别为 C_{c1} 和 C_{c2}，机械臂的工作坐标系分别为 C_{T1} 和 C_{T2}。通过机械臂自带的参数可以计算出机械臂移动前后两个工具坐标系之间的转换矩阵 $\boldsymbol{A}$。

设空间中的某一点 P 在上述坐标系 C_{c1}、C_{c2}、C_{T1}、C_{T2} 下的坐标分别为 P_{c1}、P_{c2}、P_{T1}、P_{T2}，可以得到：

$$\begin{cases} P_{c1}=\boldsymbol{M}P_{c2} \\ P_{c1}=\boldsymbol{X}P_{T1} \\ P_{T1}=\boldsymbol{A}P_{T2} \\ P_{c2}=\boldsymbol{X}P_{T2} \end{cases} \tag{6-27}$$

式中，$\boldsymbol{M}=\boldsymbol{M}_1\boldsymbol{M}_2^{-1}$，由上式可得：

$$\boldsymbol{MX}=\boldsymbol{XA} \tag{6-28}$$

式中，$\boldsymbol{X}$ 是要求的手眼转换矩阵；$\boldsymbol{A}$、$\boldsymbol{M}$、$\boldsymbol{X}$ 矩阵是由旋转矩阵和平移向量组成。

以 $\boldsymbol{A}=\begin{bmatrix}\boldsymbol{R}_{\mathrm{A}} & \boldsymbol{t}_{\mathrm{A}} \\ 0 & 1\end{bmatrix}$ 为例，式（6-28）可以展开为

$$\begin{bmatrix}\boldsymbol{R}_M & \boldsymbol{t}_M \\ 0 & 1\end{bmatrix}\begin{bmatrix}\boldsymbol{R} & \boldsymbol{t} \\ 0 & 1\end{bmatrix}=\begin{bmatrix}\boldsymbol{R} & \boldsymbol{t} \\ 0 & 1\end{bmatrix}\begin{bmatrix}\boldsymbol{R}_A & \boldsymbol{t}_A \\ 0 & 1\end{bmatrix} \tag{6-29}$$

通过式（6-29）可得：

$$\boldsymbol{R}_M\boldsymbol{R}=\boldsymbol{R}\boldsymbol{R}_A \tag{6-30}$$

$$\boldsymbol{R}_M\boldsymbol{t}+\boldsymbol{t}_M=\boldsymbol{R}\boldsymbol{t}_A+\boldsymbol{t} \tag{6-31}$$

为求解式（6-31）中的 $\boldsymbol{R}$ 和 $\boldsymbol{t}$，实验中需要将机械臂移动两次，获得机械臂末端的位置坐标，从而得到两组求解手眼关系的方程。求出 $\boldsymbol{R}$ 和 $\boldsymbol{t}$ 后就得到了手眼转换矩阵 $\boldsymbol{X}$，进而通过式（6-32）就可以从相机坐标系转换到机械臂坐标系。

$$\boldsymbol{P}_{RB}=\boldsymbol{TXP}_C \tag{6-32}$$

式中，$\boldsymbol{P}_{RB}$ 是物体在机械臂坐标系的坐标；$\boldsymbol{P}_C$ 是物体在左相机坐标系下的坐标；$\boldsymbol{T}$ 是工具坐标系到机械臂坐标系的转换矩阵。

（2）“眼在手外”手眼标定

“眼在手外”手眼标定中各个坐标系的关系如图 6-3 所示。

图 6-3 中，相机固定在机械臂之外，相机和机械臂底座相对静止。其中，相机坐标系为 O_c，标定板坐标系为 O_w，机械臂末端坐标系为 O_e，机械臂底座坐标系为 O_b。标定板坐标系到相机坐标系的转化关系为 $\boldsymbol{T}_w^c$，相机坐标系到机械臂底座坐标系的转换关系为 $\boldsymbol{X}$，机械臂底座坐标系到机械臂末端坐标系的转换关系为 $\boldsymbol{T}_b^e$，其中相机坐标系到机械臂底座坐标系的转换关系 $\boldsymbol{X}$ 为需要求解的手眼标定矩阵。

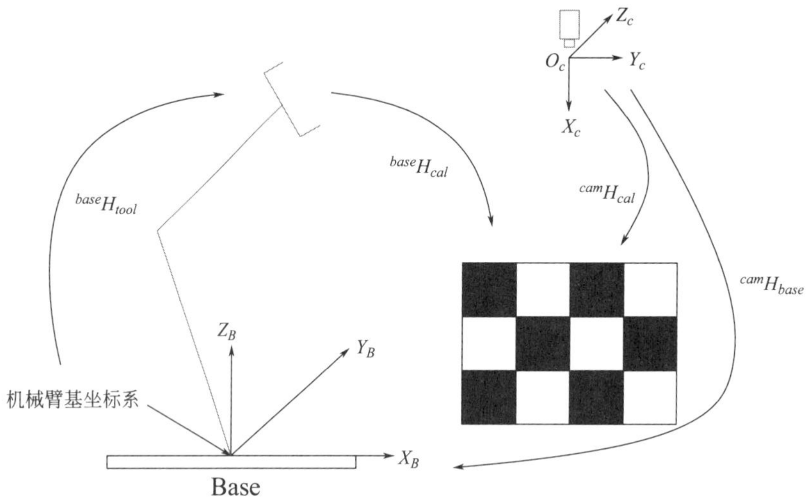

图 6-3 “眼在手外”手眼标定中各个坐标系的关系

对于上述转换关系，将标定板固定在机械臂末端，在某一位姿下，标定板上的点在标定板坐标系下的坐标值为 $\boldsymbol{P}_1$，经过 $\boldsymbol{T}_w^c$ 和 $\boldsymbol{T}_b^e$ 的坐标转换之后，得到标定板上的点在机械臂末端坐标系下的坐标值 $\boldsymbol{P}_3$，转换关系如下：

$$\boldsymbol{T}_b^e \boldsymbol{X} \boldsymbol{T}_w^c \boldsymbol{P}_1 = \boldsymbol{P}_3 \tag{6-33}$$

变换机械臂位姿后，得到另一组转换关系，记为

$$\boldsymbol{T}_b^{e'} \boldsymbol{X} \boldsymbol{T}_w^{c'} \boldsymbol{P}_1 = \boldsymbol{P}_3 \tag{6-34}$$

式（6-33）和式（6-34）中的 $\boldsymbol{T}_b^e$ 和 $\boldsymbol{T}_b^{e'}$ 能够通过机械臂的位姿输出得到，$\boldsymbol{T}_w^c$ 和 $\boldsymbol{T}_w^{c'}$ 可以通过单目相机的标定得到，因此，式（6-33）和式（6-34）可以转换为

$$\boldsymbol{T}_b^{e'} \boldsymbol{X} \boldsymbol{T}_w^{c'} = \boldsymbol{T}_b^e \boldsymbol{X} \boldsymbol{T}_w^c \tag{6-35}$$

即

$$(\boldsymbol{T}_b^{e'})^{-1} \boldsymbol{T}_b^e \boldsymbol{X} = \boldsymbol{X} \boldsymbol{T}_w^{c'} (\boldsymbol{T}_w^c)^{-1} \tag{6-36}$$

式（6-36）可以理解为 $\boldsymbol{AX} = \boldsymbol{XB}$ 的形式，通过多次变换机械臂的末端位姿，对手眼标定方程 $\boldsymbol{AX} = \boldsymbol{XB}$ 进行求解，即可得到手眼转换的矩阵 $\boldsymbol{X}$。

6.2 机器视觉系统的成像失真校正算法

6.2.1 几何失真校正

在图像实际采集过程中，图像中像素之间的空间关系会发生变化，这种现象被称为图像几何失真或图像几何畸变，例如图像的枕形或桶形畸变、倾斜投影等。图像失真之后各部分之间的空间关系与图像中对应像素间的空间关系就不一致了，因此，需

要通过几何变换来校正失真图像中每个像素的位置，以得到像素间原来应有的空间关系。对于灰度图像，除了考虑空间关系以外，还要考虑灰度关系，即同时需要进行灰度校正以还原像素原有的灰度值。

设原始图像为 $f(x,y)$，受几何失真的影响变成 $g(x',y')$。几何失真校正既要根据 (x,y) 和 (x',y') 的关系由 (x',y') 确定 (x,y)，又要根据 $f(x,y)$ 和 $g(x',y')$ 的关系由 $g(x',y')$ 确定 $f(x,y)$。因此，图像几何失真校正的步骤主要有：

① 空间变换：对图像的像素进行重新排列以恢复像素原有的空间关系；

② 灰度插值：对空间变换后的像素赋予相应的灰度值以恢复原位置的灰度值。

（1）空间变换

失真图像 $g(x',y')$ 中的坐标受失真的影响已不是原来的 (x,y)，而是 (x',y')。上述的变化在一般情况下可表示为：

$$\begin{cases} x' = s(x,y) \\ y' = t(x,y) \end{cases} \tag{6-37}$$

式中，$s(x,y)$ 和 $t(x,y)$ 表示产生几何失真图像的两个空间变换函数，线性失真时，$s(x,y)$ 和 $t(x,y)$ 可表示为

$$\begin{cases} s(x,y) = k_1x + k_2y + k_3 \\ t(x,y) = k_4x + k_5y + k_6 \end{cases} \tag{6-38}$$

对于一般的非线性二次失真，$s(x,y)$ 和 $t(x,y)$ 可表示为

$$\begin{cases} s(x,y) = k_1 + k_2x + k_3y + k_4x^2 + k_5xy + k_6y^2 \\ t(x,y) = k_7 + k_8x + k_9y + k_{10}x^2 + k_{11}xy + k_{12}y^2 \end{cases} \tag{6-39}$$

如果知道 $s(x,y)$ 和 $t(x,y)$ 的解析表达就可以通过反变换来恢复图像，但在实际中通常不知道失真情况的解析表达。因此，需要在输入图（失真图）和输出图（校正图）上找一些约束对应点，然后利用这些点根据失真模型计算出失真函数的各个系数，从而建立两幅图像中其他像素空间位置的对应关系。

如图 6-4 所示，原始图中的四边形在失真后成为一个尺寸和朝向都不规则的四边形，现要对失真图进行校正，使得校正后的四边形恢复原来的尺寸和朝向。由于四边形区域的顶点比较容易检测且不易混淆，因此选用校正前后四边形的顶点作为约束对应点。

设在四边形区域内的几何失真过程可用一对双线性等式表示，则失真前后两图像坐标间的关系为

$$\begin{cases} x' = k_1x + k_2y + k_3xy + k_4 \\ y' = k_5x + k_6y + k_7xy + k_8 \end{cases} \tag{6-40}$$

由图 6-4 可知，校正前后的图像中共有 4 组已知的对应点，所以可得到 4 组关系式，因此式（6-40）中的 8 个系数 $k_i\left(i=1,2,\cdots,8\right)$ 可以全部解得。进而利用这些系数建

立四边形区域内所有点的空间映射公式。一般来说，可将一幅图分成一系列覆盖全图的四边形区域的集合，对每个区域都找足够的对应点以计算进行映射需要的系数，实现图像的几何失真校正。

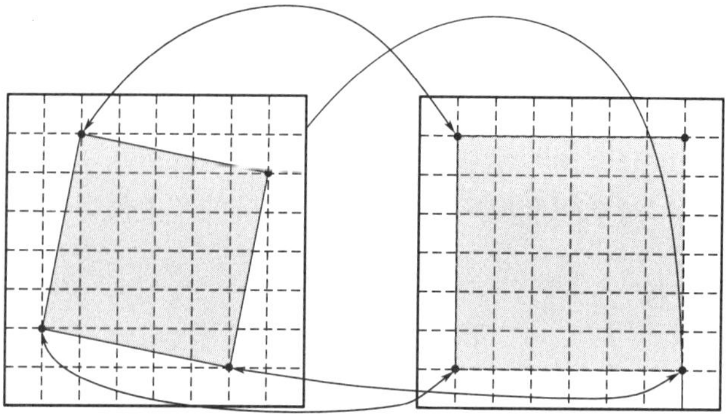

图 6-4　失真图和校正图的对应点

（2）灰度插值

尽管实际图像中的 (x,y) 都是整数，但由式（6-40）计算出的 (x',y') 并不一定是整数。失真图 $g(x',y')$ 的像素灰度值仅在像素坐标为整数的位置有定义，而非整数处的像素灰度值就要利用其周围的像素灰度值进行计算，这个过程叫做灰度插值。灰度插值如图 6-5 所示，其中（a）是原始不失真图，（b）是实际采集到的失真图，几何校正就是要把失真图恢复成原始图。由于失真，原图中的整数坐标点 (x,y) 会映射到失真图中的非整数坐标点 (x',y')，而失真图在点 (x',y') 处是没有定义的。因此，空间变换可将应在原图 (x,y) 处的点 (x',y') 变换回原图中的 (x,y) 处，而灰度插值的目的是估计出点 (x',y') 处的灰度值以赋给原图 (x,y) 处的像素，完成图像的几何失真校正。

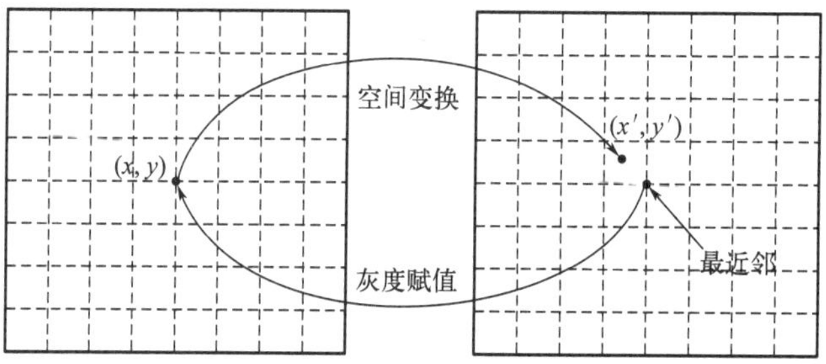

图 6-5　灰度插值示意图

灰度赋值可以采用不同的插值方法实现，最简单的是最近邻插值，也称为零阶插值，该方法是将离 (x',y') 点最近的像素灰度值作为 (x',y') 点的灰度值赋给原图 (x,y)

处的像素。该方法的计算量小，但缺点是不够精确。

为提高精度，可采用双线性插值方法，该方法利用 (x',y') 点 4 个最近邻像素的灰度值来计算 (x',y') 点处的灰度值。双线性插值如图 6-6 所示，设 (x',y') 点的 4 个最近邻像素分别为 A，B，C，D，它们的坐标分别为 (i,j)，$(i+1,j)$，$(i,j+1)$ 和 $(i+1,j+1)$，对应的灰度值分别为 $g(A)$，$g(B)$，$g(C)$ 和 $g(D)$。首先计算 E 和 F 两点的灰度值 $g(E)$ 和 $g(F)$ 为

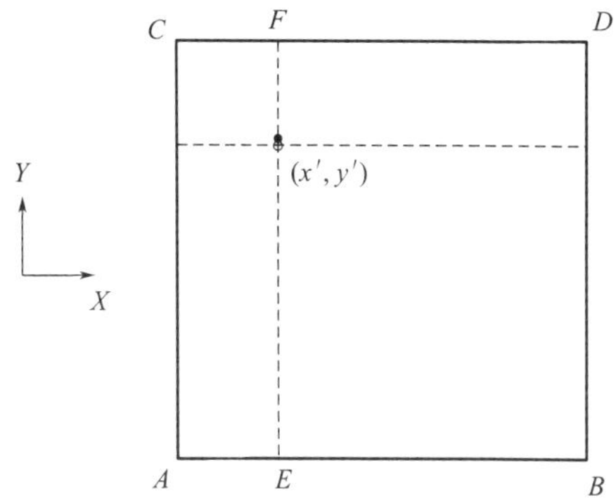

图 6-6　双线性插值示意图

$$\begin{cases} g(E)=(x'-i)\left[g(B)-g(A)\right]+g(A) \\ g(F)=(x'-i)\left[g(D)-g(C)\right]+g(C) \end{cases} \tag{6-41}$$

根据 $g(E)$ 和 $g(F)$ 两点的灰度值即可计算 (x',y') 点的灰度值 $g(x',y')$ 为

$$g(x',y')=(y'-j)\left[g(F)-g(E)\right]+g(E) \tag{6-42}$$

6.2.2　应用实例——圆柱曲面透视投影失真的图像校正

受机器视觉系统中透视投影失真的影响，基于机器视觉的钢管、桥梁拉索等圆柱表面缺陷的测量结果并不准确，为实现基于图像的圆柱表面缺陷的准确测量，构建了一个圆柱曲面透视投影失真的图像校正方法。该方法在提取圆柱成像区域、明确横向和轴向方向的基础上，基于圆柱曲面的透视投影特性，将产生的失真分解为轴向变形和横向变形，利用系统成像参数和圆柱半径建立校正图像与原图像的坐标对应关系，通过最邻近插值法进行像素映射实现透视投影失真校正。

（1）校正原理

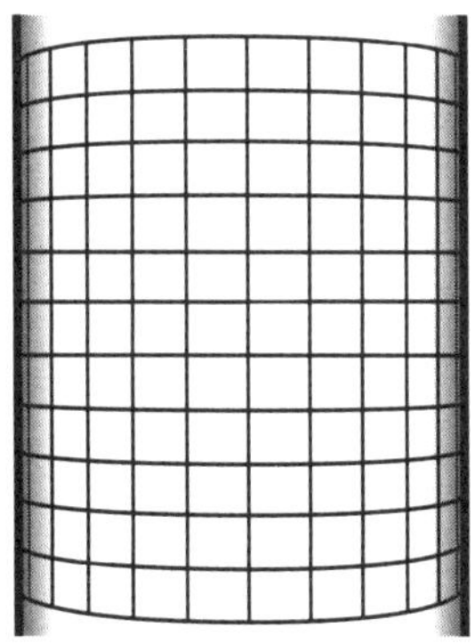
图 6-7　表面贴有等大小方格图案的圆柱体成像效果

图 6-7 是表面贴有等大小方格图案的圆柱体成像效果。由图可知，圆柱曲面透视投影失真图像存在横向变形（图 6-7 水平方向）和轴向变形（图 6-7 竖直方向），横向变形使方格水平方向的边长从图像竖向中央向左右两侧逐渐减小，轴向变形使水平直线发生弯曲，其弯曲程度从图像水平中央向上下两端愈加严重。对于图像中圆柱表面上的任意点，其变形矢量可分解为横向变形和轴向变形。

① 横向变形校正原理。图 6-8 是圆柱曲面透视投影横向变形校正的原理图。实际拍摄时很难保证圆柱成像严格位于图像中心，故考虑圆柱在成像系统存在偏移，偏移角度为 φ。

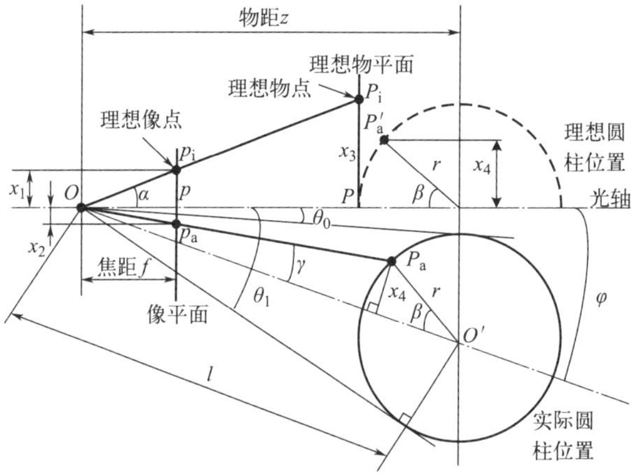

图 6-8　横向变形校正原理图

图 6-8 中圆柱的半径为 r，视觉系统的光心为 O，圆柱横截面的圆心为O'。实际物点 P_a 成像于点 p_a，P_iO与光轴的夹角为α，P_aO'与OO'的夹角为β，P_a'为圆柱中心线位于成像系统正中心时 P_a 的假想物点，实际物点 P_a 的理想成像位置应为圆柱切平面即理想物平面上的点 P_i，P_i 满足：

$$PP_i = PP_a' = r\beta \tag{6-43}$$

理想物点 P_i 成像于点 p_i，圆柱曲面透视投影横向变形校正的目的是将实际像点 p_a 校正到理想像点 p_i，将 p_a 处的像素值复制到 p_i 处。理想像点 p_i、实际像点 p_a、理想物点 P_i 和实际物点的假想点P_a'到光轴的横向距离分别为 x_1、x_2、x_3 和 x_4，视觉系统的焦距为 f，从相机参数中获得像元尺寸 d_x。圆柱两侧边线到成像面中心线的距离与焦距的比值易得出夹角值θ_0与θ_1。从而求得圆柱中心线与成像面中心线的偏移角φ与圆柱中心距离光心的距离 l：

$$\varphi = \frac{\theta_1 + \theta_0}{2} \tag{6-44}$$

$$l = r / \sin(\frac{\theta_1 - \theta_0}{2}) \tag{6-45}$$

进而可知物距 z 为

$$z = l\cos\varphi \tag{6-46}$$

若实际像点 p_a 距离图像竖直中心线的像素距离 u_x，则可知 p_a 点到光轴的横向距离 x_2：

$$x_2 = d_x u_x \tag{6-47}$$

计算出实际像点 p_a 与圆柱中心线的夹角γ：

$$\gamma = \arctan(\frac{x_2}{f}) - \varphi \tag{6-48}$$

由几何关系可知：

$$\frac{x_4}{\tan\gamma} + \sqrt{r^2 - x_4{}^2} = l \tag{6-49}$$

实际像点 p_a 点对应的实际物点 P_a 到圆柱中心与光心连线上的距离 x_4：

$$x_4 = \frac{\frac{2l}{\tan\gamma} - \sqrt{\frac{4l^2}{\tan^2\gamma} - 4(\frac{1}{\tan^2\gamma} + 1)(l^2 - r^2)}}{2\left(\frac{1}{\tan^2\gamma} + 1\right)} \tag{6-50}$$

则可知对应的圆柱上夹角 β：

$$\beta = \arcsin\frac{x_4}{r} \tag{6-51}$$

进而可得：

$$\frac{x_1}{x_3} = \frac{f}{z - r} = \frac{x_1}{r\beta} \tag{6-52}$$

$$x_1 = \frac{fr\beta}{z - r} \tag{6-53}$$

由式（6-53）求出理想像点到图像中心线的距离值 x_1，由像元尺寸 d_x 将 x_1 转换为像素距离值，从而计算出校正前后的两幅图像的对应像素点。

由横向变形校正过程可知，已知圆柱半径 r、镜头焦距 f 和像元尺寸 d_x，计算出实际物点对应的圆柱夹角 β，则可根据原图横向距离 x_2 计算出校正图像对应的横向距离 x_1，将原图像横向距离为 x_2 处的像素值赋给校正图像横向距离为 x_1 的像素，即可实现圆柱曲面透视投影横向变形校正。圆柱半径 r 通常为事先已知的产品设计参数或规格参数，镜头焦距 f 与像元尺寸 d_x 是镜头和相机的规格参数，三者均容易获取。

② 轴向变形校正原理。如图 6-9 所示，位于圆柱曲面同一横截面上的两点 P 和 P_a'（P 为该截面离光心最近的点，P_a' 为实际物点 P_a 的理想成像物点），其理想像点应位于同一轴向坐标上，但在透视投影中，P 和 P_a 的实际像点分别为 p 和 p_a，两点在轴向方向上出现了坐标差，产生了轴向变形。

若以 P 点为基准点，则物点 P_a 的理想像点应为点 p，因此圆柱曲面透视投影轴向变形校正的目的是将实际像点 p_a 校正到理想像点 p。P_a' 为实际物点 P_a 的理想成像物点。记理想像点 p 和实际像点 p_a 到光轴的轴向距离分别为 y_1 和 y_2，物点 P_a 所在的横截面到光轴的距离为 y_3。由式（6-44）可知圆柱偏离成像系统中心的偏移角 φ，由式（6-51）可知实际物点在圆柱上的夹角 β，由几何关系可得：

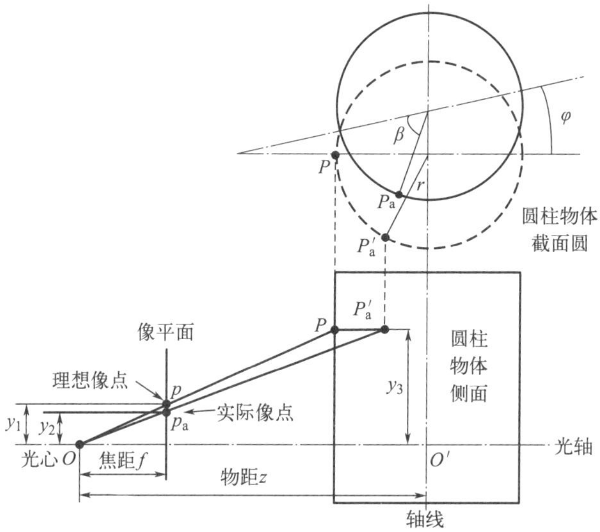

图 6-9　轴向变形校正原理图

$$\frac{y_1}{y_3} = \frac{f}{z-r} \tag{6-54}$$

$$\frac{y_2}{y_3} = \frac{f}{z-r\cos\beta\cos\varphi} \tag{6-55}$$

两式联立消去 y_3 可得：

$$y_1 = \frac{y_2(z-r\cos\beta\cos\varphi)}{z-r} \tag{6-56}$$

由式（6-56）可计算出像素点在轴向上的校正值，联立式（6-53），对于原图像中圆柱区域内任意一点 p_a，利用像素坐标计算该点距离图像主点的横向距离 x_2 和轴向距离 y_2，可计算出校正后图像上对应点 p_1 距离图像主点的横向距离 x_1 和轴向距离 y_1，将其换算为像素坐标，将原图像的像素值赋给校正图对应的像素点。在实际校正过程中，为避免校正图像出现空白像素，应进行反向计算，根据校正图像坐标求取原图像坐标，利用最邻近插值计算原图像坐标的像素值，将其赋给校正图像对应像素上，完成圆柱曲面透视投影的图像失真校正。

（2）实验与结果

为验证提出方法的有效性，采用 2448 × 2048 分辨率、3.45μm × 3.45μm 像元尺寸的工业相机和 4mm 焦距的工业镜头拍摄圆柱表面图像进行实验，在拍摄前对相机进行标定，获取镜头畸变系数并对图像进行镜头畸变校正。

实验对象为三个表面贴有棋盘格图案的圆柱钢管，棋盘格方块的边长为 15mm，三个圆柱体的直径分别为 66mm、130mm 和 200mm。实验中圆柱表面贴有棋盘格图案只是为了方便尺寸测量，并不影响本方法对未贴有棋盘格图案的圆柱进行图像校正。图 6-10 为圆柱图像未校正前的原图，其中图 6-10（a）（b）（c）分别为 130mm、66mm 和 200mm 直径圆柱位于成像面中心拍摄的图像，图 6-10（c）为 66mm 直径圆柱存在倾斜情况下拍摄的图像，图 6-10（d）、（f）为 66mm 与 200mm 直径圆柱存在较大偏离成像面中心情况下拍摄的图像；图 6-10（a）（b）（e）用于验证不同直径圆柱的校正效果，图 6-10（c）用于验证圆柱在存在旋转情况下的校正效果，在校正前需要检测边线计算圆柱倾斜角度，利用图像旋转变换使圆柱竖直再进行校正，图 6-10（d）（f）用于验证圆柱在存在较大平移情况下的校正效果。图 6-11 为对应四种情况下用文中方法校正后的结果图像。

由图 6-10 和图 6-11 可知，在校正前的图像中，透视投影失真使棋盘格方块在靠近圆柱轴线处较大，在远离圆柱轴线处较小，棋盘格中偏离图像中央的横向直线发生弯曲，影响了圆柱表面尺寸测量的准确性；在校正后的图像中，横向直线未发生明显弯曲，并且棋盘格方块大小一致，圆柱曲面透视投影失真得到校正。

为客观描述图 6-10 和图 6-11 中圆柱曲面透视投影失真的校正效果，利用角点提取算法提取图中棋盘格方块的角点，计算方块边长，采用测量误差 e 和标准差 s 评价图像校正前后边长测量的精确度，其计算公式为

$$\begin{cases} e=\dfrac{\left|\bar{l}_i-l\right|}{l}\times 100\%, \\ s=\sqrt{\dfrac{\sum\left(l_i-\bar{l}_i\right)^2}{n-1}}, \end{cases} \tag{6-57}$$

式中，l_i 为棋盘格方块各边长的测量值；$\bar{l}_i$ 为棋盘格方块边长的测量均值；l 为棋盘格方块边长的理论值；n 为棋盘格方块边长的个数。实验结果如表 6-1 所示。

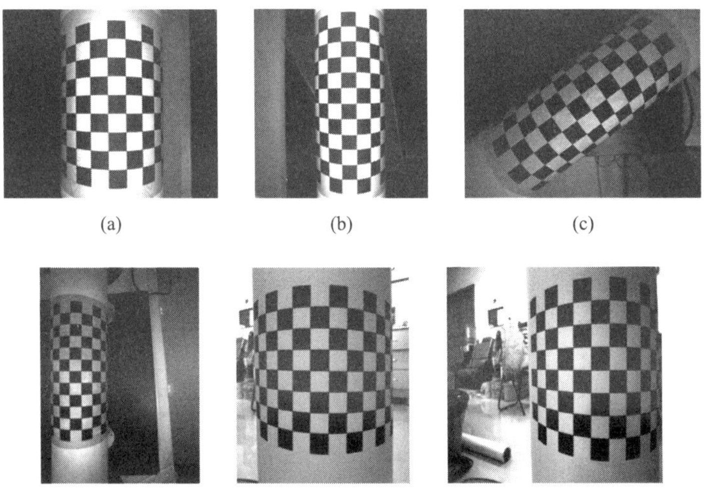

(a) (b) (c) (d) (e) (f)

图 6-10 圆柱图像校正前

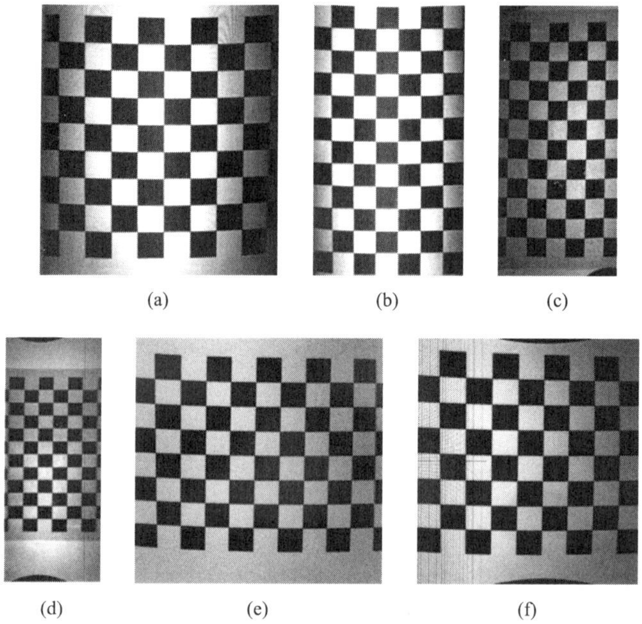

图 6-11　圆柱图像校正后

由表 6-1 可知，在圆柱曲面透视投影失真校正前，贴于圆柱表面的棋盘格方块边长的测量均值均低于其理论值，这是圆柱曲面向远离光心的方向弯曲造成的，“近大远小”透视变形和倾斜投影变形使图像中圆柱两侧的棋盘格方块变小，故测量均值偏小。在圆柱曲面透视投影失真校正后，棋盘格方块边长的测量均值接近理论值，图像透视变形和倾斜投影变形得到校正，6 种情况下的测量误差从最高的 14.9% 降低至 4.0%，测量准确度明显提升。标准差反映了测量的精密度，其数值越大表示测量值波动越大。在圆柱曲面透视投影失真校正前，6 种情况下圆柱棋盘格方块边长的标准差分别为 16.09、20.40、19.34、12.38、25.29、24.53 像素，边长测量值波动大；失真校正后，标准差分别下降至 1.15、1.40、2.87、2.71、5.44、4.05 像素，边长测量值波动显著减小，说明由透视投影失真导致的棋盘格方块边长不均匀现象得到了有效校正，验证了本文方法在校正圆柱曲面透视投影失真方面的有效性。

表 6-1　图像校正前后棋盘格方块边长测量结果对比

实验对象	真值 /pixels	平均测量误差 /pixels		误差 /%		标准差 /pixels	
		校正前	校正后	校正前	校正后	校正前	校正后
a	132.71	112.96	130.40	14.9	1.2	16.09	1.15
b	153.97	133.57	152.67	13.3	0.8	20.40	1.40
c	152.42	139.09	154.85	8.7	1.6	19.33	2.87
d	108.69	100.40	107.53	7.6	1.1	12.38	2.71
e	147.42	127.39	153.33	13.5	4.0	25.29	5.44
f	155.21	143.552	158.01	7.5	1.8	24.53	4.05

6.3 机器视觉系统的图像增强算法

图像增强是采用一系列技术改善图像的视觉效果，或将图像转换成一种更适合人或机器进行分析和处理的形式。常用的图像增强算法有灰度映射以及直方图修正等，下面将对上述方法进行介绍。

6.3.1 灰度映射

灰度映射是一种基于图像像素的点操作，通过对原始图像中的每个像素赋予一个新的灰度值来增强图像，具体方法是根据图像增强的目的设计某种规则，并用相应的映射函数来表示，对原始图像中的每个像素用这个映射函数将原来的灰度值 s 转化为另一灰度值 t 的输出。由此可见，如果设计合适的映射函数就可以通过统一的运算得到所需要的图像增强效果。

由于图像增强算法在具体应用时有不同的要求，因此，灰度映射技术的关键是根据增强要求设计映射函数。如图 6-12 所示为 3 个典型的灰度映射函数示例，其中原始图像和增强图像均有 L 个灰度。

（1）图像求反

如图 6-12（a）所示的映射函数可用来对图像进行求反操作，即将原图的灰度值反转。具体映射时，对图像中每个像素的灰度值 s 根据映射函数映射为 t，s 和 t 满足：

$$t = (L-1) - s \tag{6-58}$$

图像求反时的映射是一对一的，即每一个灰度都映射为另一个灰度。

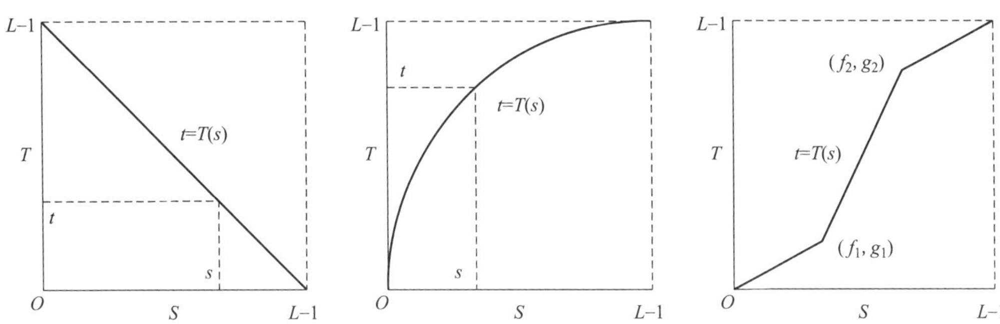

图 6-12　典型的灰度映射函数示例

（2）动态范围压缩

如图 6-12（b）所示的映射函数可用来对图像进行动态范围压缩。实际应用中，有时原图的灰度动态范围较大，超出了显示设备的允许范围，会导致多个灰度被压进一个灰度进而导致图中的一部分低灰度细节丢失。因此，需要采用合理的方法对原图进行灰度压缩，其中常用的压缩方法是借助对数形式映射函数：

$$t = C\log(1+|s|) \tag{6-59}$$

式中，C 为尺度比例常数。根据式（6-59）可将原图灰度动态范围较大的 s 转换为动态范围较小的 t，从而实现在动态范围较小的设备上显示。对于图 6-12（b）来说，原图中的灰度经过映射后会集中到高亮度区段，这时只需显示动态范围较小的高亮度区段，即可清晰地展示图像中的大部分细节。

（3）对比度增强

如图 6-12（c）所示的映射函数可用来对图像进行对比度增强，其目标与动态范围压缩相反，该函数将图像灰度分阶段量化成较少的级数，从而实现在保持原图动态范围的基础上减少灰度级数。这里的映射是多对一的，不仅一个灰度值 s 会映射成灰度值 t，而且灰度值 s 前后的灰度同时也会映射成灰度值 t。

6.3.2 直方图修正

直方图是对图像的一种抽象表示形式，借助对图像直方图的修改或改变图像像素的灰度分布，从而达到图像增强的目的。直方图修正以概率论为基础，常用的方法有直方图均衡化和直方图规定化。

直方图是通过对图像的统计得到的，直方图均衡化是一种典型的通过对图像的直方图进行修正来达到图像增强效果的自动方法。对于一幅灰度图像，其灰度直方图反映了该图中不同灰度级出现的统计情况。如图 6-13（a）所示的图像，图中像素的灰度级从 0 ～ 3 共有 4 个。

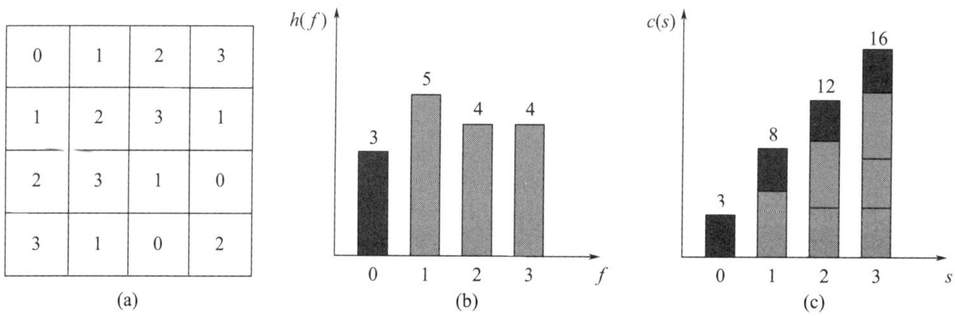

图 6-13　图像和直方图示例

不同像素的灰度统计直方图如图 6-13（b）所示，其中，横轴表示不同的灰度级，纵轴表示图像中各个灰度级像素的个数。严格地说，图像的灰度直方图是一个一维的离散函数，可表示为

$$h(f) = n_f \quad f = 0,1,\cdots,L-1 \tag{6-60}$$

式中，n_f 是图像 $f(x,y)$ 中具有灰度值 f 的像素个数，图 6-13 直方图的每一列的高度对应 n_f。直方图提供了图中各个灰度级的分布情况，也可以说是给出了对一幅图像所有灰度值的整体描述。

图像的灰度累计直方图也是一个一维的离散函数，可表示为

$$c(f) = \sum_{i=0}^{f} n_i \quad f = 0,1,\cdots,L-1 \tag{6-61}$$

累计直方图中列 f 的高度给出图像里灰度值小于和等于 f 的像素总个数，图 6-13（c）所示为对图 6-13（a）图像统计得到的累计直方图。

（1）直方图均衡化

直方图均衡化主要用于增强动态范围偏小的图像的反差，该方法的基本思想是把原始图像的直方图变换为在整个灰度范围内均匀分布的形式，增加像素灰度值的动态范围，从而达到增强图像整体对比度的效果。

将灰度直方图函数式（6-60）写成归一化的概率表达形式为

$$p(f) = n_f / n \quad f = 0,1,\cdots,L-1 \tag{6-62}$$

式中，n 是图像里像素的总个数。利用图像里像素的总个数进行归一化，所得到的直方图各列所表示的是个灰度值像素在图像中所占的比例。

直方图均衡化的基本思想是把原始图的直方图变换为均匀分布的形式，这就需要确定一个变换函数，即增强函数，增强函数需要满足两个条件：

① 为保证原图各灰度级在变换后仍保持原来的排列次序，该函数在 $0 \leqslant f \leqslant L-1$ 范围内应为一个单值单增函数。

② 为保证变换前后图像的灰度值动态范围一致，设均衡化后的图像为 $g(x,y)$，则对 $0 \leqslant f \leqslant L-1$ 应有 $0 \leqslant g \leqslant L-1$。

满足上述两个条件后，从 f 到 g 的变换为

$$g_f = \sum_{i=0}^{f} \frac{n_i}{n} = \sum_{i=0}^{f} p(i) \quad f = 0,1,\cdots,L-1 \tag{6-63}$$

根据上式，结合图像的累积直方图可以将 f 中的原始分布转换为 g 中的均匀分布的函数关系，得到直方图均衡化后图像中各像素的灰度值。直方图均衡化增加了图像的灰度动态范围，同时增加了图像的对比度，反映在图像上就是细节变清晰了，但同时直方图均衡化后增加了图的可视粒度，图像中会出现部分的像素团点或团块。

（2）直方图规定化

直方图均衡化的优点是能自动地增强整个图像的对比度，计算过程中没有用户可

以调整的参数。但正因为如此，该方法的处理结果总是得到全局均衡化的直方图，增强效果无法由用户控制。实际应用中有时需要特定的直方图，因此需要有选择地增强图像中某个灰度范围内的对比度或使图像灰度值的分布满足特定的要求，这时就可以采用比较灵活的直方图规定化方法。在直方图规定化方法中，用户可以指定需要的规定化函数来得到特定的图像增强功能，正确地选择规定化函数一般来说会得到比直方图均衡化更好的图像增强效果。

直方图规定化的主要步骤有 3 个（这里设 M 和 N 分别为原始图像和规定化图像中的灰度级数，且只考虑 $N \leqslant M$ 的情况）：

① 对原始图像的直方图进行灰度均衡化。

$$g_f = \sum_{i=0}^{f} \frac{n_i}{n} = \sum_{i=0}^{f} p(i) \quad f = 0,1,\cdots,M-1 \tag{6-64}$$

② 规定需要的直方图并计算能使规定的直方图均衡化的变换。

$$t_s = \sum_{j=0}^{s} \frac{n_j}{n} = \sum_{j=0}^{s} p(j) \quad s = 0,1,\cdots,N-1 \tag{6-65}$$

③ 将第① 步得到的变换反转，即将原始直方图对应映射到规定的直方图，将所有的 $p(i)$ 对应到 $p(j)$。

受取整误差的影响，第③ 步在离散空间中采用何种对应的映射规则非常重要。常用的一种方法是先从小到大一次性找到能使下式最小的 f 和 s。

$$\left| \sum_{i=0}^{f} p(i) - \sum_{j=0}^{s} p(j) \right| \quad f = 0,1,\cdots,M-1;\ s = 0,1,\cdots,N-1 \tag{6-66}$$

然后将 $p(i)$ 对应到 $p(j)$，该映射的每个 $p(i)$ 是分别对应的，称为单映射规则。该方法简单直观，但会存在较大的取整误差。

另一种方法是组映射规则。设有一个整数函数 $I(s), s = 0,1,\cdots,N-1$，满足 $0 \leqslant I(0) \leqslant \cdots \leqslant I(s) \leqslant \cdots \leqslant I(N-1) \leqslant M-1$，确定使下式数值达到最小的 $I(s)$。

$$\left| \sum_{i=0}^{I(s)} p(i) - \sum_{j=0}^{s} p(j) \right| \quad s = 0,1,\cdots,N-1 \tag{6-67}$$

如果 $s = 0$，则将其 i 从 0 到 $I(0)$ 的 $p(i)$ 对应到这 $p(0)$；如果 $s \geqslant 1$，则将其 i 从 $I(s-1)+1$ 到 $I(s)$ 的 $p(i)$ 对应到 $p(j)$。

直方图规定化中使用的单映射规则是取原始累积直方图的各项依次向规定累积直方图映射，每次都选择最接近的数值，单映射规则是一种有偏的映射规则。而直方图规定化中使用的组映射规则是将规定累积直方图的各项依次向原始累积直方图映射，每次都选择最接近的数值，组映射规则是统计无偏的。

6.3.3 应用实例——细节增强的多曝光图像融合方法

目前使用相机直接拍摄高动态范围场景时，无论如何调整曝光时间和光圈，得到的图像都会同时存在过度曝光和曝光不足的区域，这些区域的边缘、纹理等细节信息丢失严重。因此，针对上述问题，提出了一种细节增强的多曝光图像融合方法，将序列图像与基于权重图的融合图像进行小波分解，提取融合图像的低频分量和边缘区域高频分量并与序列图像非边缘区域高频分量融合，经小波逆变换得到细节增强的融合图像。提出的方法综合了空间域与频率域图像融合的优点，应用提出的方法得到的融合图像真实自然、颜色饱满且细节丰富，具有更好的视觉效果。

细节增强的多曝光图像融合方法由空间域多曝光图像融合、频率域细节提取、结合空间域和频率域多曝光图像融合 3 个步骤组成。图 6-14 为细节增强的多曝光图像融合方法流程图。

（1）空间域多曝光图像融合

基于权重图的多曝光图像融合方法是为多曝光图像序列中的每幅图像定义一个与其尺寸相同的权重图，对每幅图像应用权重图直接对图像的像素进行处理，不进行其他域变换。其基本原理如下式所示为

$$MEF(x,y)=\sum_{i=1}^{m} I_i(x,y)W_i(x,y) \tag{6-68}$$

式中，m 表示多曝光图像序列中图像的数量；$I_i(x,y)$ 和 $W_i(x,y)$ 分别表示序列中第 i 幅图像 (x,y) 坐标位置像素点的像素值和融合权重，其中 $i=1,2,\cdots,m$。

输入的多曝光图像可用 $I_i(i=1,2,\cdots,m)$ 表示。首先将每幅图像转为灰度图像 I_{gi}，然后通过对灰度图像应用引导滤波器得到基础层，具体操作方法可表示为

$$B_i=G_{r,\varepsilon}(I_{gi},I_{gi}) \tag{6-69}$$

式中，G 表示引导滤波操作；r 表示滤波半径；ε 表示控制模糊程度；I_{gi} 既是输入图像也是引导图像；B_i 为第 i 幅序列图像对应的基础层。式（6-69）得到的图像基础层主要包含图像的大尺度强度变化和结构信息，每个像素位置的图像亮度局部平均值可用于局部曝光质量评估。为了使基础层与其权重图之间具有结构一致性，将基础层本身用于权重的计算。算法认为灰度值越接近 0.5，曝光越良好，将基础层应用高斯函数得到基础层局部曝光权重的过程可表示为

$$WB_i^L=\exp\left(-\frac{(B_i-0.5)^2}{2\sigma_L^2}\right) \tag{6-70}$$

式中，σ_L 为基础层局部标准差；WB_i^L 为多曝光图像序列中第 i 幅图像基础层的局部曝光权重图。

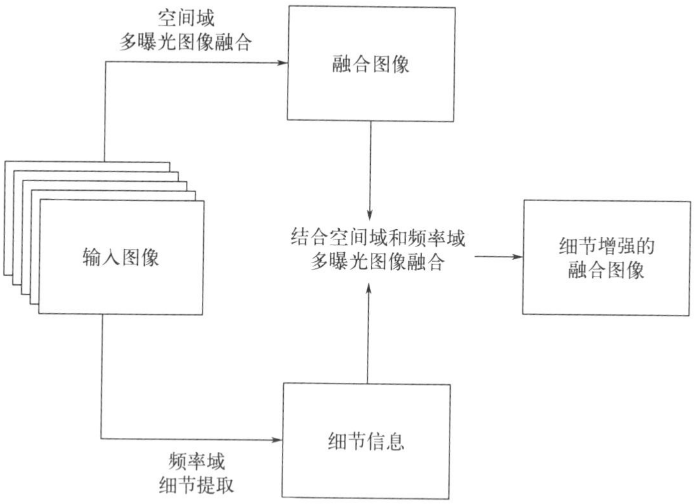

图 6-14　细节增强的多曝光图像融合方法

基础层的全局曝光权重计算方法和局部曝光权重的计算方法类似，不同的是采用整幅图像的平均亮度来评估全局曝光质量。得到基础层全局曝光权重的过程可表示为

$$WB_i^G = \exp\left(-\frac{(\overline{I_{gi}} - 0.5)^2}{2\sigma_G^2}\right) \tag{6-71}$$

式中，σ_G 为基础层全局标准差；$\overline{I_{gi}}$ 为亮度均值图像；WB_i^G 为第 i 幅序列图像对应基础层的全局曝光权重图。最后，结合基础层的局部曝光权重和全局曝光权重，得到基础层的融合权重：

$$WB_i = WB_i^L \cdot WB_i^G \tag{6-72}$$

式中，WB_i 为第 i 幅序列图像基础层的融合权重图。

给定基础层，细节层定义为输入图像和其基础层的差：

$$D_i = I_i - B_i \tag{6-73}$$

式中，D_i 为第 i 幅序列图像的细节层。根据每个像素局部强度变化的平均水平来评估相应区域的曝光质量，从而确定细节层的权重：

$$WD_i = \exp\left(-\frac{(\varphi_i - 0.5)^2}{2\sigma_D^2}\right) \tag{6-74}$$

式中，σ_D 为细节层局部标准差；φ_i 通过灰度图像 I_{gi} 与平均滤波器卷积得到；WD_i 为细节层融合权重图。

通过上述步骤得到了图像基础层和细节层的融合权重图，使用权重图对输入图像的基础层和细节层进行加权融合的过程如下：

$$FI=\sum_{i=1}^{m} WB_i \cdot B_i + \alpha \sum_{i=1}^{m} WD_i \cdot D_i \tag{6-75}$$

式中，$\alpha \geqslant 1$控制细节层强度，用来改变融合图像的局部对比度；FI 为融合图像。

（2）频率域细节提取

小波变换是一种空频域局部分析方法，它弥补了傅里叶变换难以同时进行傅里叶变换和时频变换的缺点，可以处理任何细节信号，能自动适应时频信号分析的要求，可专注于图像细节信息。

对图像进行一次小波分解和重构的过程如图 6-15 所示，首先对图像的每一行进行小波分解，得到图像在水平方向上的低频子带 L 和高频子带 H，再对行分解所得数据的每一列进行小波分解，得到图像的低频近似子带 LL、高频水平细节子带 LH、高频垂直细节子带 HL、高频对角细节子带 HH。

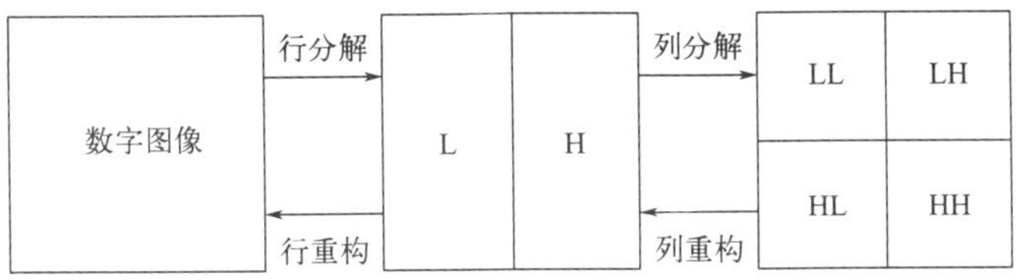

图 6-15　数字图像一次小波变换原理

低频子带对应图像的主要部分，主要有大范围的强度变化信息；高频子带对应图像变化剧烈的部分，主要有边缘和细节信息。相较于低频信息，人眼对高频信息更加敏感，为了使融合图像更具观感性，就要将图像序列中的细节信息尽可能地展现在融合图像上。

输入的 m 幅序列图像经过一次小波分解后，图像序列中第 i 幅图像 R、G、B 颜色通道的高频子带在 (x,y) 处的小波系数可分别表示为 $H_i^R(x,y)$ 、$H_i^G(x,y)$ 、$H_i^B(x,y)$ 。为了避免颜色通道分开融合导致融合图像颜色漂移，采用下述方法确定融合图像的小波系数：

$$Q_i(x,y)=\left|H_i^{\mathrm{R}}(x,y)\right|+\left|H_i^{\mathrm{G}}(x,y)\right|+\left|H_i^{\mathrm{B}}(x,y)\right| \tag{6-76}$$

式中，$i=1,2,\cdots,m$ ；$Q_i(x,y)$ 表示多曝光图像序列第 i 幅图像 R、G、B 三颜色通道高频子带在 (x,y) 位置的小波系数绝对值的和，和越大表示细节信息越丰富。比较 $Q_1(x,y)$ 、$Q_2(x,y)\cdots Q_m(x,y)$ 的大小，若 $Q_n(x,y)$ （ $n\in[1,m]$ ）为其中最大值，则融合图像的高频子带 (x,y) 位置的小波系数如下：

$$\begin{aligned}
H_F^{\mathrm{R}}(x,y)&=H_n^{\mathrm{R}}(x,y)\\
H_F^{\mathrm{G}}(x,y)&=H_n^{\mathrm{G}}(x,y)\\
H_F^{\mathrm{B}}(x,y)&=H_n^{\mathrm{B}}(x,y)
\end{aligned} \tag{6-77}$$

式中，$H_F^{\mathrm{R}}(x,y)$ 、$H_F^{\mathrm{G}}(x,y)$ 、$H_F^{\mathrm{B}}(x,y)$ 分别表示融合图像 R、G、B 颜色通道高频子带 (x,y) 位置的小波系数。采用上述方法遍历高频子带的每个位置，得到了完整的融合图像高频子带。

（3）结合空间域和频率域的多曝光图像融合

将空间域多曝光融合图像小波分解出的低频子带与高频子带结合，得到完整的小波子带，将其进行小波逆变换，重构得到细节增强的融合图像，过程如图 6-16 所示。

应用上述方法得到的融合图像中物体的边缘出现了振铃现象。因为小波变换是一种滤波过程，缺乏平移不变性，大多数滤波器涉及的插补问题会不可避免地在融合图像的尖锐边缘附近的均匀局部区域引入振铃和抖动，使得融合图像中出现振铃现象。为了避免振铃现象的发生，针对上述融合方法进行了改进。

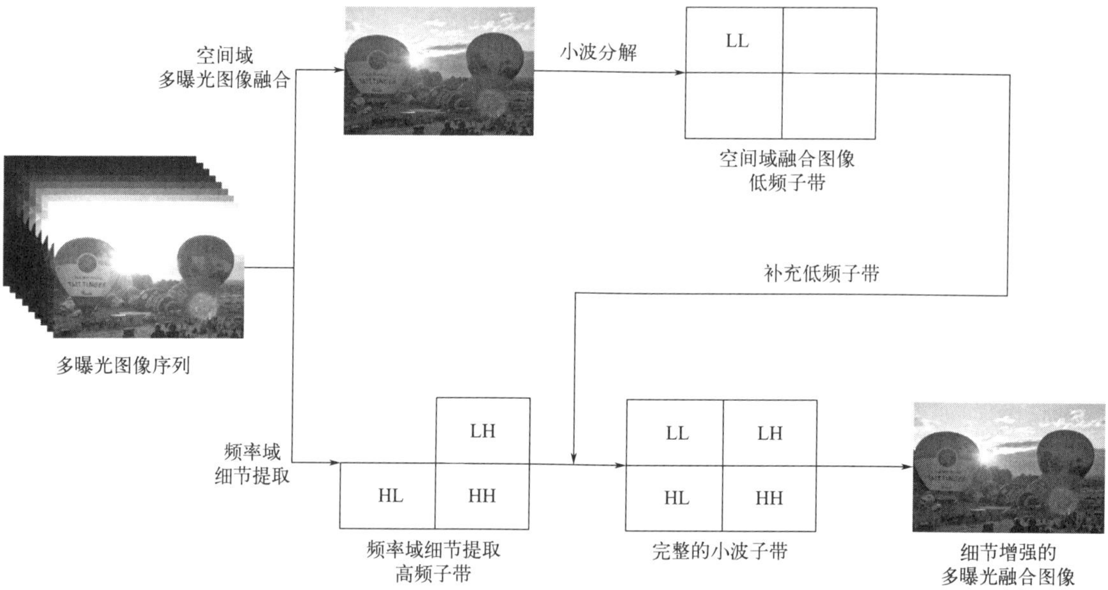

图 6-16　结合空间域和频率域的初步多曝光图像融合方法（彩图见前言页二维码）

图像中需要进行细节增强的是细节信息容易丢失的偏亮与偏暗区域，而融合图像中出现振铃现象的是曝光良好且细节丰富的边缘明显区域，所以将融合图像边缘区域的高频小波系数使用空间域多曝光融合图像分解出的相同区域的小波系数进行替换，能避免融合图像中物体的边缘出现振铃效应。

具体操作过程如图 6-17 所示：对空间域多曝光融合图像进行边缘检测，然后将边缘图像缩小至高频子带相同大小。将其作为掩模覆盖到空间域融合图像小波分解出的高频子带上。提取边缘区域（图 6-17 中边缘检测结果的白色部分）对应的高频小波系数对高频细节子带相同区域的系数进行替换，低频子带操作方式不变。对完整的小波子带进行小波逆变换，得到细节增强的多曝光融合图像。

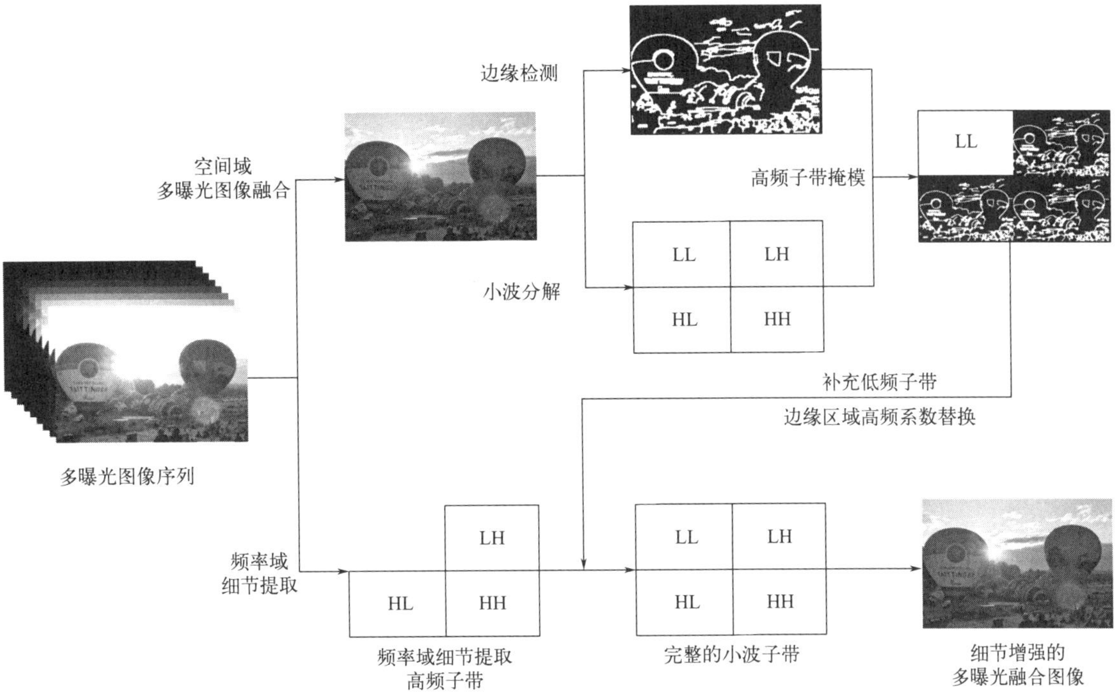

图 6-17　结合空间域和频率域的改进多曝光图像融合方法（彩图见前言页二维码）

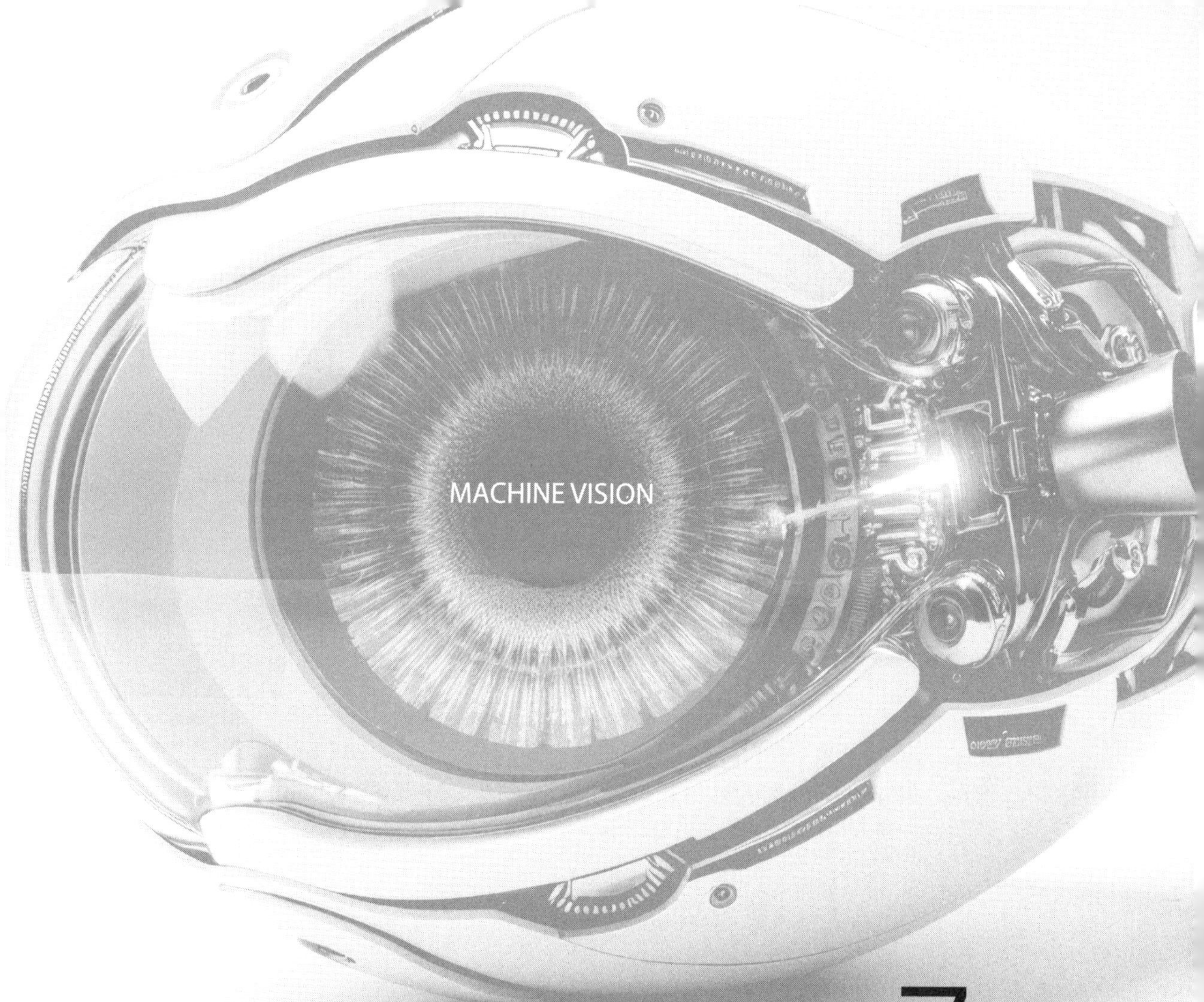

第7章 传统图像处理目标识别算法

MACHINE VISION

目标识别是一项模式识别任务，旨在识别图像或视频中的目标物体，这些目标物体既可以是不同类别的物体，也可以是相同类别的不同物体。该任务的一种典型研究思路是从大量包含目标的图片集中学习并抽取整体特征，如面积、周长、不变矩和傅里叶描述子等，并采用统计分类技术进行目标分类，涉及局部特征点提取与匹配、边缘特征定位、图像分割以及目标形状检测与识别等处理内容。

7.1 特征点提取与匹配算法

特征点的提取与匹配是图像分析、模式识别及计算机视觉等领域的一个重要研究内容，也是众多问题的研究基础，在遥感、数字摄影测量、计算机视觉、地图学及航空航天等多种场合中都有很重要的研究和应用价值。

特征点的提取与匹配作为计算机视觉中的一个基本问题，得到了广泛的关注与研究。然而这一问题目前并没有被很好地解决，尤其是宽基线图像序列的特征匹配。难点是在没有场景和图像任何先验知识的情况下，要求对相应特征进行自动检测和匹配。而图像之间较大的透视畸变使得人们很难自动矫正相应特征邻域窗口的局部形状。此外，宽基线导致的图像之间亮度变化使得该问题变得更加复杂。图像之间的匹配关系描述了场景空间点相对于相机的运动关系，这种匹配约束既包含相机运动信息，也包含场景结构信息。一般来说，特征提取就是选择何种特征类型及检测方法以获得图像中的待匹配特征集，常用的特征类型包括点、线及区域特征。特征匹配研究的是选择何种匹配方法和相似性度量来建立特征集之间的一一对应关系。这种匹配关系的建立也是后续场景分析、目标识别等应用的必要条件。

7.1.1 斑点提取

斑点指二维图像中与周围有着颜色和灰度差异的区域。在实际场景中，往往存在着大量这样的斑点，如一棵树是一个斑点，一块草地是一个斑点，一栋房子也可以是一个斑点。由于斑点代表的是一个区域，因此具有更好的稳定性和更强的抗噪能力，在目标识别中扮演着重要角色。斑点也是人眼感知场景的过程中所关注的区域，如图7-1中天空的飞机、向日葵的花盘、X光断层图像中的特殊位置。

图 7-1 形形色色的斑点

在斑点特征提取中，通常把在特定滤波器上检测到的局部极值点当作关键点。高斯 - 拉普拉斯（laplacian of gaussian，LoG）算子是最早的斑点检测器之一，实际上等价于先利用高斯函数对图像进行平滑，然后对图像进行二阶差分运算，其连续函数的数学表达式为

$$\nabla^2 G_\sigma(x,y)=\frac{\partial^2 G}{\partial^2 x}+\frac{\partial^2 G}{\partial^2 y}=\frac{1}{\pi\sigma^4}(\frac{x^2+y^2}{2\sigma^2}-1)\exp(-\frac{x^2+y^2}{2\sigma^2}) \tag{7-1}$$

通过对式（7-1）进行离散采样，即可获得 LoG 模板。LoG 算子在中心附近的值为正数，而在模板边缘处的值为负值，直观上可以看作一个区域内环和外环的差异响应。LoG 的这种性质与图像中局部块状斑点的结构相一致。因此，LoG 能够有效检测出图像中的斑点。

Lindeberg 等对特征检测的尺度选择问题进行了深入研究，提出了一种基于尺度归一化 LoG 算子的特征检测方法。该方法通过使用不同尺度的高斯核函数对高分辨率图像进行连续平滑处理，建立起一个三维尺度空间，然后通过在该尺度空间中检测 LoG 算子的极大值来进行特征点检测。由于 LoG 算子是圆形对称的，用它检测出来的特征主要是类似于局部块状的结构，即灰度均匀的、可近似为椭圆的区域的中心。

（1）SIFT 特征

为提高运算效率，Lowe 利用 DoG 算子近似 LoG 算子，提出高效的尺度不变特征变换（scale-invariant feature transform，SIFT）局部特征，在图像多尺度空间的不同尺度下确定特征点位置和所在尺度，以达到尺度抗缩放的目的。下面对其特征点检测的过程进行详细介绍：一幅二维图像，在不同尺度下的尺度空间表示 $L(x,y,\sigma)$ 可由图像 $I(x,y)$ 与高斯核卷积得到，即

$$L(x,y,\sigma)=G(x,y,\sigma)*I(x,y) \tag{7-2}$$

式（7-2）中，$*$ 表示同时在 x 和 y 两个方向上进行卷积操作；$G(x,y,\sigma)$ 为

$$G(x,y,\sigma)=\frac{1}{2\pi\sigma^2}\exp\left(\frac{-(x^2+y^2)}{2\sigma^2}\right) \tag{7-3}$$

为了有效地在尺度空间中检测到稳定的关键点，提出高斯差分尺度空间的概念，利用不同尺度的高斯差分核与图像卷积生成，即

$$D(x,y,\sigma)=[G(x,y,k\sigma)-G(x,y,\sigma)]*I(x,y)=L(x,y,k\sigma)-L(x,y,\sigma) \tag{7-4}$$

高斯差分算子（different of gaussian，DoG）计算简单，是尺度归一化的 LoG 的近似。使用 DoG 对 LoG 近似的好处在于：

① LoG 需要两个方向高斯二阶微分卷积核，而 DoG 直接使用高斯卷积核，省去了对卷积核生成的运算量。

② DoG 保留了各个高斯尺度空间图像，在生成某一尺度空间的特征时，可直接使

用式（7-1）生成的尺度空间图像，无需重新再次生成该尺度的图像。

③ LoG 对斑点进行检测较黑塞行列式（determinant of Hessian，DoH），具有更强的特征点检测稳定性和更好的图像抗噪声能力。DoG 是对 LoG 的近似和简化，因此，也具有与 LoG 相同的性质。

构建图像金字塔。图像金字塔共 O 组，每组有 S 层，下一组的图像由上一组图像降采样得到。对于尺度空间组，原始影像经过多次高斯卷积运算，产生一系列设定的尺度空间的影像，如图 7-2 左侧所示。在右边的 DoG 影像是通过邻近的高斯滤波后的影像进行差分运算产生的。在每一阶之后，高斯影像做因子为 2 的降采样，并重复进行该过程。

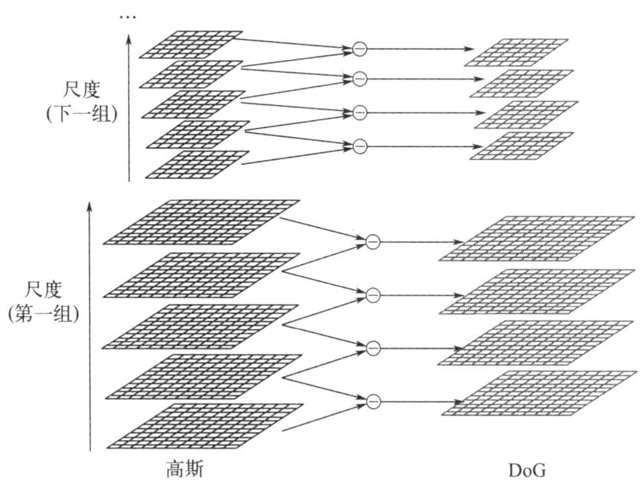

图 7–2　利用 DoG 建立尺度空间示意图

斑点的搜索是通过同一组内各 DoG 相邻层之间比较完成的。为了寻找尺度空间的极值点，每一个采样点要和它所有的相邻点比较，看其是否比它的图像域和尺度域的相邻点大或者小。如图 7-3 所示，中间的检测点（叉点）与它同尺度的 8 个相邻点和上下相邻尺度对应的 9×2 个点，共 26 个点（圆点）比较，以确保在尺度空间和二维图像空间都检测到极值点。也就是说，比较是在一个 3 个尺度 $\times3$ 像素 $\times3$ 像素的立方体内进行的。

以上的极值点搜索是在离散空间中进行的，检测到的极值点并不是实际意义上的极值点。利用尺度空间函数 $D(x,y,\sigma)$ 的泰勒二次展开式进行最小二乘拟合，通过计算拟合曲面的极值以进一步确定关键点的精确位置和尺度。关键点最终的坐标和尺度可以精确到亚像素级。

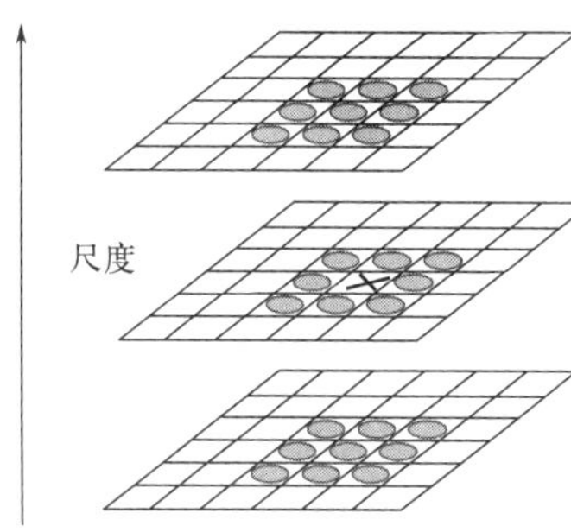

图 7–3　DoG 尺度空间局部极值检测

用泰勒公式展开 $D(x,y,\sigma)$，则采样点原点为

$$D(\boldsymbol{X}) = D + \frac{\partial D^{\mathrm{T}}}{\partial \boldsymbol{X}}\boldsymbol{X} + \frac{1}{2}\boldsymbol{X}^{\mathrm{T}}\frac{\partial^2 D}{\partial \boldsymbol{X}^2}\boldsymbol{X} \tag{7-5}$$

式（7-5）中，$\boldsymbol{X} = [x\ y\ \sigma]^{\mathrm{T}}$。

对 $\boldsymbol{X}$ 求导，并令其为零，即 $0 = \frac{\partial D}{\partial \boldsymbol{X}} + \frac{\partial^2 D}{\partial \boldsymbol{X}^2}\hat{\boldsymbol{X}}$，便可求得采样原点的位置为 $\hat{\boldsymbol{X}} = -\frac{\partial^2 D^{-1}}{\partial \hat{\boldsymbol{X}}^2}\frac{\partial D}{\partial \hat{\boldsymbol{X}}}$，即

$$\begin{bmatrix} \frac{\partial^2 D}{\partial \sigma^2} & \frac{\partial^2 D}{\partial \sigma y} & \frac{\partial^2 D}{\partial \sigma x} \\ \frac{\partial^2 D}{\partial \sigma y} & \frac{\partial^2 D}{\partial y^2} & \frac{\partial^2 D}{\partial yx} \\ \frac{\partial^2 D}{\partial \sigma x} & \frac{\partial^2 D}{\partial yx} & \frac{\partial^2 D}{\partial x^2} \end{bmatrix} \begin{bmatrix} \sigma \\ y \\ x \end{bmatrix} = -\begin{bmatrix} \frac{\partial D}{\partial \sigma} \\ \frac{\partial D}{\partial y} \\ \frac{\partial D}{\partial x} \end{bmatrix} \tag{7-6}$$

由 $D(\boldsymbol{X}) = D + \frac{1}{2}\boldsymbol{X}^{\mathrm{T}}\frac{\partial^2 D}{\partial \boldsymbol{X}^2}\boldsymbol{X}$ 可知，如果 $|D(\boldsymbol{X})| < 0.03$，则该点对比度较低应剔除。

一个定义不好的高斯差分算子的极值在横跨边缘的地方有较大的主曲率，而在垂直边缘的方向有较小的主曲率。主曲率通过一个 2×2 的黑塞矩阵 $\boldsymbol{H}$ 求出，即

$$\boldsymbol{H} = \begin{bmatrix} D_{xx} & D_{xy} \\ D_{xy} & D_{yy} \end{bmatrix} \tag{7-7}$$

导数由采样点相邻差估计得到。

D 的主曲率和 $\boldsymbol{H}$ 的特征值成正比，令 α 为最大特征值，β 为最小的特征值，则

$$\mathrm{tr}\boldsymbol{H} = D_{xx} + D_{yy} = \alpha + \beta \tag{7-8}$$

$$\det \boldsymbol{H} = D_{xx}D_{yy} - (D_{xy})^2 = \alpha\beta \tag{7-9}$$

令 $\alpha = r\beta$，则

$$\frac{(\mathrm{tr}\,\boldsymbol{H})^2}{\det \boldsymbol{H}} = \frac{(\alpha+\beta)^2}{\alpha\beta} = \frac{(r\beta+\beta)^2}{r\beta^2} = \frac{(r+1)^2}{r} \tag{7-10}$$

式（7-10）中，$\frac{(r+1)^2}{r}$ 的值在两个特征值相等的时候最小，随着 r 的增大而增大。因此，为了检测主曲率是否在某阈值 r 下，只需检测

$$\frac{(\mathrm{tr}\,\boldsymbol{H})^2}{\det \boldsymbol{H}} < \frac{(r+1)^2}{r} \tag{7-11}$$

一般取 $r = 10$。

（2）SURF 特征

Bay 等沿着 Lowe 的思路，提出了 SURF 局部特征，通过积分图像和哈尔小波相

结合，SURF 进一步提高了特征的提取速度。其基本思想和步骤为：① 使用积分图像完成图像卷积（相关）操作；② 使用黑塞矩阵检测特征值；③ 使用基于分布的描述符（局部信息）进行特征描述。下面对其特征点检测的过程进行详细介绍：

SURF 算法中要用到积分图像的概念。以积分图像中任意一点 (i',j') 的值 $ii(i,j)$ 表示图 7-4 所示的原图像相应斜线区域的灰度值总和，即

$$ii(i,j)=\sum_{i'\leqslant i,j'\leqslant j}p(i',j') \tag{7-12}$$

式（7-12）中，$p(i',j')$ 表示原图像中任意一点 (i',j') 的灰度值。$ii(i,j)$ 可由迭代计算得到，即

$$s(i,j)=s(i,j-1)+p(i,j)ii(i,j)=ii(i-1,j)+s(i,j) \tag{7-13}$$

式（7-13）中，$s(i,j)$ 表示一列的积分，且 $s(i,-1)=0$，$ii(-1,j)=0$。

求积分图像，只需扫描原图像所有像素一遍，计算量很小。图 7-4（b）所示的是窗口 W 的灰度值总和，不管窗口 W 的大小如何，均可以用积分图像的 4 个相应点 (i_1,j_1)、(i_2,j_2)、(i_3,j_3)、(i_4,j_4) 快速计算出来，即窗口 W 的灰度值总和为 $ii(i_4,j_4)+ii(i_1,j_1)-[ii(i_2,j_2)+ii(i_3,j_3)]$。

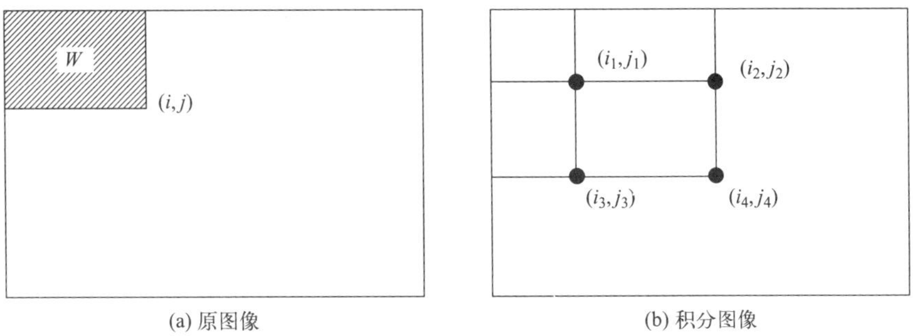

图 7-4　积分图像计算示意

给定图像 I 中的一个点 $\boldsymbol{x}(x,y)$，所处尺度为 σ，则黑塞矩阵 $\boldsymbol{H}(\boldsymbol{x},\sigma)$ 定义为

$$\boldsymbol{H}(\boldsymbol{x},\sigma)=\begin{bmatrix} L_{xx}(\boldsymbol{x},\sigma) & L_{xy}(\boldsymbol{x},\sigma) \\ L_{xy}(\boldsymbol{x},\sigma) & L_{yy}(\boldsymbol{x},\sigma) \end{bmatrix} \tag{7-14}$$

式（7-14）中，$L_{xx}(\boldsymbol{x},\sigma)$ 是高斯二阶微分 $\dfrac{\partial^2}{\partial \boldsymbol{x}^2}g(\sigma)$ 在点 $\boldsymbol{x}$ 处与图像 I 的卷积；$L_{xy}(\boldsymbol{x},\sigma)$ 和 $L_{yy}(\boldsymbol{x},\sigma)$ 具有相同的含义。

实际计算滤波响应值时需使用模板尺寸（面积）进行归一化处理，以保证使用一个统一的弗罗贝尼乌斯范数能适应所有的滤波尺寸。使用近似的黑塞矩阵行列式来表示图像中某一点处的斑点响应值，遍历图像中所有的像素点，便形成了在某一尺度下特征检测的响应图像。使用不同的模板尺寸，便形成了多尺度的金字塔图像，基于这一金字塔图像，采用类似 SIFT 的方法即可完成尺度空间极值点搜索。

要获得尺度不变特征，需建立图像的尺度空间金字塔。通常的方法是采用不同尺度（σ）的高斯函数对图像进行平滑滤波，然后，重采样图像以获得更高一层金字塔图像。SIFT 算法就是通过相邻两层图像金字塔相减得到 DoG 图像，然后再在 DoG 图像上完成尺度空间极值点检测工作。

SURF 方法采用了盒滤波和积分图像，继而通过不断增大盒滤波模板尺度的间接方法建立图像金字塔。通过不同尺寸的盒滤波模板与积分图像求取黑塞矩阵行列式的响应图像，然后在响应图像上采用三维非极大值抑制以获取各种不同尺度的特征。需要指出的是，由于采用了盒滤波和积分图像，SURF 方法滤波过程的计算量并不随着模板尺寸的增加而增加。

与 SIFT 算法类似，SURF 方法也将尺度空间划分为若干组，一个组代表逐步增大的盒滤波模板对同一输入图像进行滤波的一系列响应图。每个组又由若干固定的层组成。由于积分图像离散化，两个层之间的最小尺度变化量是由高斯二阶微分滤波器在微分方向上对正负极大值点的响应长度 l_0 决定的，它是盒滤波响应模板尺寸的 $\frac{1}{3}$。对于 9 像素 ×9 像素的盒形滤波器，$l_0=3$。下一层的响应长度至少应该在 l_0 的基础上增加 2 像素，即 $l_0=5$，这样，模板的尺寸就变为 15 像素 ×15 像素。以此类推，可以得到一个尺寸逐渐增大的模板序列，它们的尺寸分别为：9 像素 ×9 像素、15 像素 ×15 像素、21 像素 ×21 像素、27 像素 ×27 像素。利用这个模板序列建立尺度空间，由此产生了一组由黑塞矩阵行列式值组成的响应图像，利用这组响应图像，应用三维非极大值抑制搜索技术，在尺度空间中进行极大值搜索。

7.1.2 角点提取

角点作为一种具有旋转不变性的重要图像局部特征，不随光照变化而发生改变。在不损失图像信息的条件下，提取角点特征可以减少数据的计算复杂性，缩短处理时间。角点有两种不同形式的定义：① 角点为两个边缘的交叉点；② 角点为邻域内具有两个主方向和不同边缘方向的点。目前已提出了大量的角点检测算法，其中最具代表性的是 Harris 算法和 FAST 算法。

（1）Harris 算法

Harris 角点检测是一种基于图像灰度的一阶导数矩阵检测方法，使用图像的一阶差分来刻画图像灰度的自相关性，并利用一阶差分的自相关矩阵来避免平移操作。其自相关矩阵定义如下：

$$\boldsymbol{H}(x,y)=\begin{bmatrix}\sum_{(x_i,y_i)\in\Omega}G_i\bullet\Delta_x^{\ 2}(x_i,y_i) & \sum_{(x_i,y_i)\in\Omega}G_i\bullet\Delta_x(x_i,y_i)\bullet\Delta_y(x_i,y_i)\\ \sum_{(x_i,y_i)\in\Omega}G_i\bullet\Delta_x(x_i,y_i)\bullet\Delta_y(x_i,y_i) & \sum_{(x_i,y_i)\in\Omega}G_i\bullet\Delta_y^{\ 2}(x_i,y_i)\end{bmatrix} \tag{7-15}$$

式（7-15）中，G_i 为高斯加权函数，即

$$G_i = \frac{1}{2\pi\sigma_1}\exp\left(-\frac{(x_i - x)^2 + (y_i - y)^2}{2\sigma_1^2}\right) \tag{7-16}$$

表示距窗口中心越远的点对特征点的贡献越小；$\Delta_x(x_i, y_i)$ 和 $\Delta_y(x_i, y_i)$ 分别表示水平和竖直方向的差分：

$$\Delta_x(x_i, y_i) = f(x_i + 1, y_i) - f(x_i - 1, y_i) \tag{7-17}$$

$$\Delta_y(x_i, y_i) = f(x_i, y_i + 1) - f(x_i, y_i - 1) \tag{7-18}$$

Harris 指出，式（7-15）所定义的矩阵可以描述图像在窗口内的结构，如果矩阵的两个特征值较大且比较接近，则窗口中心点对应于一个角点；如果矩阵的两个特征值相差较大或者都比较小，则窗口中心点对应于一个边缘点或均匀区域（指具有相近灰度值的区域）内的点。为了计算方便，Harris 使用下述函数来检测特征点：

$$C(x, y) = \det\left[\boldsymbol{H}(x, y)\right] - k\mathrm{tr}^2\left[\boldsymbol{H}(x, y)\right] \tag{7-19}$$

式中，det 和 tr 分别表示方程的行列式和迹；k 是常数，一般取 $0.04 \leqslant k \leqslant 0.06$。当 C 是较大的正值时，窗口中心点是特征点；当 C 是较小的正值时，窗口中心点是边缘点；当 C 是负值时，窗口中心点是均匀区域点。

（2）FAST 算法

基于加速分割测试的 FAST 算法可以快速提取出角点特征。该算法判断一个候选点 p 为角点，依据的是在一个像素点 p 为圆心，半径为 3 个像素的离散化 Bresenham 圆周上，在给定阈值 t 的条件下，在圆周上有 n 个连续的像素灰度值大于 $I(p)+t$ 或小于 $I(p)-t$，如图 7-5 所示。

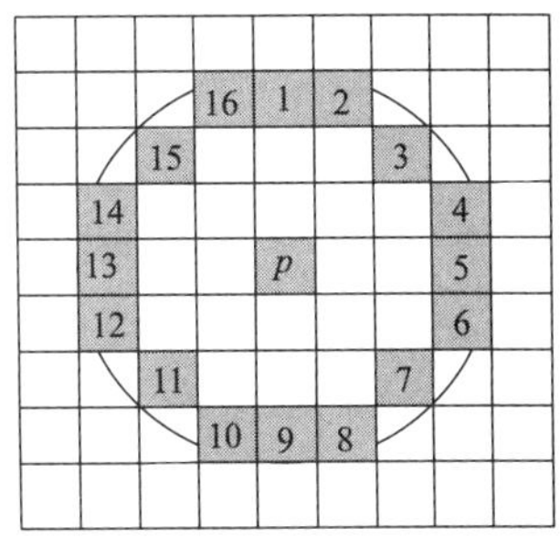

图 7-5　角点检测模板

在算法中首先快速检测像素点 p_1 和 p_9 的灰度值，如果二者都满足：

$$I(p) - t < I(p_1) < I(p) + t \tag{7-20}$$

$$I(p) - t < I(p_9) < I(p) + t \tag{7-21}$$

则 p 不是角点。否则继续检测像素点 p_5 和 p_{13}。如果在这些测试的像素中（p_1，p_5，p_9，p_{13}）至少有四分之三的像素灰度值大于 $I(p)+t$ 或者小于 $I(p)-t$，则 p 为候选角点。然后再使用完整的分割检测标准来检测圆周上剩余的像素值，进而得到角点。

为了加快算法的检测速度，使用机器学习 ID3 贪心算法来构建决策树。该方法主要包含三个阶段。首先，对于图像上的所有像素点，通过对圆周上 16 个像素点与中心像素点灰度值的比较，并按照下式将灰度值划分为暗区、相似区和亮区三种状态。

$$S_{p\to x}=\begin{cases} d, & I_{p\to x}\leqslant I_p-t\ (\text{暗区}) \\ s, & I_p-t<I_{p\to x}<I_p+t\ (\text{相似区}) \\ b, & I_p+t\leqslant I_{p\to x}\ (\text{亮区}) \end{cases} \tag{7-22}$$

其次，检测能产生最多信息的像素位置，这些信息是通过对信息熵测量来决定的。

$$H(P)=(c+\overline{c})\log_2(c+\overline{c})-c\log_2 c-\overline{c}\log_2\overline{c} \tag{7-23}$$

式中，c 为每个区域内的角点数，$\overline{c}$ 为每个区域内的非角点数。持续运行递归算法来构建决策树，直到每一个上述划分的等级熵值为零才停止。最后，使用 V 函数来表示角点的检测值，并使用非最大化抑制方法排除当前角点比它相邻角点 V 值低的角点。其中 V 函数的定义为：

$$V=\max(\sum\nolimits_{x\in S_{\text{bright}}}|I_{p\to x}-I_p|-t,\sum\nolimits_{x\in S_{\text{dark}}}|I_p-I_{p\to x}|-t) \tag{7-24}$$

$$S_{\text{bright}}=\{x\,|\,I_{p\to x}\geqslant I_p+t\} \tag{7-25}$$

$$S_{\text{dark}}=\{x\,|\,I_{p\to x}\leqslant I_p-t\} \tag{7-26}$$

运用机器学习的方法生成决策树，仅仅依靠少量的像素测试就能够把候选的像素点划分为角点或非角点，加快了检测的过程。这种方法对每个像素的测试平均只需 2 ～ 3 次就能够判断出是否为角点特征。

特征点作为图像的局部特性，是最常用也是相对简单的匹配基元。这主要是因为它能够直接为多视点几何关系和相机参数的求解提供足够而可靠的约束条件，其可靠性来自于特征点在不同的几何变换（成像过程）下均能保持良好的几何稳定性。因此，一个好的局部特征应具有如下性质：

① 可重复性和独特性。同一个物体或场景在不同的视角下，两幅图像中的对应特征越多越好，也即意味着可以获得更多的匹配。此外，特征的幅值模式需要呈现多样性，包含足够的信息量，这样的特征才具有更好的可区分性，有利于匹配识别。

② 局部性和多量性。特征应该是局部的，从而减少被遮挡的可能性，并且允许用简单的模型来近似两幅图像间的几何和成像变形。此外，检测到的特征数目一定要多，即使是小的物体上也要有足够的特征。特征的密集度能在一定程度上反映图像的内容。

③ 准确性和高效性。好的特征应该能够被精确定位。这里的定位不仅指特征在图像中的空间位置，还包括该特征的尺度等。此外，特征检测的时间效率越高越好，以便应用于有实时要求的场合。

7.1.3 特征点匹配

提取感兴趣的特征后，如何使用或选择一种合适的特征描述方法来描述特征附近的局部图像模式，是图像匹配过程中的又一重要步骤。图像匹配过程往往是两幅图像之间进行相似性比较的过程，而为了实现相似性度量，使用或选择一种紧凑而完整的特征描述是十分重要的。特征描述符是一种图像局部结构特征的定量化描述，它能充分反映特征附近局部图像的形状和纹理结构特征。不变性和信息量是局部描述符的两个重要性质，它们决定了描述符的鲁棒性和独特性。鲁棒性和独特性既相互矛盾，又相互依存。一般而言，描述符包含的信息量越少，其鲁棒性就越好，而独特性就越差，反之亦然。信息量是指描述符能承载的信息数量，而信息量又往往是由特征检测的结果来决定，因为特征检测总是将那些有着某种特殊变化的点作为特征点。

一个理想的特征描述符应该具备较高的鲁棒性、独特性和匹配速度。鲁棒性主要是指描述符能够在图像几何变换和噪声干扰条件下具有稳定工作的能力。独特性是指描述符在特征点局部图像结构变化时，具有捕获和反映这一变化的能力。匹配速度是指两个特征描述符在相似性比较时的运算速度，显然，特征空间维数越高，匹配的速度就越慢。

迄今为止，人们研究了各种各样的特征描述符与相应的相似性度量方法，这些特征描述符大致可以分为基于图像梯度分布、基于空间频率、基于微分和不变矩等类型。具体主要有 SIFT、SURF、梯度位置朝向直方图（gradient location-orientation histogram，GLOH）、结合主成分分析的尺度不变特征变换（principle component analysis scale invariant feature transform，PCA-SIFT）、旋转图像及形状上下文等。其中，最有名的当数 Lowe 提出的 SIFT 描述符，它的性能是公认的。其他大多数描述符，如 SURF、GLOH、PCA-SIFT 都借鉴了该描述符的生成方法，是在该描述符的基础上改进得到的。

（1）SIFT 特征描述符

为实现图像的旋转不变性，利用关键点邻域像素的梯度方向分布特性为每个关键点指定方向参数。对于已经检测到的特征点，其特征尺度为σ，根据这一尺度值，得到最接近这一尺度的高斯图像为

$$L(x,y)=G(x,y,\sigma)*I(x,y) \tag{7-27}$$

使用有限差分，计算以特征点为中心，以$3\times1.5\sigma$为半径的区域内图像梯度的模值和幅角，如图 7-6 所示，即

$$m(x,y)=\sqrt{[L(x+1,y)-L(x-1,y)]^2+[L(x,y+1)-L(x,y-1)]^2} \tag{7-28}$$

$$\theta(x,y)=\arctan\frac{L(x,y+1)-L(x,y-1)}{L(x+1,y)-L(x-1,y)} \tag{7-29}$$

式（7-28）和式（7-29）中，m、θ 分别为点 (x,y) 处梯度的模值和幅角；L 所用的尺度为每个关键点各自的尺度。

在完成关键点邻域高斯图像的梯度计算后，使用直方图统计邻域内像素的梯度方

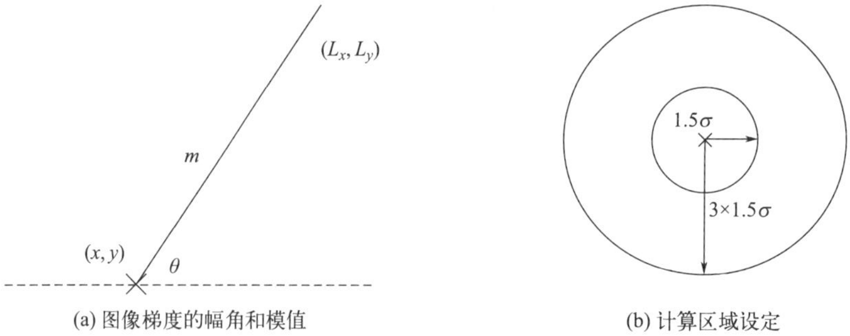

图 7–6　SIFT 关键点梯度模值及方向计算

向和幅值。梯度方向直方图的横轴是梯度方向角，纵轴是梯度方向角对应的梯度幅值累加值。梯度方向直方图将 0° ~ 360° 的范围分为 36 个柱，每 10° 为一个柱。直方图的峰值代表了该特征点处邻域内图像梯度的主方向，也即该特征点的主方向。

每个加入梯度方向直方图的采样点的梯度幅值都要加权处理，加权采用圆形高斯加权函数，其 σ 值为特征点尺度的 1.5 倍，这是因为 SIFT 算法只考虑了尺度和旋转的不变性，并没有考虑仿射不变性。通过高斯加权，可使特征点附近的梯度幅值有较大的权重，从而突出中心像素的重要性，同时可以部分弥补因没有仿射不变性而产生的特征点不稳定的问题。

在梯度方向直方图中，当存在另一个相当于主峰值 80% 能量的峰值时，则将这个方向认为是该特征点的辅方向。一个特征点可能会被指定具有多个方向（一个主方向，一个以上辅方向），这可以增强匹配的可靠性。

提取 SIFT 特征描述符时，首先将坐标轴旋转为关键点的方向，以确保旋转不变性。接下来以关键点为中心取 8 像素 ×8 像素的窗口。图 7-7 左部分的窗口中心点为当前关键点的位置，每个小格代表关键点邻域所在尺度空间的一个像素，箭头方向代表该像素的梯度方向，箭头长度代表梯度模值，图 7-7 中圆域所覆盖的范围代表高斯加权的范围（越靠近关键点的像素梯度方向信息贡献越大）。然后在每 4 像素 ×4 像素的小块上绘制 8 个方向的梯度方向直方图，计算每个梯度方向的累加值，即可形成一个种子点，如图 7-7 右部分所示。此图中一个关键点由 2×2 共 4 个种子点组成，每个种子点有 8 个方向向量信息。这种邻域方向性信息联合的思想增强了算法抗噪声的能

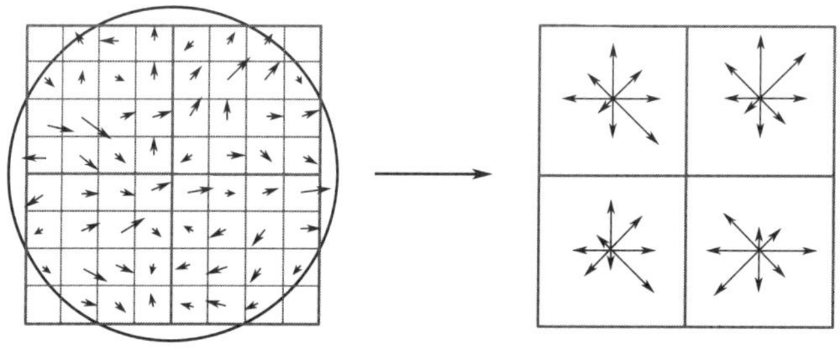

图 7–7　SIFT 特征描述符的构造过程

力，同时对于含有定位误差的特征匹配也提供了较好的容错性。

实际计算过程中，为了增强匹配的稳健性，Lowe 建议对每个关键点使用 4×4 共 16 个种子点来描述，这样对于一个关键点就可以产生 128 个数据，即最终形成 128 维的 SIFT 特征向量。此时 SIFT 特征向量已经去除了尺度变化、旋转等几何变形因素的影响，再继续将特征向量的长度归一化，则可以进一步去除光照变化的影响。

（2）SURF 特征描述符

图像特征描述符的一个共同点是表达了兴趣点邻域内小尺度的特征分布，使得描述符的描述性更好，识别性更高。SIFT 的特点正是掌握了空间域亮度模式的大量信息，从而很好地描述了特征点邻域内点的梯度方向信息，共 128 维。SURF 特征描述符的提取用到了积分图像，主要目的在于要充分利用在特征点检测时形成的中间结果（积分图像），避免在特征描述时对图像进行重复运算。

同 SIFT 一样，为了保证提取的特征描述符具有旋转不变性，SURF 算法需要对每个特征点分配一个主方向。为此，以特征点为中心，选定一个以 $6s$（s 为特征点尺度）为半径的圆，对每个像素计算边长为 $4s$ 的哈尔小波，使用原点在特征点、方差为 $2s$ 的高斯函数为权重函数。计算张角为 60°的扇形滑动窗内像素的哈尔小波响应值 $\mathrm{d}x$ 和 $\mathrm{d}y$ 并进行累加，滑动窗以 5°为一步转动，得到一个矢量 (m_w, θ_w)，w 表示滑动窗口，如图 7-8 所示，即

$$m_w = \sum_w \mathrm{d}x + \sum_w \mathrm{d}y \tag{7-30}$$

$$\theta_w = \arctan \frac{\sum_w \mathrm{d}x}{\sum_w \mathrm{d}y} \tag{7-31}$$

选出圆内模值最大的向量，它的方向即为主方向，即 $\theta = \{\theta_w \mid \max\{m_w\}\}$。同 SIFT 算法一样，当存在一个相当于主峰值 80% 能量的峰值时，则将这个方向认为是该特征点的辅方向。一个特征点可能会被指定多个方向（一个主方向，多个辅方向），这可增加匹配的鲁棒性。

基于哈尔小波响应计算特征描述符：选取以特征点为中心、边长为 $20s$ 的正方形区域，其中正方形的边和特征点的主方向向量垂直（不同尺度的图像特征点选取的正方形边长不同）。沿主方向将 $20s \times 20s$ 的图像划分成 4×4 个子块，每个子块利用尺寸为 $2s$ 的哈尔小波模板进行响应值计算。然后对响应值进行统计（$\sum \mathrm{d}x$、$\sum|\mathrm{d}x|$、$\sum \mathrm{d}y$、$\sum|\mathrm{d}y|$），形成特征向量。

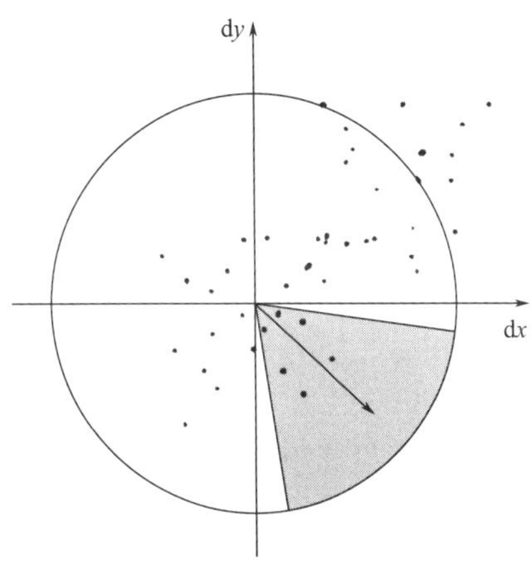

图 7–8　求取主方向时楔形滑动窗口围绕特征点转动

接下来将 $20s$ 的窗口划分成 4×4 个子窗口，每个子窗口有 $5s\times5s$ 个像素。当使用尺寸为 $2s$ 的哈尔小波模板进行响应值计算时，共进行 25 次采样，分别得到沿主方向的 dy 和垂直于主方向的 dx。然后，以特征点为中心，对 dx 和 dy 进行高斯加权计算，$\sigma=3.3s$。最后，分别对每个子块的响应值进行统计，得到每个子块的向量：$\boldsymbol{V}_{子块}=[\sum \mathrm{d}x\ \sum|\mathrm{d}x|\ \sum \mathrm{d}y\ \sum|\mathrm{d}y|]$。由于共有 4×4 个子块，因此，特征描述符共由 $4\times4\times4$=64 维特征向量组成。SURF 描述符不仅具有尺度和旋转不变性，而且对光照的变化也具有不变性。使用小波响应本身就具有亮度不变性，而进一步的对比度不变性则是通过将特征向量进行归一化来实现的。

（3）PCA-SIFT 特征描述符

作为一种常用的统计分析技术，主成分分析（principal component analysis，PCA）被广泛应用于计算机视觉问题的处理。PCA 主要用于高维空间的降维，它采用线性投影的方法，将高维空间中的样本投影到一个低维的特征空间中，从而找出高维空间样本中起主要作用的分量。PCA-SIFT 与标准 SIFT 有相同的亚像素位置、尺度和主方向，但在计算描述符的时候，它用特征点周围的 41 像素 ×41 像素的局部影像块计算它的主元，并用 PCA-SIFT 将原来的 128 维的向量降成 20 维。其主要步骤如下。

① 投影矩阵的产生，往往通过选择一系列有代表性的图像并且检测这些图像的所有关键点。为确定投影矩阵，对这些特征点中的每一个点进行如下处理：a. 在它的周围选择一个大小为 41 像素 ×41 像素的局部影像块，计算垂直和水平的梯度，形成一个大小为 128 维的向量，并将这些向量放入一个 $k\times128$ 大小的矩阵 $\boldsymbol{A}$，k 是所检测的关键点数目；b. 计算矩阵 $\boldsymbol{A}$ 的协方差矩阵 cov$\boldsymbol{A}$，$\boldsymbol{A}$=$\boldsymbol{A}$−mean$\boldsymbol{A}$，cov$\boldsymbol{A}$=$\boldsymbol{A}^{\mathrm{T}}\boldsymbol{A}$，然后计算 cov$\boldsymbol{A}$ 的特征值和特征向量；c. 选择前 n 个特征向量，投影矩阵是一个由这些特征向量组成的 $n\times128$ 的矩阵，n 可以是一个根据经验设置的固定值，也可以基于特征值动态选择；d. 投影矩阵只计算一次，并且存储。

② 描述符的计算是在确定投影矩阵并得到了 SIFT 特征点的位置、尺度和方位后进行的。具体步骤包括：a. 在关键点周围提取一个 41 像素 ×41 像素的局部影像块，并旋转到它的主方向；b. 计算 39 像素 ×39 像素的局部影像块的水平和垂直的梯度，形成一个大小为 128 的向量；c. 用预先计算好的投影矩阵 $n\times128$ 与此向量相乘，这样生成一个大小为 n 的 PCA-SIFT 描述符。

PCA-SIFT 同原始 SIFT 相比，在保留不变性的同时，降低了特征描述符的维数（20 维），大大减少了计算时间。但它的缺点是事先需要通过对典型图像进行学习以获得投影矩阵，而且获得的投影矩阵只适用于同类输入图像。

（4）GLOH 与形状上下文特征描述符

GLOH 特征描述符也是 SIFT 特征描述符的一种扩展，其目的是增加特征描述符的鲁棒性和独特性。它是把原来 SIFT 中 4×4 棋盘格的子块改成仿射状的对数 - 极坐标同心圆，并将同心圆的半径分别设为 6 像素、11 像素、15 像素；在角度方向 φ 分为 8 等分，每等分为$\frac{\pi}{4}$，这样就产生了 17 个图像子块，如图 7-9（b）所示；在每个子块中，计算梯度方向直方图，梯度方向分为 16 条目，因此，共有 272 维特征描述符；然后对每个特征点的 272 维特征向量再进行 PCA 处理，将其降成 128 维，有跟 SIFT 一样精简的表示方法。同 PCA-SIFT 类似，GLOH 需要事先有大量的样本进行学习才能生成特征空间的投影矩阵。

形状上下文特征描述符是 GLOH 特征描述符的一种扩展，但它是一个基于边缘点位置和方向的三维直方图。边缘的提取采用 Canny 算子。与 GLOH 类似，它将原来 SIFT 中 4×4 棋盘格的子块修改成仿射状的对数 - 极坐标同心圆，对数 - 极坐标同心圆的半径分别设为 6 像素、11 像素、15 像素；在角度方向分为 4 等分，每等分为$\frac{\pi}{2}$，这样就产生了 9 个图像块，如图 7-9（c）所示；在每个图像块中又将梯度方向分为 4 个条目，由此产生了一个 9×4=36 维的特征描述符。另外，使用点的梯度幅值对梯度直方图进行加权，比等权重的效果要好。

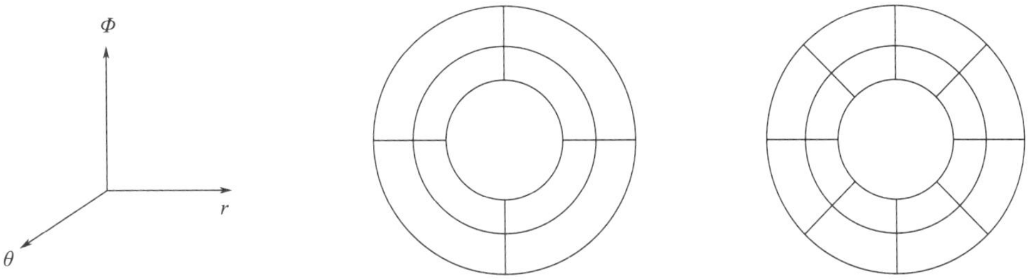

(a) 直方图三维空间表示　(b) GLOH图像块的划分　(c) 形状上下文图像块的划分

图 7–9　GLOH 与形状上下文特征描述符的构造过程

（5）K–D 匹配

下面以 SIFT 算法为例讲述基于 K-D 树的特征匹配方法。如图 7-10（a）所示，先对待识别物体的图像进行 SIFT 特征的检测和描述，得到 SIFT 特征集合。接下来生成物体目标描述要做的就是对特征集合进行数据组织，形成一种特殊的表示，其作用是为了加速特征匹配的过程。所谓的特征匹配本质上是一个通过距离函数（如欧式距离）在高维向量之间进行相似性检索的问题，简单来讲就是范围查询或者

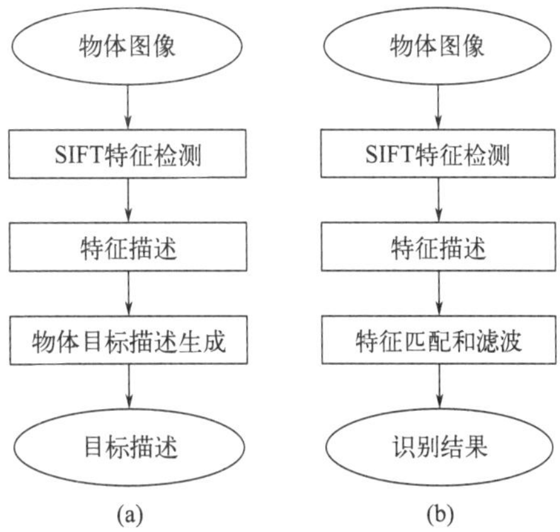

图 7–10　K–D 树匹配的数据组织

K 近邻查询的问题。

范围查询就是给定查询点和查询距离阈值，从数据集中找出所有与查询点距离小于查询距离阈值的数据。K 近邻查询就是给定查询点和正整数 k，从数据集中找到距离查询点最近的 k 个数据，当 k=1 时，它就是最近邻查询。如图 7-10（b）所示，对输入图像进行 SIFT 特征的检测和描述后，得到了一个待查询点的集合，接下来就是要找出集合中的每一个待查询点。对图 7-10（a）过程得到的目标物体的特征集合进行二近邻查询（即得到最近邻和次近邻），得到一组特征的匹配对（待查询点、待查询点的最近邻）；得到所有匹配对后，通过阈值法（与最近邻的距离要小于一个常数）和比值法（与最近邻的距离比次近邻的距离要小于一个常数）进行提纯，滤去较差的匹配对，得到最终的匹配对集合。最后使用 RANSAC 算法再进行一次提纯，剔除错误的匹配对。

7.2 边缘特征提取算法

上一节中我们对点特征进行了详细的介绍，本节从线特征出发，对边缘特征提取算法进行介绍。边缘是指图像局部强度变化最显著的部分，图像分析和理解的第一步常常是边缘检测。图像的边缘对于识别图像是有非常重要的意义的，当人们看到一幅图像时，首先感觉到的便是边缘。边缘是灰度和结构信息的突变处，它是两个区域的交界处。但是我们利用边缘检测算子检测到的边缘并不一定是真实的边缘，因为真实世界是三维的，但是图像数据是二维的，把真实世界投影到图像上自然会造成信息的丢失，同时光线、噪声等的影响都会对图像造成影响，使得边缘检测造成丢失与错误。

图像的边缘有方向和幅度两个属性，沿边缘方向像素变化平缓，垂直于边缘方向像素变化剧烈。边缘上的这种变化可以用微分算子检测出来，通常用一阶或两阶导数来检测边缘。不同的是一阶导数认为最大值对应边缘位置，而二阶导数则以过零点对应边缘位置。

基于一阶导数的边缘检测算子包括 Roberts 算子、Sobel 算子、Prewitt 算子等，在算法实现过程中，$w \times w$ 模板作为核与图像中的每个像素点做卷积和运算，然后选取合适的阈值以提取边缘。LoG 算子是高斯 - 拉普拉斯边缘检测算子，是基于二阶导数的边缘检测算子，因为拉普拉斯算子对噪声敏感，LoG 算子先对图像进行了平滑处理，然后再进行边缘检测。这几种边缘检测算法是基于微分方法的，其依据是图像的边缘对应一阶导数的极大值点和二阶导数的过零点。Canny 算子是另外一类边缘检测算子，它不是通过微分算子检测边缘，而是在满足一定约束条件下推导出的边缘检测最优化算子。

（1）Roberts 算子

Roberts 边缘算子是最早的梯度算子，它是一种利用局部算子寻找边缘的算子。

设坐标 (x, y) 上图像灰度为 $f(x, y)$，则空间一次微分可用以下公式的矢量来表达：

$$\nabla f(x,y)=\frac{\partial f(x,y)}{\partial x}\boldsymbol{u}_x+\frac{\partial f(x,y)}{\partial y}\boldsymbol{u}_y \tag{7-32}$$

式中，$\boldsymbol{u}_x$、$\boldsymbol{u}_y$ 分别是 x、y 方向上的单位矢量。

将 x 方向的微分用 f_x 表示，y 方向的微分用 f_y 表示，则一次微分的强度值（一次微分值）为

$$|\nabla f(x,y)|=\sqrt{f_x^{\ 2}(x,y)+f_y^{\ 2}(x,y)} \tag{7-33}$$

可以认为这是相当于边缘强度的量。

Roberts 边缘检测算子的表达式为

$$g(x,y)=\sqrt{[f(x+1,y+1)-f(x,y)]^2+[f(x+1,y)-f(x,y+1)]^2} \tag{7-34}$$

式中，$f(x,y)$ 是具有整数像素坐标的输入图像；$g(x,y)$ 是对 $f(x,y)$ 所进行的 Roberts 交叉梯度算子运算的结果。

（2）Sobel 算子

Sobel 算子是一种基于梯度的边缘检测方法，其两个卷积计算模板如图 7-11 所示，图像中的每个点都用这两个模板做卷积，第一个模板对通常的垂直边缘响应最大，第二个模板对水平边缘响应最大。两个卷积的最大值作为该点的输出值，运算结果是一幅边缘幅度图像。Sobel 算子对灰度渐变和噪声较多的图像处理得较好。

1	2	1
0	0	0
–1	–2	–1

1	0	–1
2	0	–2
1	0	–1

图 7-11　Sobel 算子模板

Sobel 梯度算子是先做成加权平均，再微分，然后求梯度，二维图像的灰度值函数 $f(x,y)$ 的梯度可表示为

$$G[f(x,y)]=|f_x'(x,y)+f_y'(x,y)| \tag{7-35}$$

（3）Prewitt 算子

Prewitt 算子是利用像素邻近点的灰度差在边缘处达到极大值的原理检测出边缘。它对应于 8 个方向的卷积模板如图 7-12 所示。

−1	−1	−1
0	0	0
1	1	1

−1	0	1
−1	0	1
−1	0	1

图 7-12 Prewitt 算子模板

在点 $P(x,y)$ 处的水平差分算子 G_x 和垂直差分算子 G_y 分别为：

$$\begin{aligned}G_x = &P(x+1,y-1)+P(x+1,y)+P(x+1,y+1)- \\ &P(x-1,y-1)-P(x-1,y)-P(x-1,y+1)\end{aligned} \tag{7-36}$$

$$\begin{aligned}G_y = &P(x-1,y+1)+P(x,y+1)+P(x+1,y+1)- \\ &P(x-1,y-1)-P(x,y-1)-P(x+1,y-1)\end{aligned} \tag{7-37}$$

Prewitt 算子是先对图像灰度求平均后再求差分的，因此可以抑制噪声。

（4）Canny 算子

在图像边缘检测中，抑制噪声和边缘精确定位是无法同时满足的，边缘检测算法通过平滑滤波去除图像噪声的同时，也增加了边缘定位的不确定性；反之，提高边缘检测算子对边缘的敏感性的同时，也提高了对噪声的敏感性。Canny 算子力图在抗噪声干扰和精确定位之间寻求最佳折衷方案。

Canny 把边缘检测问题转换为检测单位函数极大值的问题。在高斯噪声中，一个典型的边缘代表一个阶跃的强度变化，根据这个模型，一个好的边缘检测算子应具有 3 个指标：a. 低失误概率，既要少将真正的边缘丢失，也要少将非边缘判为边缘；b. 高定位精度，检测出的边缘应在真正的边缘位置上；c. 对每个边缘有唯一的响应，得到的边缘为单像素宽。

为此，坎尼提出了判定边缘检测算子的 3 个准则：

① 噪比准则，信噪比的数学表达式为

$$SNR = \frac{\int_{-w}^{w} G(-x) f(x) \mathrm{d}x}{n_0 \int_{-w}^{w} f'^2(x) \mathrm{d}x} \tag{7-38}$$

式中，$f(x)$ 是边界为 $[-w, +w]$ 的滤波器脉冲响应；$G(-x)$ 为边缘函数；n_0 是高斯噪声的均方根。输出信号的信噪比越大，非边缘点判为边缘点的概率越小，即 SNR 值越大，正确率越高。

② 定位精度准则：

$$\text{Localization} = \frac{\int_{-w}^{w} G'(-x) f'(x) \mathrm{d}x}{n_0 \int_{-w}^{w} f'^2(x) \mathrm{d}x} \tag{7-39}$$

式中，$G'(-x)$ 和 $f'(x)$ 分别表示 $G(-x)$ 和 $f(x)$ 的一阶导数。依据检测出的边缘点与实际边缘点的距离最小，使得定位精度最高。Localization 值越大表明定位精度越高。

③ 单边响应准则：

$$D(f') = \pi\left[\int_{-\infty}^{+\infty} f'^2(x)\mathrm{d}x \Big/ \int_{-\infty}^{+\infty} f''^2(x)\mathrm{d}x\right]^{\frac{1}{2}} \tag{7-40}$$

式中，$D(f')$ 表示检测算子脉冲响应导数的零交叉平均距离；$f''(x)$ 是 $f(x)$ 的二阶导数。若能满足此条件，就能保证单边缘只要一个响应。

7.3 传统图像分割算法

分割可将图像细分为构成它的子区域或物体，细分的程度取决于要解决的问题。也就是说，在应用中，当感兴趣的物体或区域已经被检测出来时，就停止分割。例如，在电子元件的自动检测中，我们关注的是分析产品的图像，客观地确定是否存在特定的异常现象，如丢失元件或断裂的连线。超过识别这些元素所需细节的分割是没有意义的。

本章中介绍的多数分割算法均基于灰度值的两个基本性质之一：不连续性和相似性。在第一类中，方法是以灰度突变为基础分割一幅图像，比如图像的边缘。在第二类中，主要方法是根据一组预定义的准则将一幅图像分割为相似的区域。阈值处理、区域生长、区域分裂和区域聚合都是这类方法的例子。在本章中，我们将讨论和说明这些方法，并说明综合运用不同种类的方法来改善分割的性能。

7.3.1 阈值处理

由于阈值处理直观、实现简单且计算速度快，因此图像阈值处理在图像分割应用中处于核心地位。下面，我们首先对灰度阈值处理基础进行介绍。

假设图 7-13（a）中的灰度直方图对应图像 $f(x, y)$，该图像由暗色背景上的较亮物体组成，以这样的组成方式，物体像素和背景像素所具有的灰度值组合成了两种支配模式。从背景中提取物体的一种明显方法是选择一个将这些模式分开的阈值 T。然后，将 $f(x, y) > T$ 的任何点 (x, y) 称为一个对象点；否则将该点称为背景点。换句话说，分割后的图像 $g(x, y)$ 可由下式给出：

$$g(x,y)=\begin{cases}1, & f(x,y)>T\\ 0, & f(x,y)\leqslant T\end{cases} \tag{7-41}$$

当 T 是一个适用于整个图像的常数时，这种处理方式称为全局阈值处理；当 T 值在一幅图像上改变时，称为可变阈值处理；如果 T 取决于空间坐标 (x, y) 本身，则称为动态阈值处理或自适应阈值处理。

图 7-13（b）展示了一个更为复杂的阈值处理问题，它包含三个支配模式的直方

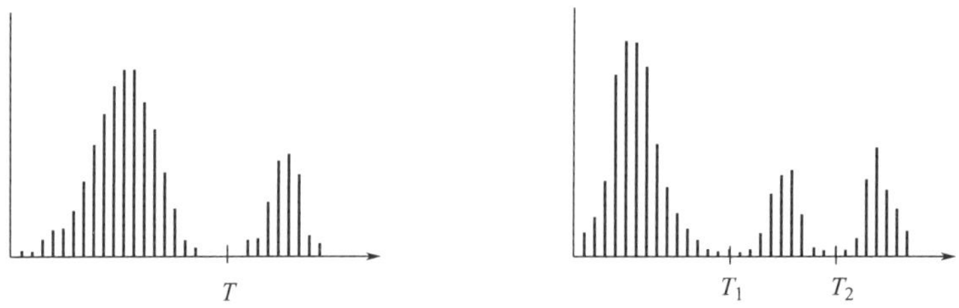

(a) 单阈值处理　　　　(b) 双阈值处理

图 7–13　可被单阈值和双阈值分隔的灰度直方图

图，例如，这三个支配模式对应暗色背景上的两个明亮物体。如果 $f(x, y) \leqslant T_1$，则点 (x, y) 被分类为背景；如果 $T_1 < f(x, y) \leqslant T_2$，则该点属于一个物体；如果 $f(x, y) > T_2$，则该点属于另一个物体。分割的图像可由下式给出：

$$g(x,y)=\begin{cases}a, & f(x,y)>T_2\\ b, & T_1<f(x,y)\leqslant T_2\\ c, & f(x,y)\leqslant T_1\end{cases} \tag{7-42}$$

式中，a，b，c 是任意三个不同的灰度值。

正如前文所说，当物体和背景像素的灰度分布十分明显时，可以用适用于整个图像的单个（全局）阈值。但在大多数应用中，图像之间通常有较大变化，对每一幅图像使用自适应阈值更为合理。一般的自适应算法可由以下步骤确立：

① 为全局阈值 T 选择一个初始估计值。

② 在式（7-41）中用 T 分割该图像。此时将产生两组像素：G_1 由灰度值大于 T 的像素组成，G_2 由小于等于 T 的像素组成。

③ 对 G_1 和 G_2 的所有像素分别计算平均灰度值 m_1 和 m_2。

④ 计算一个新的阈值：

$$T=\frac{1}{2}(m_1+m_2) \tag{7-43}$$

⑤ 重复步骤② 到步骤④，直到连续迭代中的 T 值间的差小于一个预定义的参数 ΔT 为止。

当与物体和背景相关的直方图存在一个相当清晰的波谷时，这种自适应算法效果很好。通常来说，ΔT 越大，算法执行的迭代次数越少。需要注意的是，所选的初始阈值必须大于图像中的最小灰度级并小于最大灰度级。

7.3.2 区域分割法

区域分割法一般分为区域生长法和分裂聚合法。区域生长是根据预先定义的生长准则将像素或子区域组合为更大区域的过程。基本方法是从一组“种子”点开始，将与种子预先定义的性质相似的邻域像素添加到每个种子上来形成这些生长区域（如特定范围的灰度或颜色）。

生长准则的选择不仅取决于所面对的问题，还取决于现有的图像数据类型。例如，基于卫星成像的土地分析中图像颜色发挥着重要作用，如果彩色图像中没有可用的固有信息，问题的解决将变得非常困难，甚至无法解决。如果图像是单色的，就必须使用一组基于灰度级和空间特性的描绘子（如矩或纹理）对区域进行分析。

如果在区域生长过程中没有使用连通属性，那么单独的描绘子将会产生错误的结果。例如，对仅有三个不同灰度值的像素随机排列，将具有相同灰度级的像素组合形成一个“区域”，若不考虑连通性，则会产生毫无意义的分割结果。

区域生长的另一个问题是终止规则的表示。当不再有像素满足加入某个区域的准则时，区域生长就会停止。灰度值、纹理和彩色这类终止准则本质上都是局部的，并没有考虑区域生长的“历史”。为增强区域生长算法的能力，大多数学者将候选像素和已加入生长区域的像素间的大小、相似性等因素（如候选像素灰度和生长区域的平均灰度比较）加入终止规则的判定过程，这类描绘子的使用是以期望结果的模型部分可用这一假设为基础的。

令 $f(x, y)$ 表示一个输入图像阵列，$S(x, y)$ 表示一个种子阵列，阵列中种子点位置处为 1，其他位置处为 0；Q 表示在每个位置 (x, y) 处的属性。假设阵列 f 和 S 的尺寸相同。基于 8 连接的一个基本区域生长算法可用以下步骤得到：

① 在 $S(x, y)$ 中寻找所有连通分量，并把每个连通分量腐蚀为一个像素，把这种像素标记为 1，把 S 中的其他像素标记为 0。

② 在坐标对 (x, y) 处形成图像 f_Q，如果输入图像在该坐标处满足给定的属性 Q，则令 $f_Q(x, y) = 1$，否则令 $f_Q(x, y) = 0$。

③ 令 g 为以上步骤形成的图像，即把 f_Q 中为 8 连通种子点的所有 1 值点，添加到 S 中的每个种子点。

④ 用不同的区域标记（如 1, 2, 3, …）标出 g 中的每个连通分量，此时的图像即为区域生长得到的分割图像。

区域分裂聚合法则是将图像细分为一组任意的不相交区域，然后聚合或分裂这些区域。

令 R 表示整幅图像区域，并选择一个属性 Q。对 R 进行分割的一种方法是依次将它细分为越来越小的四象限区域，以便对于任何区域 R 有 $Q(R_i) = \text{TRUE}$。我们从整个区域开始，如果 $Q(R) = \text{FALSE}$，将该图像分割为 4 个象限区域。如果对于每个象限区域 Q 为 FALSE，则将该象限区域再次细分为四个子象限区域，依此类推。这种特殊的分裂方式有一个简洁的表示方法，即用所谓的四叉树形式表示，即每个节点都正好有 4 个后代，如图 7-14 所示（对应一个四叉树的节点的图像有时称为四分区域或四分图像）。注意，树根对应于整幅图像，而每个节点对应于该节点的 4 个细分子节点。在这种情况下，仅 R_4 被进一步再细分。只有在 $Q(R_j \cup R_k) = \text{TRUE}$ 时，两个邻接区域 R_j 和

R_k 才能聚合。

上述过程可以总结为以下 3 个步骤：

① 对满足 $Q(R_i) = \text{FALSE}$ 的任何区域 R_i 分裂为 4 个不相交的象限区域。

② 当不可能进一步分裂时，对满足条件 $Q(R_j \cup R_k) = \text{TRUE}$ 的任意两个邻接区域 R_j 和 R_k 进行聚合。

③ 当无法进一步聚合时，停止操作。

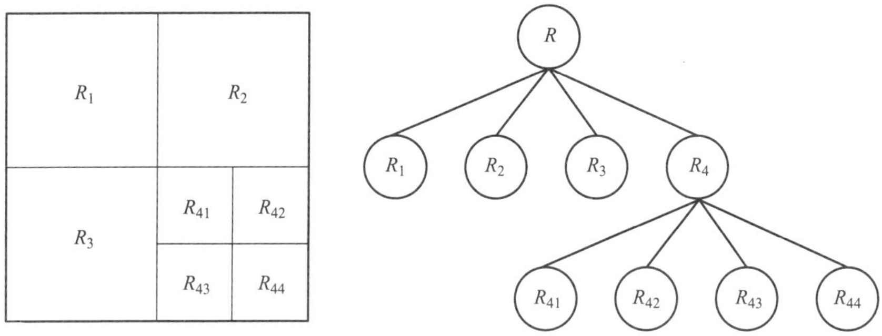

(a) 被分割的图像　　(b) 对应的四叉树

图 7–14　分裂聚合示意图

7.3.3 形态学分水岭分割法

分水岭算法将图像视为一个拓扑地形图，在这种“地形学”解释中，我们考虑三种类型的点：

① 属于一个区域极小值的点；

② 水滴所在位置的点，如果把水滴放到任意点处，水滴一定会下落到某一极小值点；

③ 水等概率流向不止一个极小值点。

对于某个特定的区域极小值，满足条件② 的点集称为该极小值的汇水盆地或分水岭。满足条件③ 的点形成地表面的峰线，这种峰线称为分割线或分水线。

分水岭分割算法的主要目标是找出分水线，其基本思想非常简单，如图 7-15 所示。图 7-15（a）展示了一幅灰度图像，图 7-15（b）为一幅地形图，地形图中“山”的高度与输入图像中的灰度值成正比。为便于解释，结构的背面加了阴影，与灰度值进行区分。我们感兴趣的只是普通地形的三维表示。为了防止上涨的水溢出图像边缘，我们假设整个地形（图像）的周长被高于最高山峰的水坝包围，水坝的值由输入图像中的最大灰度值决定。

假设在每个区域的极小值［图 7-15（b）中的黑暗区域］处钻一个洞，让水从洞中以均匀的速率上升，直到淹没整个地形。图 7-15（c）显示了洪水泛滥的第一阶段，其中以亮灰色显示的“水”只覆盖了与图像中的黑色背景对应的区域。在图 7-15（d）

和（e）中，水已经分别流入第一个汇水盆地和第二个汇水盆地。当水位继续上升时，最终水会从一个汇水盆地流入另一个汇水盆地。如图 7-15（f）所示，水从左边盆地的下部溢出到右边的盆地中，构建了一个短“水坝”（由单个像素组成），以阻止水在洪水泛滥时会聚。随着水位的不断上升，如图 7-15（g）所示，两个汇水盆地之间应有一座更长的水坝，并在右边盆地的顶部构建另一座水坝。构建后一座水坝的目的是阻止来自该盆地的水与来自对应背景的区域的水会聚。持续这一过程，直到达到洪水的最高水位（对应图像中的最高灰度值）。最终的水坝对应分水线，这些分水线就是我们希望的分割边界，如图 7-15（h）所示。

分水岭分割的主要应用之一是从背景中提取出接近一致（团状）的目标。由变化较小的灰度表征的区域有较小的梯度值。因此，在实践中，我们经常看到在梯度图像中应用分水岭分割方法，而不是应用到图像本身。因此，汇水盆地的区域极小值与对应感兴趣目标的梯度的极小值密切相关。

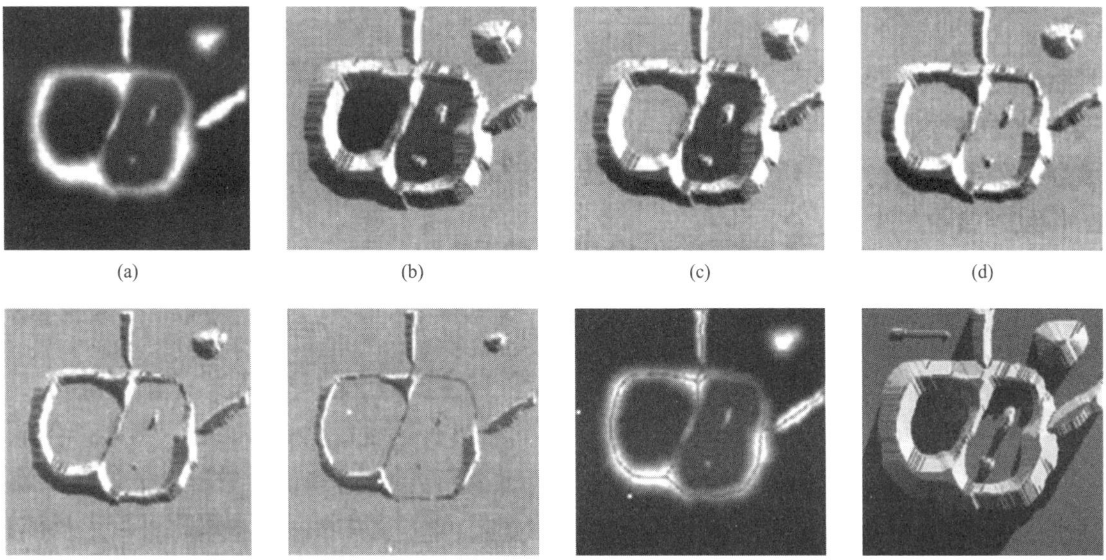

(a) (b) (c) (d)

(e) (f) (g) (h)

图 7-15　分水岭示意图

这里我们对水坝的构建原理进行介绍。水坝的构建是以二值图像为基础的，二值图像是二维整数空间 Z^2 的成员。构建分隔二值点集的水坝的最简方法是使用形态学膨胀。

图 7-16 展示了形态学膨胀构建水坝的原理。图 7-16（a）展示了洪水泛滥第 $n-1$ 步时的两个汇水盆地的一部分，图 7-16（b）展示了洪水泛滥第 n 步的结果。水已从一个汇水盆地溢出到了另一个汇水盆地，因此必须构建一个水坝来阻止这种情况的发生。为了与下面将要引入的符号一致，令 M_1 和 M_2 表示两个区域极小值中的坐标点集。然后，将这个汇水盆地中的坐标点集与洪水泛滥第 $n-1$ 步时的两个极小值［分别表示

为 $C_{n-1}(M_1)$ 和 $C_{n-1}(M_2)$ ］关联起来。它们是图 7-16（a）中的两个灰色区域。

令 $C[n-1]$ 表示这两个集合的并集，图 7-16（a）中有两个连通分量；图 7-16（b）只有一个连通分量，这个连通分量包含了虚线所示的前两个分量。已成为单个分量的两个连通分量表明，两个汇水盆地在洪水泛滥第 n 步时已会聚。令 q 表示这个连通分量。注意，来自第 $n-1$ 步的两个连通分量可从 q 中提取，方法是执行逻辑“与”运算，即 $q \cup C[n-1]$。我们还观察到，属于个别汇水盆地的所有点形成了单个连通分量。

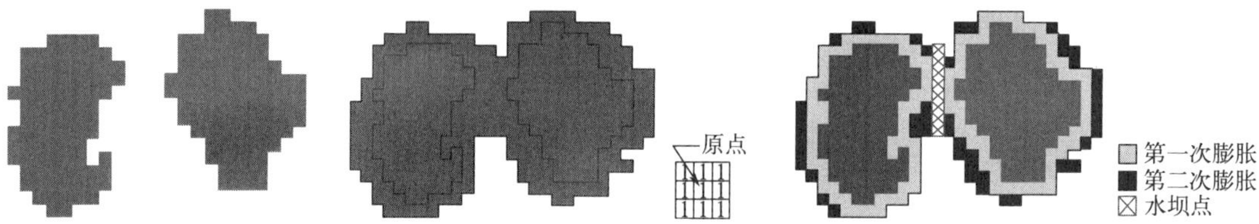

(a) 洪水泛滥的第n−1步　(b) 洪水泛滥的第n步　(c) 水坝构建结果

图 7–16　水坝构建过程

假设图 7-16（a）中的每个连通分量已被图 7-16（c）中的结构元膨胀，满足两个条件：

① 膨胀必须约束到 q 上（这意味着在膨胀过程中，结构元的中心只能位于 q 中的点处）；

② 不能对使得正被膨胀的集合聚合（变成单个连通分量）的那些点执行膨胀。

图 7-16（d）显示，第一次膨胀（浅灰色）扩展了每个原始连通分量的边界。注意，在膨胀期间，每个点都要满足条件①，而条件②未应用到任何点上，这样，就均匀地扩展了每个区域的边界。

在第二次膨胀中［在图 7-16（d）中显示为黑色］，几个不满足条件①但满足条件②的点，导致了图中所示的断裂周长。很明显，q 中只有满足上述两个条件的点，才能描述图 7-16（d）中叉线显示的 1 像素宽的连通路径。在洪水泛滥的第 n 步，这条路径就是我们希望的分隔水坝。在这一洪水水位构建水坝的方法是，将刚才确定的路径上的所有点设置为一个大于图像最大灰度值的值。这样设置值可以防止水位升高时洪水漫过构建的水坝。如前所述，采用这一步骤构建的水坝是连通分量，是我们希望的分割边界。换句话说，这种方法消除了分割线断裂的问题。

令 $M_1, M_2, \cdots, M_R$ 是图像 $g(x, y)$ 的区域极小值中的点的坐标集。如前所述，这通常是一幅梯度图像。令 $C(M_i)$ 是与区域极小值 M_i 相关联的汇水盆地中的点的坐标集（任何汇水盆地中的点形成一个连通分量）。符号 min 和 max 表示 $g(x, y)$ 的极小值和极大值。最后，令 $T[n]$ 表示满足 $g(s,t)<n$的坐标(s,t)的集合，即

$$T[n]=\{(s,t) \mid g(s,t)<n\} \tag{7-44}$$

几何上，$T[n]$ 是 $g(x, y)$ 中位于平面 $g(x, y)=n$ 下方的点的坐标集。

当水位从整数 $n = \min + 1$ 不断上升到 $n = \max + 1$ 时，地形将被洪水淹没。在洪水泛滥的任意步骤 n，算法都要知道位于淹没深度下方的点数。理论上，假设 $T[n]$ 中位于 $g(x, y) = n$ 平面下方的坐标被“标记”为黑色，而所有其他坐标被标记为白色。于是，当我们以任何淹没增量 n 向下观察 xy 平面时，就会看到一幅二值图像，图像中的黑点对应函数中平面 $g(x, y) = n$ 之下的点。这种解释将有助于我们理解下面的讨论。

令 $C_n(M_i)$ 表示汇水盆地中与淹没阶段 n 的极小值 M_i 相关联的点的坐标集。参照前一段的讨论可知，$C_n(M_i)$ 可视为下式给出的二值图像：

$$C_n(M_i) = C(M_i) \cap T[n] \tag{7-45}$$

换句话说，在满足条件 $(x, y) \in C(M_i)$ AND $(x, y) \in T[n]$ 的位置 (x, y) 处，有 $C_n(M_i) = 1$；在其他位置有 $C_n(M_i) = 0$。这一结果的几何解释很简单，我们只需在淹没的第 n 阶段使用 AND 运算符隔离 $T[n]$ 中与区域极小值 M_i 相关联的二值图像部分。

接下来，令 B 表示第 n 阶段被洪水淹没的汇水盆地的数量，令 $C[n]$ 表示第 n 阶段这些汇水盆地的并集：

$$C[n] = \bigcup_{i=1}^{B} C_n(M_i) \tag{7-46}$$

然后，令 $C[\max+1]$ 表示所有汇水盆地的并集：

$$C[\max+1] = \bigcup_{i=1}^{B} C(M_i) \tag{7-47}$$

可以证明，在算法的执行期间，$C_n(M_i)$ 和 $T[n]$ 中的元素不仅不会被替换，而且在 n 增大时，这两个集合中的元素的数量不是增加，就是保持不变。这样，就可得出 $C[n-1]$ 就是 $C[n]$ 的一个子集。根据式（7-46）和式（7-47）可知，$C[n]$ 是 $T[n]$ 的一个子集，所以 $C[n-1]$ 也是 $T[n]$ 的一个子集。由此，我们得出一个重要的结论：$C[n-1]$ 中的每个连通分量都恰好包含在 $T[n]$ 的一个连通分量中。

寻找分水线的算法通过令 $C[\min+1] = T[\min+1]$ 来初始化。然后，这一程序使用以下方法递归地由 $C[n-1]$ 计算 $C[n]$：令 Q 表示 $T[n]$ 中的连通分量集合。于是，对于每个连通分量 $q \in Q[n]$，存在如下三种可能：① $q \cap C[n-1]$ 是空集；② $q \cap C[n-1]$ 包含 $C[n-1]$ 的一个连通分量；③ $q \cap C[n-1]$ 包含 $C[n-1]$ 的一个以上的连通分量。由 $C[n-1]$ 构建 $C[n]$ 取决于这三个条件中的哪一个成立。遇到一个新极小值时，条件① 发生，此时连通分量 q 并入 $C[n-1]$ 中形成 $C[n]$。q 位于某些局部极小值的汇水盆地内时，条件② 发生，此时 q 并入 $C[n-1]$ 中形成 $C[n]$。遇到全部或部分分隔两个或多个汇水盆地的山脊线时，条件③ 发生。进一步淹没会使得这些汇水盆地中的水位聚合。因此，必须在 q 内构建一个水坝（涉及两个以上的汇水盆地时，要构建多个水坝）来阻止汇水盆地间的水流溢出。如前所述，需要时，使用一个元素为 1、大小为 3×3 的结构元膨胀 $q \cap C[n-1]$ 并且膨胀限制到 q，可以构建一座 1 像素宽的水坝。只使用对应于 $g(x, y)$ 中的灰度值的 n 值，就可提升算法的效率；根据 $g(x, y)$ 的直方图，可以求出这些值，以及极小值和极大值。

7.3.4 使用聚类和超像素的区域分割

本节讨论两种相关的区域分割方法。第一种方法是在数据中寻找聚类的经典方法，它与亮度和颜色等变量有关。第二种方法是用聚类从图像中提取“超像素”的方法。

（1）k 均值聚类分割

聚类的基本思想是将向量观测值集 Q 划分为规定数量 k 的聚类。在 k 均值聚类中，每个观测值都被分配给具有最近均值的聚类，因此每个均值称为其聚类的原型。k 均值算法是一个迭代过程，它不断地细化均值，直到均值收敛。

令 $\{z_1,z_2,\cdots,z_Q\}$ 是向量观测值集合（样本）。这些向量的形式为

$$\boldsymbol{z}=\begin{bmatrix} z_1 \\ z_2 \\ \vdots \\ z_n \end{bmatrix} \tag{7-48}$$

在图像分割中，向量 $\boldsymbol{z}$ 的每个分量表示一个数值像素属性。例如，若分割只基于灰度尺度，则 $\boldsymbol{z}=z$ 是一个表示像素灰度的标量。如果我们正在分割 RGB 彩色图像，那么 $\boldsymbol{z}$ 通常是一个三维向量，这个三维向量的每个分量是三幅主彩色图像中的一个像素的灰度。k 均值聚类的目的是将观测集合 Q 划分为 $k(k \leqslant Q)$ 个满足如下最优准则的不相交的聚类集合 $C=\{C_1,C_2,\cdots,C_k\}$：

$$\arg\min_{C}\left(\sum_{i=1}^{k}\sum_{\boldsymbol{z}\in C_i}\|\boldsymbol{z}-\boldsymbol{m}_i\|^2\right) \tag{7-49}$$

式中，$\boldsymbol{m}_i$ 是集合 C_i 中样本的均值向量（或质心）；$\|\arg\|$ 是参数的向量范数。通常使用欧几里得范数，因此 $\|\boldsymbol{z}-\boldsymbol{m}_i\|$ 项是从 C_i 中的一个样本到均值 $\boldsymbol{m}_i$ 的欧氏距离。换言之，找到集合 $C=\{C_1,C_2,\cdots,C_k\}$，集合中的每个点到该集合的均值的距离之和是最小的。

遗憾的是，求这个极小值是一个困难问题，因为这个问题实际上无解。于是，这些年来人们提出了一些启发式方法，试图找到这一极小值的近似。本节讨论“标准的”k 均值算法，这种算法依据的是欧氏距离。对于给定的向量观测值集合 $\{z_1,z_2,\cdots,z_Q\}$ 和一个规定的 k 值，这一算法如下：

① 初始化算法：规定一组初始均值 $\boldsymbol{m}_i(1)$，$i=1, 2, \cdots, k$。

② 将样本分配给聚类：将每个样本分配给均值最接近的聚类集合（关系被任意求解，但样本只分配给一个聚类）$z_q \to C_i$, 如果 $\| z_q-\boldsymbol{m}_i^2 \| < \| z_q-\boldsymbol{m}_j \|^2, j=1,2,\cdots, k(j\neq i);\ q=1,2,\cdots,Q$。

③ 更新聚类中心（均值）：

$$\boldsymbol{m}_i = \frac{1}{|C_i|}\sum_{z \in C_i} z,\ i = 1, 2, \cdots, k \tag{7-50}$$

式中，$|C_i|$ 是聚类集合 C_i 的样本数。

④ 完备性验证：计算当前步骤和前几步中平均向量之间的差的欧几里得范数。计算残差 E，即 k 个范数之和。若 $E \leqslant T$（其中 T 是一个规定的非负阈值），则停止。否则，返回步骤②。

当 T=0 时，该算法在有限次数的迭代后收敛到一个局部极小。它不保证产生使式（7-49）最小所需的全局极小。收敛时的结果取决于为 $\boldsymbol{m}_i$ 选择的初始值。在数据分析中经常使用的一种方法是，将初始均值规定为从给定样本集中随机选取的 k 个样本，并运行该算法多次，每次运行算法时使用一个新的随机初始样本集。这是为了检验解的"稳定性"。在图像分割中，重要的问题是为 k 选择的值，因为它决定了分割区域的数量。

（2）超像素区域分割

超像素的思想是，通过将像素组合到比各个像素更有感知意义的原始区域来取代标准像素网格，其目的是减少计算开销，并通过减少不相关的细节来提高分割算法的性能。下面我们对生成超像素的算法"简单线性迭代聚类（SLIC）"进行介绍。SLIC 是对 k 均值算法的一种改进。SLIC 观测通常使用（但不限于）包含三个颜色分量和两个空间坐标的五维向量。例如，对于 RGB 彩色空间而言，与图像像素相关联的五维向量为

$$z = \begin{bmatrix} r \\ g \\ b \\ x \\ y \end{bmatrix} \tag{7-51}$$

式中，(r, g, b) 是像素的三个颜色分量，(x, y) 是像素的两个空间坐标。令 n_{sp} 是所需要的超像素数，令 n_{tp} 是图像中的像素总数。初始的超像素中心 $\boldsymbol{m}_i = [r_i, g_i, b_i, x_i, y_i]^{\mathrm{T}}$，$i = 1, 2, \cdots, n_{sp}$ 是对图像以间距为 s 个单位的规则网格取样得到的。为了生成大小近似相等的超像素（即面积）选择网格间距为 $s = [n_{tp} / n_{sp}]^{1/2}$。为了防止在图像边缘对超像素中心化，并减少从噪声点开始的机会，将初始聚类中心移到每个中心周围的 3×3 邻域的最小梯度位置。

SLIC 超像素算法由以下步骤组成。需要注意的是，一般情况下，超像素是向量。当我们引用算法中的"像素"时，指的是超像素相对于图像的 (x, y) 位置。

① 初始化算法：以规则网格步长 s 对图像取样，计算初始的超像素聚类中心

$\boldsymbol{m}_i = [r_i, g_i, b_i, x_i, y_i]^{\mathrm{T}}$，$i = 1, 2, \cdots, n_{sp}$ 将聚类中心移至 3×3 邻域中的最小梯度位置。对于图像中的每个像素位置 p，设置标签 $L(p) = -1$ 和距离 $d(p) = \infty$。

② 将样本分配给聚类中心：对于每个聚类中心 $\boldsymbol{m}_i$，$i = 1, 2, \cdots, n_{sp}$，在一个关于 $\boldsymbol{m}_i$ 的 $2s \times 2s$ 邻域中，计算 $\boldsymbol{m}_i$ 与每个像素 p 之间的距离 $D_i(p)$。然后，对于每个 p 和 $i = 1, 2, \cdots, n_{sp}$，若 $D_i < d(p)$，则令 $d(p) = D_i$ 和 $L(p) = i$。

③ 更新聚类中心：令 C_i 表示图像中具有标记 $L(p) = i$ 的像素集。更新 $\boldsymbol{m}_i$：

$$\boldsymbol{m}_i = \frac{1}{|C_i|} \sum_{\boldsymbol{z} \in C_i} \boldsymbol{z},\ i = 1, 2, \cdots, n_{sp} \tag{7-52}$$

式（7-52）中，$|C_i|$ 是集合 C_i 中的像素数；$\boldsymbol{z}$ 由式（7-51）给出。

④ 收敛性检验：计算当前步骤和前述步骤中平均向量之间的差的欧几里得范数。计算残差 E，即 n_{sp} 个范数之和。若 $E < T$，其中 T 是一个规定的非负阈值，则进入步骤⑤ 。否则，回到步骤② 。

⑤ 后处理超像素区域：将每个区域 C_i 中的所有超像素替换为它们的平均值 $\boldsymbol{m}_i$。

注意，在步骤⑤ 中，超像素以常数值的连续区域结束。平均值不是计算这个常数的唯一方法，但它是使用最广泛的方法。对于灰度级图像，平均值只是超像素区域中的所有像素的平均灰度。这个算法类似前一节中的 k 均值算法，但距离 D_i 不规定为欧氏距离（见下文），并且这些距离是针对大小为 $2s \times 2s$ 的区域计算的，而不是针对图像中的所有像素计算的，因此大大减少了计算时间。实践中，SLIC 相对于 E 的收敛可用较大的 T 值实现。

SLIC 超像素对应一个空间中的聚类，这个空间的坐标是颜色和空间变量。在这种情况下，使用单个欧氏距离是没有意义的，因为这个坐标系的轴的尺度是不同的，并且是不相关的。换句话说，空间距离和颜色距离必须分开处理。这是通过首先归一化各个分量的距离，然后将它们组合为单个测度来实现的。令 d_c 和 d_s 分别是聚类中两个点间的颜色距离和空间欧氏距离：

$$d_c = [(r_j - r_i)^2 + (g_j - g_i)^2 + (b_j - b_i)^2]^{1/2} \tag{7-53}$$

$$d_s = [(x_j - x_i)^2 + (y_j - y_i)^2]^{1/2} \tag{7-54}$$

然后将 D 定义为复合距离：

$$D = [(d_c / d_{cm})^2 + (d_s / d_{sm})^2]^{1/2} \tag{7-55}$$

式中，d_{cm} 和 d_{sm} 是 d_c 和 d_s 的最大期望值。最大空间距离应对应取样间隔，即 $d_{sm} = s = [n_{tp} / n_{sp}]^{1/2}$。求最大颜色距离并不简单，因为这些距离可能会因聚类的不同而不同，也可能会因图像的不同而不同。一种解法是，将 d_{cm} 设置为一个常数 c，使得式（7-55）成为

$$D = [(d_c / c)^2 + (d_s / s)^2]^{1/2} \tag{7-56}$$

我们可将式（7-56）改为

$$D = [(d_c)^2 + (d_s / s)^2 c^2]^{1/2} \tag{7-57}$$

这是对算法中的每个聚类使用的距离测度。常数 c 可用来加权颜色相似性和空间接近性之间的相对重要性。当 c 很大时，空间接近性更重要，由此产生的超像素更紧凑。当 c 较小时，产生的超像素对图像边界具有更强的附着性，但大小和形状更不规则。

对于灰度级图像，我们在式（7-57）中使用：

$$d_c = [(l_j - l_i)^2]^{1/2} \tag{7-58}$$

式中，l 是正被计算其距离的点的灰度级。

在三维情况下，超像素变成超体素，它通过定义下式来处理：

$$d_s = [(x_j - x_i)^2 + (y_j - y_i)^2 + (z_j - z_i)^2]^{1/2} \tag{7-59}$$

式（7-59）中，z 是第三个空间方向的坐标。我们还必须将第三个空间变量 z 添加到式（7-52）所示的向量中。

由于算法中未强制连通性，因此收敛后保留孤立像素是可能的。它们是用一个连接分量算法为最近聚类分配的标签。尽管我们是在 RGB 彩色分量上下文中说明这一算法的，但这种方法同样适用于其他彩色系统。实际上，式（7-52）中向量 z 的其他分量（空间变量除外）可以是其他实值特征值，条件是可以为它们定义有意义的距离测度。

7.4　形状检测与识别算法

本节致力于介绍形状检测和识别中的部分选定问题。这种情况下目标的特性是它们诸如色彩、形状、纹理或其他特质的显著特征。那么，问题是要辨别图像是否包含已定义的目标，如果包含，就指出它在图像中的位置。

可以将检测视为一个分类问题，其中，任务是辨别图像中是否存在特定目标。如果目标存在，则应该提供它的位置。通常我们对一组已检测到目标内的分类进行单独说明，在该情况下，可将问题表述为观察到某个特定目标。

诸如线、圆、椭圆等基本形状的检测属于计算机视觉的基本任务之一，这些基本形状可以用某一数学模型进行参数化描述。下面，我们对这些基本形状分别展开介绍。

7.4.1　线段的检测

本节对线段检测的代表性算法 LSD 进行介绍。相对于其他线段检测算法，LSD 具有耗时少、精度高以及使用方便等优点，不需要用户指定任何参数，可以满足任意大小、分辨率图像上的线段检测。

LSD 直线检测算法首先计算每个像素的水平线角度（level-line angle），从而形成一个水平线场（level-line field），即单位矢量场。如图 7-17 所示，像素点的水平线角度为该点梯度方向的垂直角度，而水平线场为与图像中的点一一对应的矩阵，矩阵的元素即为图像中相应点的水平线角度，如图 7-18(b）所示。

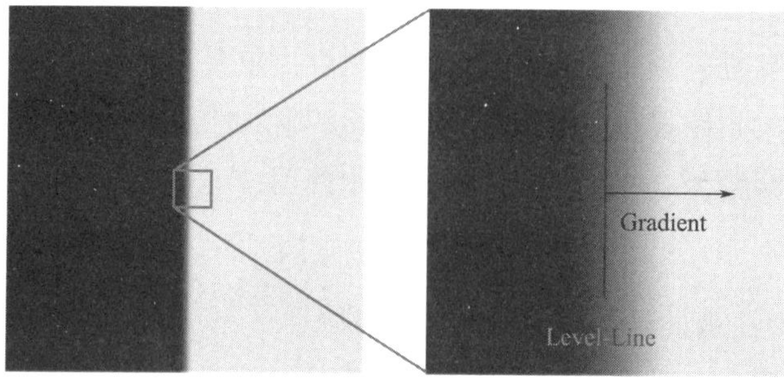

图 7-17　图像梯度和水平线示意图

图 7-18　LSD 算法的基本概念

获得水平线场后，依据水平线角度采用区域生长的方法将其切割成若干个连通域，每个连通域中所有像素点的水平线角度变化不能超过容忍值 τ，这样的连通域称为线支撑区域（line support regions），每个线支撑区域都是线段检测的候选对象。如图 7-18（b）所示，绿色区域、橙色区域和蓝色区域各是一个线支撑区域。

每一个线支撑区域其实就是一组像素，对于每个区域而言，将其主惯性轴方向作为矩形方向，构造一个包含区域中所有点的矩形，如图 7-19 所示。然后将矩形中所有

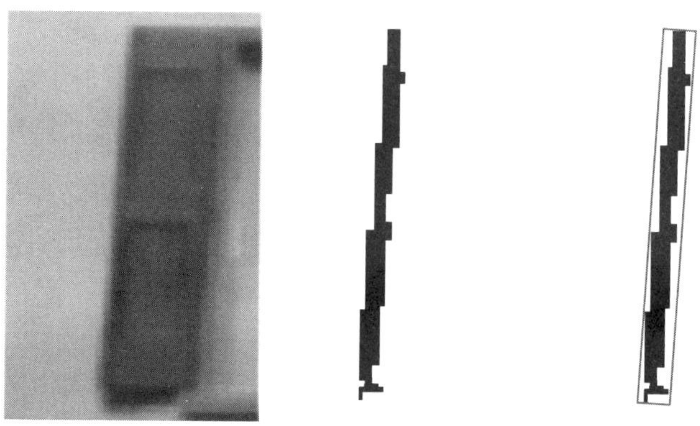

图 7-19　线支撑区域的最小外接矩形

水平线方向角度与矩形方向角度偏差小于 τ 的点记为对齐点，如图 7-20 所示，通过统计最小外接矩形内的所有像素数 n 及其内部的对齐点数 k，来判定所属线支撑区域是否为一个直线段。

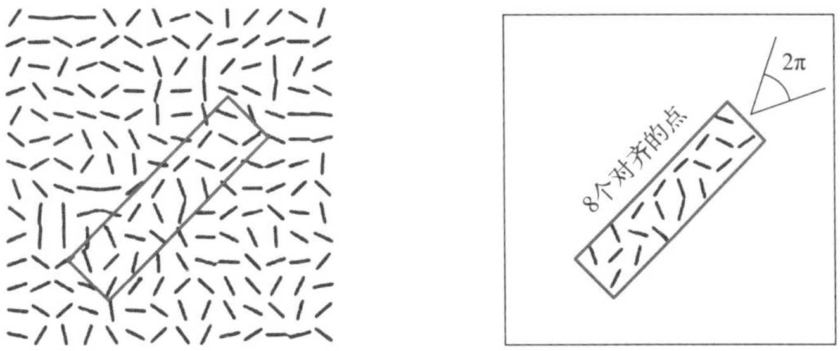

图 7-20　对齐点判定示意图

LSD 算法通过基于统计的方法来验证每个矩形区域的有效性，判断其是否属于一个边缘。具体方法如下：假设存在一个值域为 [0, 2π]、独立同分布的 level-line angle 随机噪声图，通过与噪声图比较来验证每个矩形的有效性。基于噪声图的假设，可以将比较转化为计算 NFA（number of false alarms）的值，NFA 计算公式为

$$\begin{aligned}\mathrm{NFA}(r) &= (NM)^{\frac{5}{2}}\gamma B(n,k,p)\\ B(n,k,p) &= \sum_{j=k}^{n}\binom{n}{j}p^{j}(1-p)^{n-j}\end{aligned} \tag{7-60}$$

式中，N、M 表示图像的高和宽；γ 表示 p 的不同值个数。p 的初始值由式 (7-61) 确定，表示一个非边缘像素点由于容忍度 τ 存在而被判定为对齐点的概率；多个有效的 p 值会被考虑。

$$p = \frac{\tau}{\pi} \tag{7-61}$$

当 NFA 满足式（7-62）时，判断区域为有效区域，ε 用于控制误检率：

$$\mathrm{NFA}(r) \leqslant \varepsilon \tag{7-62}$$

7.4.2　圆形的检测

霍夫检测法是检测圆形的一种常见方法，其原理是利用点线的对偶性将图像空间的边缘像素映射到参数空间，然后将参数空间中所有的点元素投射到累加器中进行累加求值，最后根据计算的累加值来确定圆心位置和半径。在平面直角坐标系中，圆的数学表达式如下：

$$(x_i - x_0)^2 + (y_i - y_0)^2 = r^2,\ i = 1,2,\cdots,n \tag{7-63}$$

式中，(x_0, y_0) 为圆心坐标；r 为圆半径；(x_i, y_i) 为圆周上坐标。霍夫变换即是将该图像空间的圆转化到参数空间中，参数空间中圆的数学表达式如下：

$$(x_0 - x_i)^2 + (y_0 - y_i)^2 = r^2 \tag{7-64}$$

该参数空间与图像空间的对应关系如图 7-21 所示。在利用霍夫变换确定源图像中圆的圆心坐标及半径时，需要在参数空间中建立一个三维的累加器 $A(x_0, y_0, r)$，其中 r 为变量。由式（7-64）对源图像中的圆周上的每一个像素进行累加。通过计算累加器 $A(x_0, y_0, r)$ 中最大值 $A_{\max}(x_0, y_0, r)$，此时累加器中 (x_0, y_0) 即为源图像中圆心坐标，r 为半径。

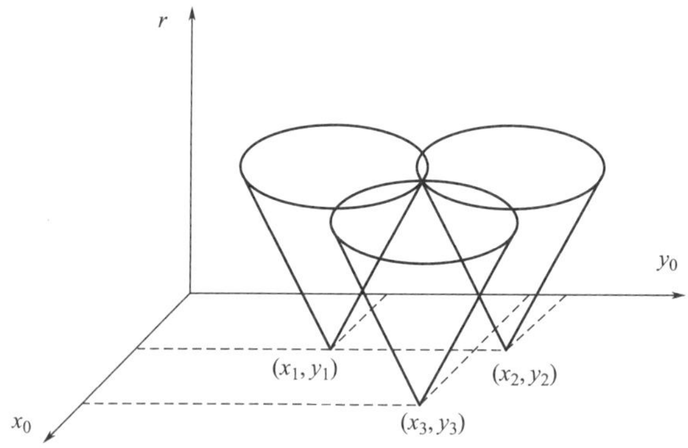

图 7-21　霍夫变换的参数空间

7.4.3 矩形的检测

除了常见的圆形以外，矩形也是最常见的规则图形之一。根据霍夫变换原理，其能够检测任何数学方程已知的曲线。但是矩形由四边组成，我们无法简单地使用同一个曲线表达形式进行表示，即无法将其完整地映射在参数空间中。既然无法简单地将矩形映射到参数空间，而使用复杂霍夫变换又将耗费大量的计算时间，为此，这里介绍一种间接的矩形检测方法，主要包含两个步骤：线段集合检测和矩形整合检测。

矩形检测的第一步为直线检测。首先需要对原始图像进行预处理操作，利用滤波和阈值化处理先将大量明显的噪声去除，获得相对干净的图像。获得二值化图像后采用 ***X*** 方向和 ***Y*** 方向的 3×3 卷积因子，逐个对图像像素点进行卷积计算，获得各个像素点 ***X*** 方向和 ***Y*** 方向的梯度值。两个方向的梯度值可以进行合成得到图像像素点的导数近似值，对导数矩阵进行阈值处理即能找到导数足够大的边缘像素点。然后，利用霍夫变换对边缘检测后的图像进行直线线段检测，对霍夫变化的参数空间点投票获得一定长度的线段集合以及每条线段的 r、θ 参数值。由于图像上仍然残留有各种噪声和干扰点，造成了直线检测的偏差，因此我们需要对所有的线段进行线段优化合并操作：若两条线段之间的距离小于一定阈值，即 $|r_i - r_j| < \delta$，则将两条线段看作同一条线段。具体做法是合并这两条线段，将较短的线段连接到较长线段上，从而组成一条长线段；若两条线段平行，即 θ 值相同，且端点之间的距离足够小，则将两条线段连接成为同

一条线段，以弥补图像预处理造成的部分线段像素点缺失和断裂。

当获得了经过线段优化处理后的线段集合 $L=\{l_1,l_2,\cdots\}$ 以及它们各自的参数之后，开始逐线段搜索平行以及垂直线段。首先从线段集合 L 中选取一条线段 l_1，将与此线段的 θ 值相同的线段归为 l_1 的平行线段集合 L_{i1}，即线段参数 $\theta_i=\theta$，而与此线段的 θ 值相差 $\pi/2$ 的线段归入 l_1 的垂直线段集合 L_{i2}，即线段参数 $\theta_i=\theta\pm\pi/2$。由此，我们获取了两个线段集合，集合内的所有线段都与同集合的其他线段相互平行，而两个集合之间线段都两两互相垂直。接下来对于每一条线段 l_1，执行接下来的矩形检测和结果优化操作，直到对线段集合中所有的线段检测完毕为止，如图 7-22（a）所示。

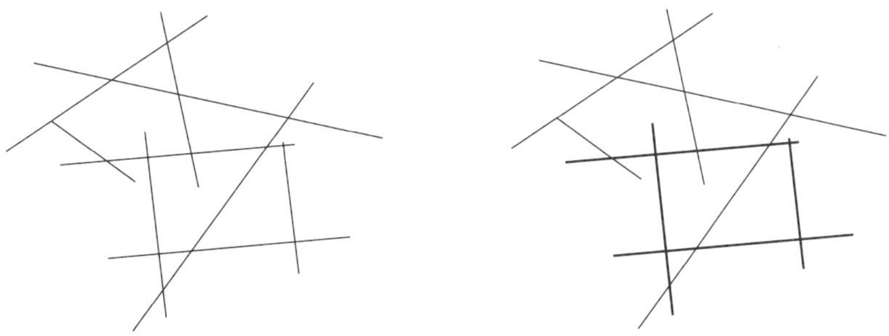

(a) 图像中所有线段检测　　(b) 平行及垂直段集合

图 7–22　平行和垂直线段检测

根据矩形的数学定义，存在一个内角是直角的平行四边形为矩形。所以接下来利用首先检测平行四边形，然后在平行四边形中寻找内角为直角的检测方法寻找图像中的矩形。此外，由两对平行直线组成的闭合图形为平行四边形，该方法在以上的线段集合中寻找平行四边形。目前已经检测出了与直线 l_1 平行和垂直的线段，如图 7-22（b）所示。

此时，检测矩形的前提是找到图像中的平行四边形。而平行四边形的定义为在同一个二维平面内，由两组平行线段组成的闭合图形。根据之前获取的两组平行线段集合，只需从每个集合中分别任意选取两条线段，其中这两条线段唯一的条件是其 r 值之间的差值必须足够大，以保证能够形成具有一定面积的矩形。当获得两组已知的平行线段组，且保证了这两组平行线段为垂直关系，即保证了组成的平行四边形至少有一个内角为直角。所以，此时想获取四条能够组成矩形的线段，唯一的要求是这四条线段能够依次相交形成四个顶点，进而组成一个闭合图形。这里的关键是判断其中两条平行线段是否分别与另一组平行线段的两条线段均相交，并求出交点坐标。以下步骤为判断两条线段是否相交以及交点如何求取。

① 判断两条线段是否相交：不同于判断直线是否相交，因为直线无限延伸，所以两条直线只要有交点则必定相交，而线段相交的定义为两条线段所在直线相交且交点在两条线段上。所以判断线段相交不可以简单求交点。这里介绍一种快速排斥法进行

线段的相交判断，如图 7-23 所示。

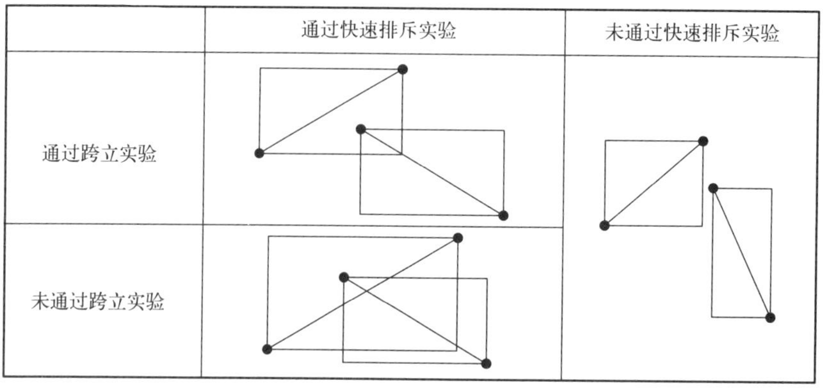

图 7-23　两条线段是否相交的判定准则

第一步进行快速排斥判断，主要目的是快速排除一些可以简单判断不相交的线段，以减少第二步的计算量，提高判断速率。其主要思想是做出以这两条线段为对角线的外接矩形，检测这两个矩形区域是否存在重叠部分，若存在，则这两条线段可能相交，进入第二步判断。否则，直接判断这两条线段不相交。第二步进行跨立判断，基本理论为：若两条线段相交，则必存在互相跨立关系。跨立关系是以两条线段的任意一条线段为标准，另一条线段的两端点一定在这条线段的两端。假设两条线段 *AB* 和 *CD* 相交，则 *A*、*B* 必在线段 *CD* 的两侧，且 *C*、*D* 两端点必在线段 *AB* 的两侧。而判断 *A*、*B* 两个点是否在线段 *CD* 的两侧，可使用向量叉乘的定义实现。由向量叉乘积的物理定义可知 $\boldsymbol{AB}\times\boldsymbol{CD}=-\boldsymbol{CD}\times\boldsymbol{AB}$，即两个向量的相对位置关系会决定叉乘积的符号。所以，若$(\boldsymbol{CA}\times\boldsymbol{CD})\cdot(\boldsymbol{CB}\times\boldsymbol{CD})\leqslant 0$，则说明 $\boldsymbol{CA}$ 和 $\boldsymbol{CB}$ 对于向量 $\boldsymbol{CD}$ 的顺逆时针方向不同，也就是说明点 *A* 和 *B* 在线段 *CD* 的两侧。所以按照这一向量积原理，只有当向量 $\boldsymbol{AB}$ 和 $\boldsymbol{CD}$ 满足：

$$\begin{aligned}&(\boldsymbol{CA}\times\boldsymbol{CD})\cdot(\boldsymbol{CB}\times\boldsymbol{CD})\leqslant 0\\&(\boldsymbol{AC}\times\boldsymbol{AB})\cdot(\boldsymbol{AD}\times\boldsymbol{AB})\leqslant 0\end{aligned}\tag{7-65}$$

此时 *AB* 与 *CD* 跨立关系成立，判定线段 *AB* 与 *CD* 相交。

② 寻找线段交点坐标：若已经判断两条线段相交，为了找到矩形的顶点坐标，需要计算获得线段之间的交点坐标。根据直线方程表达式，若已知直线上两点坐标 (x_1, y_1) 与 (x_2, y_2)，则此直线方程可以表示为

$$(x_2-x_1)(y-y_1)-(y_2-y_1)(x-x_1)=0\tag{7-66}$$

假设已知两条相交线段 *AB* 和 *CD* 的端点坐标为 $A(x_1, y_1)$、$B(x_2, y_2)$、$C(x_3, y_3)$、$D(x_4, y_4)$，两条线段所在直线方程可以表示为

$$\begin{aligned}&(x_2-x_1)(y-y_1)-(y_2-y_1)(x-x_1)=0\\&(x_4-x_3)(y-y_3)-(y_4-y_3)(x-x_3)=0\end{aligned}\tag{7-67}$$

联立以上方程组，可以求解得两条线段交点坐标为

$$
\begin{aligned}
x &= \frac{(y_2 - y_1)(x_4 - x_3)x_1 - (y_4 - y_3)(x_2 - x_1)x_3}{(y_2 - y_1)(x_4 - x_3) - (y_4 - y_3)(x_2 - x_1)} \\
y &= \frac{(x_2 - x_1)(y_4 - y_3)y_1 - (x_4 - x_3)(y_2 - y_1)y_3}{(x_2 - x_1)(y_4 - y_3) - (x_4 - x_3)(y_2 - y_1)}
\end{aligned}
\tag{7-68}
$$

根据上述判断两线段是否相交并求交点的算法，若已知选取的两组平行线段组为 A_1A_2、A_3A_4 和 B_1B_2、B_3B_4，则只需判断线段 A_1A_2 与 B_1B_2、B_3B_4 是否分别相交，以及线段 A_3A_4 与 B_1B_2、B_3B_4 是否分别相交，如果计算结果显示四条线段都依次相交且求得四个交点分别为 A、B、C、D，则检测所得的完整矩形为 $ABCD$。

对于线段集合 L 中的其他线段继续重复以上步骤，检索平行和垂直线段并找出所有符合条件的矩形。然后将所有搜索过的线段从最初检测所得线段集合 L 中删除，之后不对这些线段进行矩形搜索。对于线段集合 L 中的线段不断重复以上步骤，直到最初检测的线段集合中已经没有可以用来检测的线段为止，至此图像中所有矩形或者类似矩形均已被检测完毕。

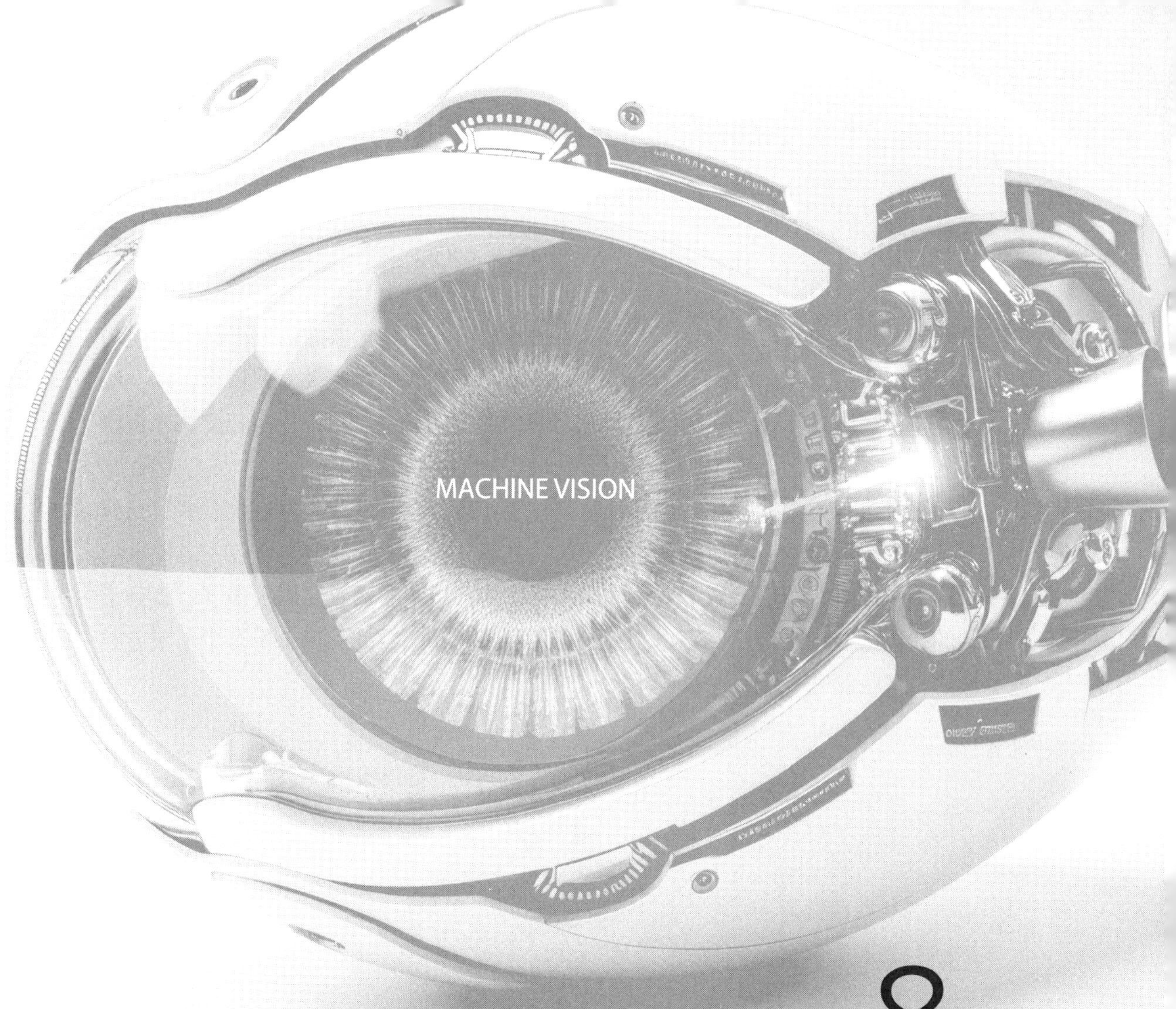

第8章 深度学习目标识别方法

MACHINE VISION

8.1 深度学习目标检测

8.1.1 引言

目标检测作为计算机视觉领域的研究方向之一，能够为图像和视频的语义理解提供有价值的信息。其本质是对目标进行定位和分类，主要任务是准确高效地找出给定图像中所有感兴趣的目标，利用矩形边界框来定位被检测目标的位置和大小，与目标分类、语义分割、实例分割有一定联系。目标检测在科学发展和实际工业中扮演着重要的角色，例如人脸识别、文本检测、标志检测等。在目标检测过程中，由于图像中各类目标物体的外观、姿态、形状、数量各异，还受到光照、遮挡等各种因素的干扰，导致目标发生畸变，使目标检测难度增加，因此许多学者对目标检测算法进行了研究探索。

8.1.2 深度学习

深度学习是学习样本数据的内在规律和表示层次，这些学习过程中获得的信息对诸如文字、图像和声音等数据的解释有很大的帮助。它的最终目标是让机器能够像人一样具有分析学习能力，能够识别文字、图像和声音等数据。本小节以神经元、感知机为切入点，介绍激活函数、损失函数、卷积神经网络中常用方法。

（1）神经元

神经元的信号（输入信号）通过树突传递到细胞体（也就是神经元本体）中，细胞体把从其他多个神经元传递进来的输入信号进行合并加工，然后再通过轴突前端的突触将信号传递给别的神经元。神经元就是这样借助突触结合而形成网络，人类神经元结构如图 8-1 所示。

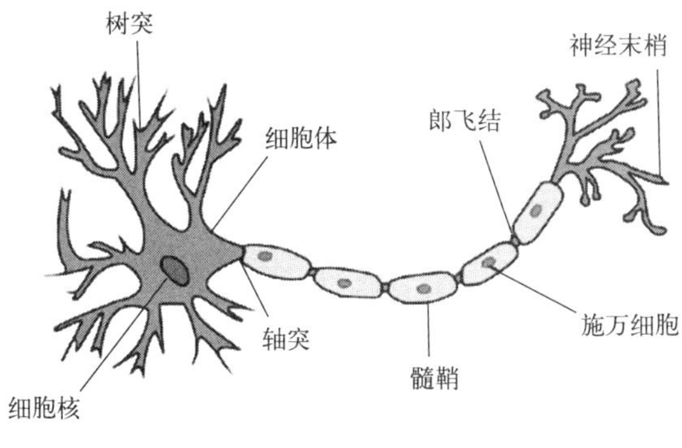

图 8-1　人类神经元结构

深度学习中的神经元模型本质是对生物神经元的抽象和模仿，如图 8-2 所示。该模型是 1943 年由心理学家 McCulloch 和数学家 Pitts 参考生物神经元的结构发表的抽象神经元模型，简称“MP 模型”。在该模型中，输入 1、输入 2 和输入 3 相当于神经元的树突，中间的权值求和及非线性函数相当于神经元的细胞核，输出相当于神经元的轴突。在这里要注意，该模型中的箭头都是有方向的，每个箭头都代表一个连接。这些有向箭头意味着，在输入一个数值时会乘以相应连接的权值。这就是神经元模型的加权传递。

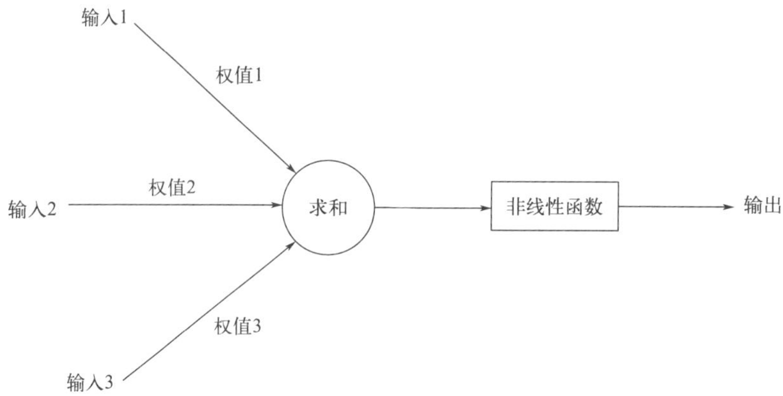

图 8-2 深度学习中的神经元模型

（2）感知机

1958 年，科学家 Frank Rosenblatt 在《神经动力学原理：感知机和大脑机制的理论》一书中首次提出了“感知机”这个名词，这在当时可以说是里程碑式的开端。在这一著作中，感知机是一个由两层神经元组成的神经网络，尽管结构简洁，但效果突出。感知机的结构，如图 8-3 所示，输入层中是我们选取的输入值 $x_1,x_2,x_3,\cdots,x_n$，它们会分别乘以一系列初始权值，在加权传递后求和，得到的值会与某个值进行比较，若大于这个阈值就输出 1，否则输出 0。这个过程想必读者十分熟悉——与神经元模型相似。但在那个时代，这种能够完成基本逻辑判断的感知机已经很不一般了。

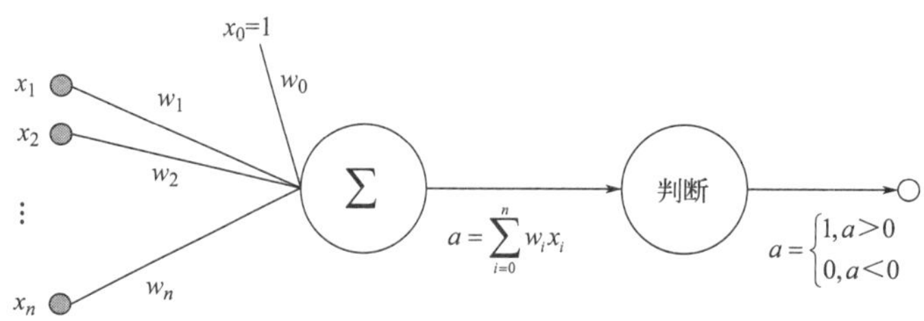

图 8-3 感知机结构

感知机的训练方法也很明确：人工选取一组样本，将样本中的输出与实际的输出进行对比，若相同，则说明权值符合当前模型；若不同，就需要对当前权值进行调整和优化。例如，输出为 1 但样本为 0，就将当前权值加上输入值作为新的权值，继续训练；同理，输出为 0 但样本为 1，就将当前权值减去输入值作为新的权值，继续训练。经过大量样本的训练，模型被不断优化，偏差次数越来越小，最终符合所有的样本。

（3）激活函数

激活函数是神经网络中的非线性函数，用于将神经元的输入映射到输出。在神经网络中，每个神经元都会接收前一层神经元的输出作为输入，并通过加权求和得到一个中间值。激活函数的作用就是对这个中间值进行非线性变换，使得神经网络能够学习到输入数据的复杂特征。下面将介绍几种常见的激活函数，且激活函数无好坏之分，要根据具体问题选择合适的激活函数。

① sigmoid 函数　sigmoid 函数也叫 logistic 函数，用于隐藏层神经元输出，取值范围为 (0,1)，它可以将一个实数映射到 (0,1) 的区间，可以用来做二分类，在特征相差比较复杂或是相差不是特别大时效果比较好。sigmoid 函数为神经网络中的激活函数，是一种光滑且严格单调的饱和函数，函数表达式为 $y=\dfrac{1}{1+\mathrm{e}^{-x}}$，其函数图像如图 8-4 所示。

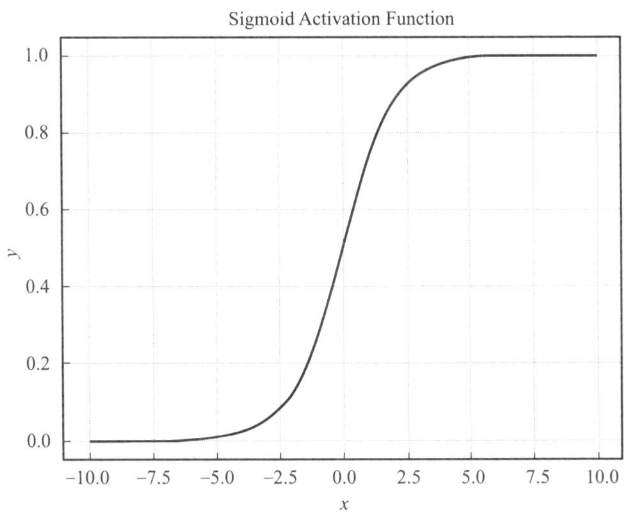

图 8-4　sigmoid 函数的图像

sigmoid 函数具有平滑、易于求导的优点。但是该激活函数计算量大，反向传播求误差梯度时，很容易就会出现梯度消失的情况，从而无法完成深层网络的训练。

② tanh 函数　tanh 是双曲正切函数。tanh 函数和 sigmoid 函数的曲线相似，但 tanh 函数的图像不像 sigmoid 函数的图像那样平缓。在输入很大或很小的时候，这两个函数的输出曲线都几乎是平滑的，梯度很小，不利于权重的更新。不过，这两个函数的输出区间不同，tanh 函数的输出区间是 (−1, 1)，而且整个函数是以 0 为中心的（这一点要

比 sigmoid 函数有优势），函数表达式为 $\tanh(x)=\dfrac{e^x-e^{-x}}{e^x+e^{-x}}$ ，其函数图像如图 8-5 所示。

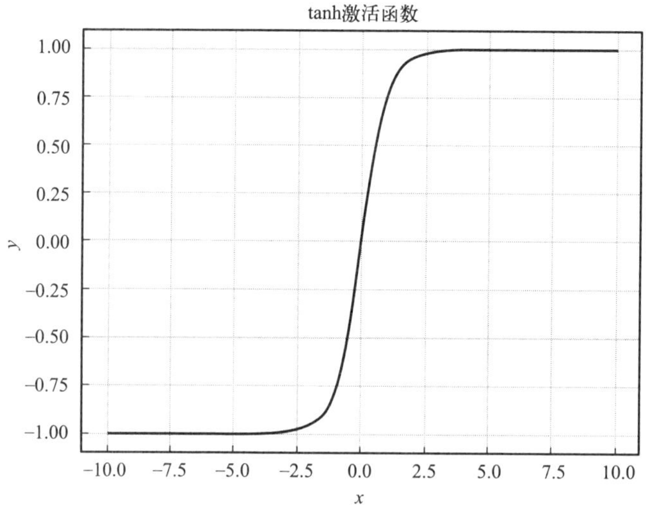

图 8-5　tanh 函数的图像

在一般的二分类问题中，隐藏层会使用 tanh 函数，输出层会使用 sigmoid 函数。但是，这些并不是一成不变的，不仅要根据具体的问题来选择激活函数，而且要进一步进行调试。

③ ReLU 函数　线性整流函数（linear rectification function），又称修正线性单元，是一种人工神经网络中常用的激活函数（activation function），通常指代以斜坡函数及其变种为代表的非线性函数。函数表达式为 $y=\begin{cases}x, x>0\\0, x\leqslant 0\end{cases}$ ，其函数图像如图 8-6 所示。

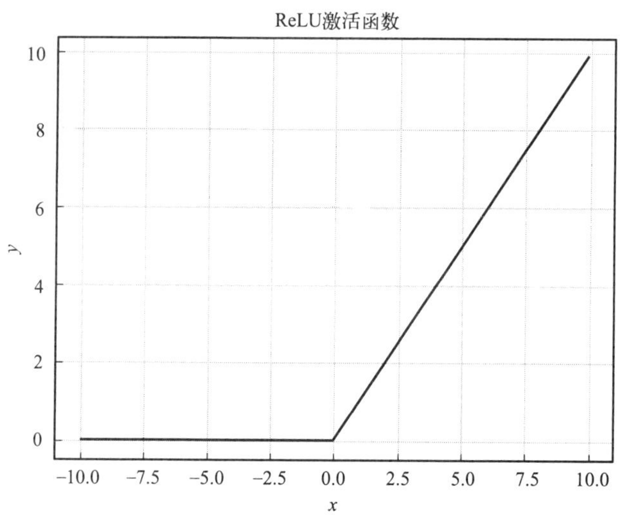

图 8-6　ReLU 函数的图像

ReLU 函数是近年来比较热门的一个激活函数，与 sigmoid 函数和 tanh 函数相比，它有以下优点。

当输入为正数时，ReLU 函数不存在梯度饱和问题。由于 ReLU 函数只有线性关系，所以，不管是前向传递还是后向传递，其计算速度比 sigmoid 函数和 tanh 函数都快很多 (sigmoid 函数和 tanh 函数需要进行计算指数，计算速度会比较慢)。

当然，ReLU 函数也有缺点。当输入为负数时，ReLU 数不会被激活，这表示一旦输入的是负数，ReLU 函数就会“死掉”。这种情况对前向传递的影响不大，因为有的区域是敏感的，有的区域是不敏感的。但是，在后向传递中，如果输入的是负数，梯度就为 0 了（在这一点上，sigmoid 函数和 tanh 函数有同样的问题）。另外，ReLU 函数不是以 0 为中心的函数。

（4）损失函数

损失函数（loss function）用于估算模型的预测值与真实值的不一致程度。损失函数的值越小，模型的鲁棒性就越强。

① 均方误差损失函数。在介绍损失函数之前，要介绍一个概念——目标函数。目标函数用于衡量什么样的拟合结果才是最适合用来预测未知数据集的，从而进一步帮助神经网络拟合出更加精准的结果。其实，目标函数是一个比较宽泛的概念，因为有时实际情况与预测的差距并不是越小越好。

举一个常见的目标函数的例子。在均方误差目标函数中，N 为总体样本数，y_i 为实际的输出值，y_i'为预测的输出值，公式如下：

$$Loss = \frac{1}{2N}\sum_{i=1}^{N}(y_i - y_i')^2 \tag{8-1}$$

可以看出，这个函数是用于计算方差均值的，这时显然函数值越小越好（模型的误差越小，损失就越小），所以该函数也称作“均方误差损失函数”。当然，在很多情况下，需要根据模型的特点和设立的目标来选择合适的损失函数。在大多数情况下，我们所说的目标函数就是损失函数，但也存在一些特殊情况。从上述例子中就能看出，损失函数在一定程度上可以帮助我们找出拟合度最高的模型，但是，如果出现过拟合的情况，损失函数的判定方法就不那么合适了。过拟合的出现说明模型过于复杂，不适合进行预测，这时需要进行正则化处理。

目标函数就是这两个方面的结合，它不仅要使拟合损失尽可能低，还要避免出现类似过拟合这样的干扰判断的情况，然后，通过综合考量，得出一个最好的结果。

② 交叉熵损失函数。除了均方误差损失函数，还有很多损失函数。在这里介绍一下交叉熵损失函数。同样，设 N 为总体样本数，y_i 为实际的输出值，y_i'为预测的输出值，公式如下：

$$Loss = \sum_{i=1}^{N} y_i \log(y_i') \tag{8-2}$$

我们都知道，要根据实际问题来选择合适的损失函数。例如，在处理多类别分类问题时，交叉熵损失函数要比均方误差损失函数有优势。那么，什么样的问题可以称为多分类问题呢？在这里举一个简单的例子：我们要对动物照片进行分类，有猫、狗、鸡、鸭、鱼等 N 种动物，那么输出就有 N 维，在输入一幅图片进行分类判断时，每个输出维度都代表该图片与某种动物的符合程度的得分，数值大的自然符合程度高。

（5）卷积神经网络

卷积神经网络是通过卷积来模拟特征，然后通过卷积的权值共享及池化操作来降低网络参数的数量级的。一个完整的卷积神经网络，通常包含输入层、卷积层、激活层、池化层和全连接层，针对图像分割和图像增强等应用，还可能包含反卷积层。在本小节中，将主要介绍卷积、池化、反卷积及典型的卷积神经网络实例。

① 卷积层。卷积运算是卷积神经网络最重要的操作，也是“卷积神经网络”这个名字的由来。卷积包含两个关键操作：局部关联，就是将卷积核看作滤波器；窗口滑动，就是利用滤波器对局部数据进行计算。

卷积层涉及三个概念：步长 (stride)、扩充值 (padding)、深度 (depth)。

步长是指卷积核在原始图像上滑动时间隔的像素数量。扩充值是指当原始图像的像素数量不足以进行卷积训练时，人为对原始图像进行扩充。例如，对一幅 3×3 的原始图像，需要将其扩充为 7×7，然后进行卷积运算，那么此时的扩充值就是 2，相当于在原始图像的基础上向外扩充了 4 个维度。在扩充的维度内，默认每个像素块的数值均为 0。深度是指原始图像拥有的通道数量。在学习卷积的过程中一般不强调深度的概念，但大家要知道，图像不止有平面的两个维度，还有一个维度，就是这里所说的深度。

② 池化层。在池化层中主要进行的是池化 (pooling) 操作。池化层其实是下采样的一种实现方式。例如，输入 20×20 的特征图，对其进行池化操作，采样窗口大小为 10×10，最终生成 2×2 的特征图。之所以引入池化层，是因为卷积核一般比较小，即使做完卷积，图像尺寸仍然很大。为了降低数据的维度，需要继续进行下采样。在卷积层之间添加池化层，可以降低特征图的维度，从而减少最后输送至全连接层的参数的数量，在提高运算速度的同时避免出现过拟合。

在实际应用中，池化操作根据下采样方法的不同，可以分为最大值下采样 (max-pooling) 和平均值下采样 (mean-pooling)，下面分别进行简要说明。一个最大池化层的操作过程如图 8-7 所示。

常用的池化操作，除了最大池化操作，还有平均池化操作。平均池化层与最大池化层的唯一区别是平均池化层取过滤器内所有值的平均值输出。

③ 反卷积。反卷积作为一种常用的上采样方法，被广泛应用于图像分割与增强。

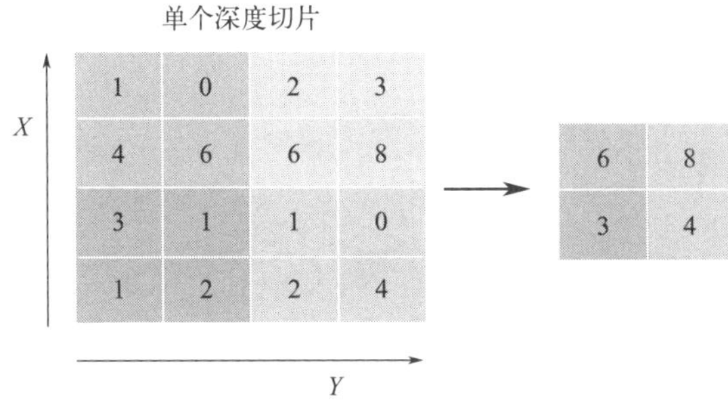

图 8-7　最大池化层的操作过程

尽管反卷积常用于将图像尺寸恢复到进行卷积操作前的尺寸，但反卷积操作不是卷积操作的逆过程。根据卷积操作的尺寸计算公式，可以得到反卷积操作的尺寸计算公式，见式（8-3）。

$$D_{\text{output}} = S_{\text{kernel}} \times (D_{\text{input}} - 1) + D_{\text{kernel}} - 2 \times \text{Padding} + \text{offset} \tag{8-3}$$

式中，$\text{offset} = (D_{\text{output}} - 2 \times \text{Padding} - D_{\text{kernel}})\%S_{\text{kernel}}, S_{\text{kernel}} \neq 1$。

假设有一个两层的网络结构，第一层是卷积层，第二层是反卷积层。由于卷积操作和反卷积操作对维度的影响是相同的，所以我们假设输出维度与输入维度相同，重点关注尺寸的变化。在卷积层中，卷积核的尺寸是 3×3，S_{kernel}=2,Padding=0；在反卷积层中，卷积核的尺寸是 3×3，S_{kernel}=2，Padding=0。输入尺寸为 33×33 的张量，经过卷积公式的计算，得到输出尺寸为 16×16 的数据，接着，使用反卷积公式进行计算，得到尺寸为 33×33 的输出，此时公式中的 offset=0。当输入的尺寸为 32×32 时，经过卷积层得到尺寸为 15×15 的数据，经过反卷积层仍然得到尺寸为 32×32 的数据，此时公式中的 offset=1。需要注意的是，如果恒定 offset=0，那么，第二个尺寸为 32×32 的输入经过卷积操作和反卷积操作，得到的将是尺寸为 31×31 的数据，而这会影响反卷积的尺寸还原功能，因此，要使用 offset 来应对这一情况。

④ 感受野。感受野是卷积神经网络中非常重要的一个概念。了解感受野，对学习目标检测算法有非常大的帮助。在卷积神经网络中，某层输出结果中的一个元素所对应的输入层的区域称作感受野 (receptive field)，通俗地解释，就是特征图上的一个点所对应的输入层中的区域。

卷积野和感受野的对应关系如图 8-8 所示。

8.1.3 两阶段目标检测方法

基于卷积神经网络的目标检测方法，依据检测速度可以分为两阶段目标检测和单阶段目标检测。两阶段目标检测通常先进行建议框粗修与背景剔除，然后执行建议框分类和边界框回归；单阶段目标检测则将这两个过程融合在一起，采用了“锚点 + 分类精修”的实现框架。

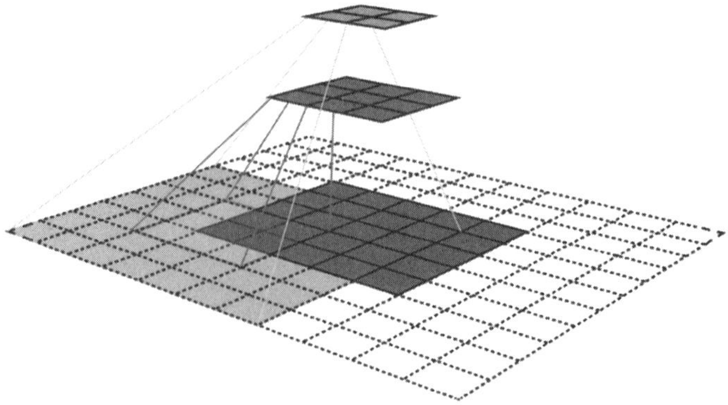

图 8-8　卷积层与感受野的对应关系

相对于两阶段目标检测和单阶段目标检测，还有两种分类方法可用于进行目标检测，即端到端检测和非端到端检测。端到端检测是指通过一个神经网络完成从特征提取到边界框回归和分类的整个过程，例如 Faster R-CNN 和 R-FCN。非端到端检测则将神经网络与选择性搜索 (selective search) 建议框生成等方法结合使用，代表方法有 R-CNN 和 Fast R-CNN。目前，单阶段目标检测都采用端到端检测方法。

（1）R-CNN

在计算机视觉领域，建立图像的特征表达是一个研究重点。在基于区域卷积神经网络的目标检测模型 (regions with CNN features，R-CNN) 问世之前的十数年里，大部分的视觉识别任务都是用尺寸不变特征变换 (scale invariant feature transform，SIFT) 算法或方向梯度直方图 (histogram of oriented gradient，HOG) 提取特征的。当 CNN 在 2012 年的 SVRC 图像分类项目中大放异彩时，研究人员注意到，CNN 能够学习到鲁棒性非常强且具有极强表达能力的特征。于是，在 2014 年，Girshick 等人提出了 R-CNN，而它也成了基于 CNN 的目标检测模型的开山之作。

R-CNN 的算法流程，如图 8-9 所示。在一幅图像上进行目标检测时，R-CNN 首先使用 selective search 建议框提取方法，在图像中选取大约 2000 个建议框。接着，将每

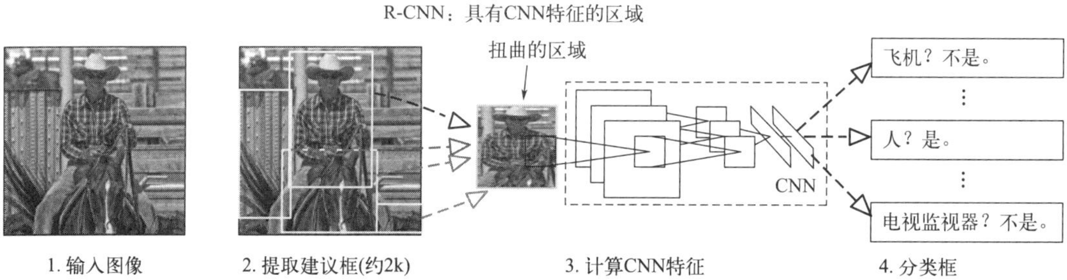

图 8-9　R-CNN 的算法流程

个建议框调整为同一尺寸 (227 × 227) 并送入 AlexNet 中提取特征，得到特征图。然后，对每个类别，使用该类别的 SVM 分类器对得到的所有特征向量打分，得到这幅图像中的所有建议框对应于每个类别的得分。随后，同样在每个类别上独立地对建议框使用贪心的非极大值抑制的方法进行筛选，过滤 IoU 大于一个特定阈值的分类打分较低的建议框，并使用边界框回归的方法对建议框的位置与大小进行微调，使之对目标的包围更加精确，如图 8-10 所示。

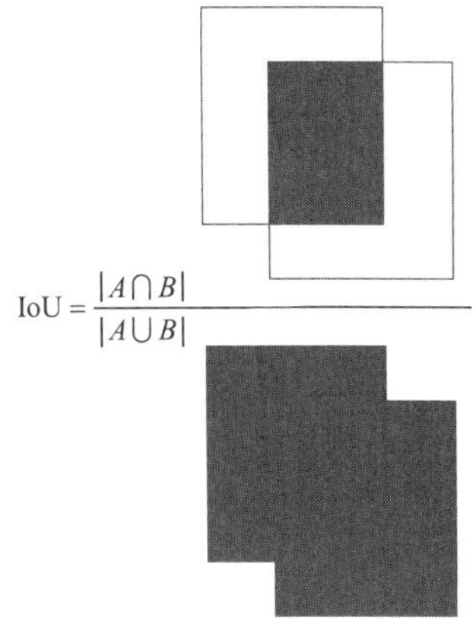

图 8-10 IoU 的定义

R-CNN 的重要贡献在于将深度学习引入目标检测，并将 Pascal VOC 2007 数据集上的 mAP 由之前最好的 35.1% 提升至 66.0%。在 R-CNN 之后，又出现了 Fast R-CNN、Faster R-CNN 等改进模型，形成了 R-CNN 系列模型。

(2) SPP-Net

R-CNN 使用卷积神经网络提取特征，并将每个建议框分别送入深度网络来提取特征。但是，这样做存在一个问题，即输入的尺寸必须是固定的 (这是因为卷积神经网络输出的特征图的尺寸应该是固定的)。卷积神经网络通常由卷积部分和全连接部分构成。在卷积部分，对于任意的图像大小和卷积尺寸都能进行卷积操作，得到特征图；而在全连接部分，需要固定尺寸的输入。因此，固定尺寸的问题来自全连接层。

然而，由于建议框的尺寸各不相同，在将其调整到同一尺寸时使用的缩放、拉伸、裁切等方法，都会导致原图像出现不同程度的失真，即使进行一些预处理调整，也无法完全消除调整尺寸带来的不良影响。此外，由于数千个建议框会有大量的重叠部分，所以，将每个建议框分别送入深度网络进行特征提取的方法会造成大量的重复计算。

何凯明等人在 2014 年提出了 SPP-Net。该网络只对原图像进行一次全图特征提取，就能得到整幅图像的特征图，避免了对计算资源的浪费。然后，该网络在特征图的对应区域找到每个建议框的映射区域，将此区域作为每个建议框的卷积特征输入 SPP 层和之后的层。SPP 层通过空间金字塔池化方法，将不同尺寸的输入固定为同一尺寸的输出，解决了 R-CNN 需要调整建议框尺寸的问题，提高了网络的检测性能。

SPP-Net 的作者使用空间金字塔池化 (spatial pyramid pooling，SPP) 层来消除网络固定尺寸的限制。SPP 层放在最后一个卷积层之后，用于对特征图进行池化，产生固定长度的输出，并将这个输出作为全连接层的输入。这个过程可以看作在网络的较高层进行某种信息“汇总”，从而避免在开始时进行裁剪或者发生变形。

(3) Fast R-CNN

2015 年，Girshick 等人在 R-CNN 的基础上提出了 Fast R-CNN。Fast R-CNN 吸收

了 SPP-Net 的思想，使用了与 SPP 层类似的感兴趣区域池化层 (RoI pooling layer)，同时将提取特征之后的分类步骤和边界框回归步骤添加到深度网络中进行同步训练，使得 Fast R-CNN 的训练与 R-CNN 的多阶段训练相比更加简洁且节省时间和空间。Fast R-CNN 的训练速度是 R-CNN 的 9 倍，检测速度是 R-CNN 的 200 倍。另外，在 Pascal VOC 2007 数据集上，Fast R-CNN 也将 mAP 由 R-CNN 的 66.0% 提升至 70.0%。

Fast R-CNN 使用的感兴趣区域池化层是空间金字塔池化层的简化版，即只有一层的“空间金字塔”。感兴趣区域池化层中的感兴趣区域 (region of interest，RoI) 用于表示建议框在特征图上的映射区域。和 SPP 层一样，感兴趣区域池化层使用最大池化的方法将 RoI 转换成固定大小的 $H \times W$ 的特征图。

尽管 RoI 和建议框表示的都是目标的建议区域，但 RoI 和建议框的尺寸是不同的。建议框表示在原图像中找到的目标建议区域。RoI 表示从基础网络的顶层得到的目标建议区域。

8.1.4 单阶段目标检测方法

双阶段目标检测方法的工作通常分为两步：第一步是从图像中提取建议框，并剔除一部分背景建议框，同时做一次位置修正；第二步是对每个建议框进行检测分类与位置修正。因此，基于候选区域的目标检测方法又称为两阶段目标检测方法。虽然两阶段目标检测方法的性能比较好，但其速度与实时相比仍有一些差距。

为了使目标检测满足实时性要求，研究人员提出了单阶段目标检测方法。在单阶段目标检测方法中，不再使用建议框进行“粗检测 + 精修”，而采用一步到位的方式得到结果。单阶段目标检测方法只进行一次前馈网络计算，因此在速度上有了很大的提升。

（1）SSD

2015 年，Joseph 和 Girshick 等人提出了一种仅进行一次前向传递的目标检测模型，这种模型被命名为“YOLO”(you only look once)。YOLO 是第一个单阶段目标检测方法，也是第一个实现了实时检测的目标检测方法。

Liu Wei 等人在 YOLO 诞生的同年提出了 SSD 方法。SSD 吸收了 YOLO 快速检测的思想，同时结合了 Faster R-CNN 中 RPN 的优点，并改善了多尺寸目标的处理方式（不再只使用顶层特征图进行预测）。由于不同卷积层所包含特征的尺寸不同，所以，SSD 使用了特征金字塔预测的方式，综合多个卷积层的检测结果实现对不同尺寸目标的检测。在 Faster R-CNN 中使用的是单层特征图预测，即只在基础网络顶层的特征图上进行预测。SSD 则在多层特征图上进行预测，并在不同尺寸的特征图上实现对不同尺寸目标的检测，其算法流程如图 8-11 所示。

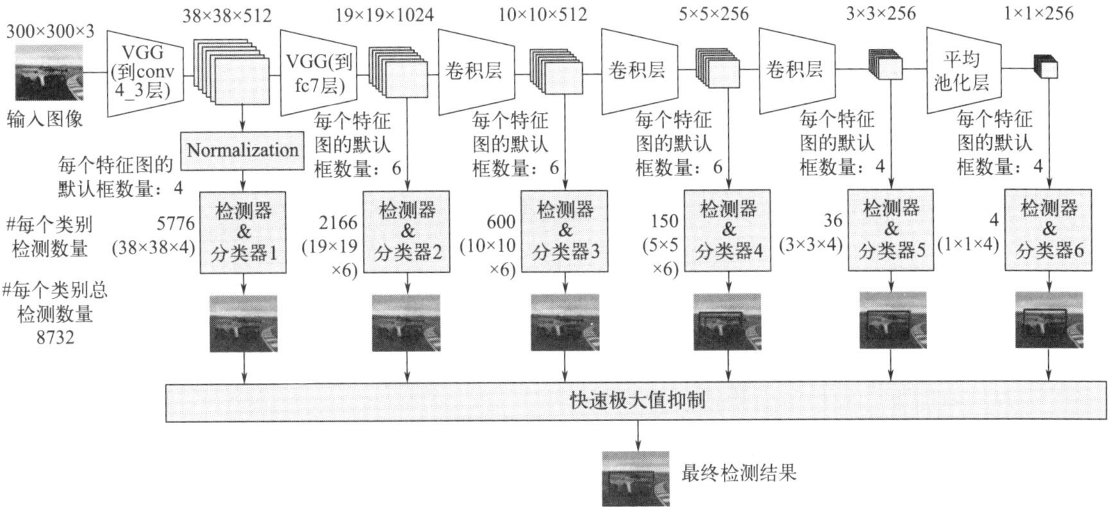

图 8-11　SSD 算法流程

（2）RetinaNet

RetinaNet 模型采用 ResNet+FPN 作为基本框架，如图 8-12 所示。经过 FPN 后，得到多个不同尺寸的特征图，每个层级的特征图都连接了两个子网络，分别是 box subnet（边界框回归子网络）和 class subnet（目标分类子网络）。对于 class subnet 中出现的样本数量不平衡的问题，该方法使用 focal loss 函数计算损失。

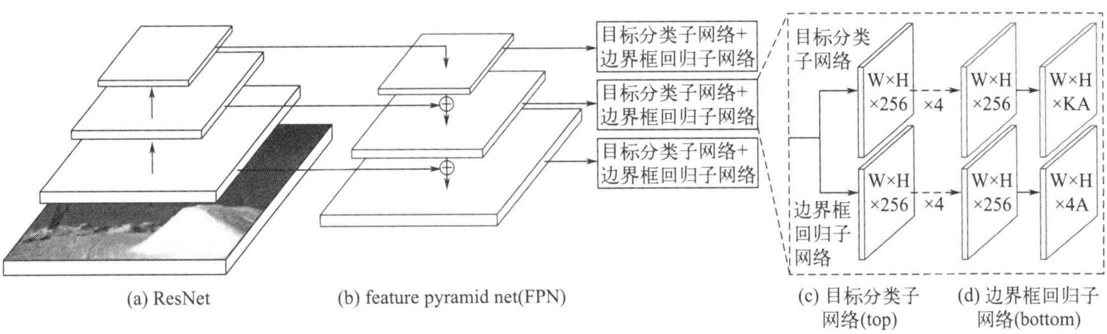

图 8-12　RetinaNet 模型的基本框架

FPN 是自顶向下建造特征图的构建块的，如图 8-13 所示。首先，使用最近邻采样将较低分辨率的特征图上采样设为 2 倍，将其按元素相加，将上采样后的特征图与相应分辨率的低层特征图（其经过 1 × 1 的卷积层调整通道数，与经过上采样操作的特征图一致）合并，得到一个进行了特征融合的较高分辨率的特征图。然后，在得到的特征图上进行上采样，并重复之前的过程。这个过程将重复数次，直到生成预期数量的新的特征图为止。最后，对每个进行了特征融合的特征图进行一次 3 × 3 卷积，生成最终的特征图。

（3）RefineDet

2017年底，Shifeng Zhang等人提出了RefineDet模型。RefineDet对单阶段目标检测方法的SSD中不平衡的目标-背景数据分布问题进行了改进，结合两阶段目标检测方法中过滤背景区域的优点，减小了分类器的搜索空间。RefneDet可以在保持高效的前提下，使检测效果明显提高。

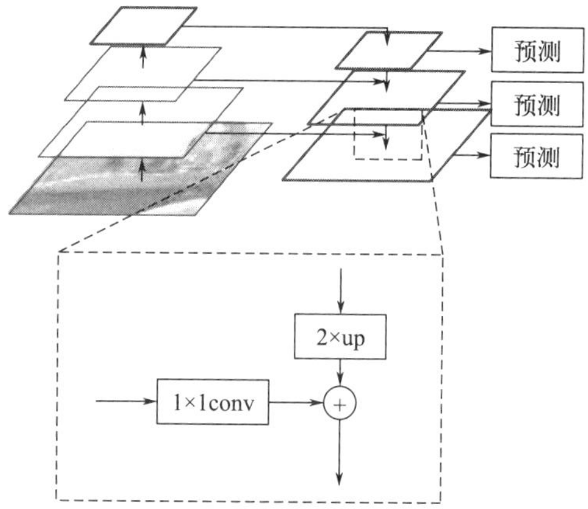

图8-13　FPN的特征融合操作

我们可以将RefineDet看成SSD、RPN、FPN的结合，它融合了单阶段目标检测方法与两阶段目标检测方法的优点。RefineDet是一种使用两个互联模块结构的单阶段目标检测方法，两个模块分别为ARM（anchor refinement module，锚框改进模块）和ODM（object detection module，目标检测模块）。RefneDet中的TCB（transfer connection block，转换连接模块）用于转换ARM中的特征并将其传递给ODM，具有特征融合的作用。

RefineDet的模型结构，如图8-14所示，绿色的区域表示由ARM筛选之后传递给ODM的anchor（锚）的信息，其中绿色的菱形框代表anchor在特征图中的位置，白色的星星表示不同特征图上anchor的数量。

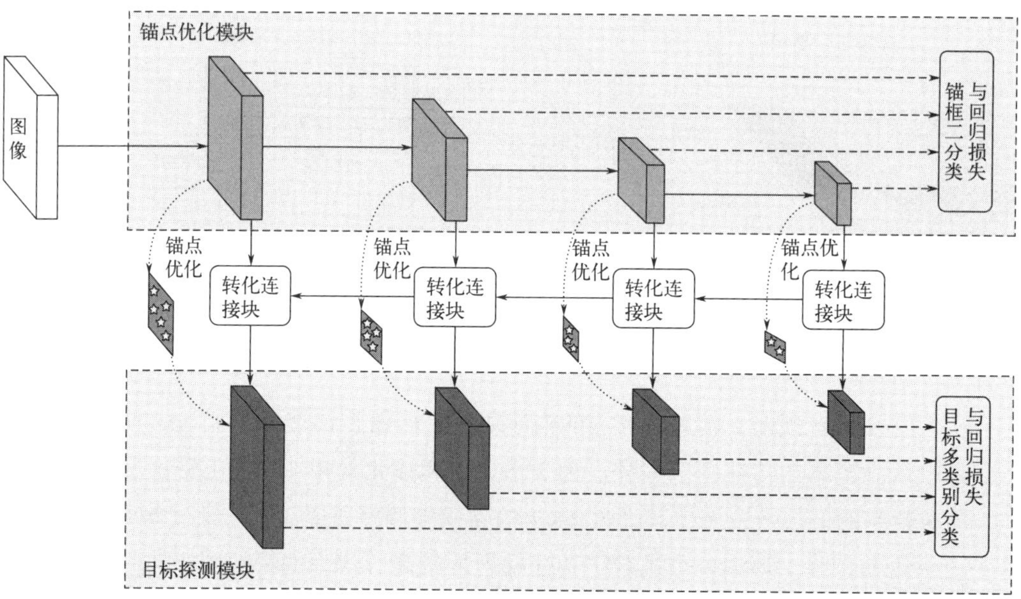

图8-14　RefineDet的模型结构

8.2 语义分割与实例分割

8.2.1 语义分割

语义分割借鉴了图像分类模型的概念并对其进行了改进。分割不是标记整个图像，而是将每个像素标记为预定义的类别。与同一类关联的所有像素被分组在一起以创建分割掩模。这些模型在粒度级别上工作，可以准确地对对象进行分类并绘制精确的边界以进行定位。

语义模型获取输入图像并将其传递给复杂的神经网络架构。输出是图像的彩色特征图，每个像素颜色代表各种对象的不同类标签。这些空间特征使计算机能够区分项目，将焦点对象与背景分开，并允许机器人自动执行任务。

以语义分割算法 SegNet 为例，就是先通过特征提取网络下采样，然后使用反卷积或者线性差值等方法进行上采样来恢复特征图的分辨率和位置信息，之后再通过 sotfmax 来获取每个像素点的分类结果，如图 8-15 所示。

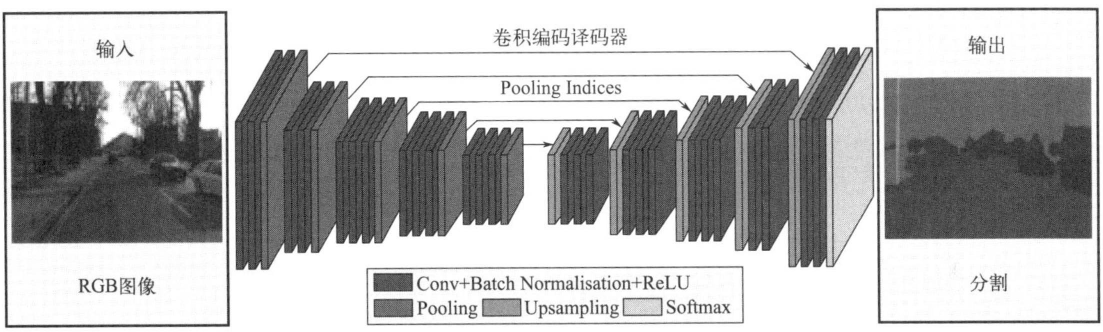

图 8-15　SegNet 语义分割模型（彩图见前言页二维码）

（1）语义分割的应用场景

① 医学影像。许多医疗程序涉及对 CT 扫描、X 射线或核磁共振成像扫描等影像数据的严格推断。传统上，医学专家会通过分析这些图像来判断是否存在异常。分割模型也能达到类似的效果。

语义分割可以在放射学扫描中的各种元素之间绘制精确的对象边界。这些边界用于检测癌细胞和肿瘤等异常。这些结果可以进一步集成到自动化管道中，用于自动诊断、处方或其他医疗建议。多模态脑肿瘤分割任务示意如图 8-16 所示。

然而，由于医学是一个关键领域，许多用户对机器人从业者持怀疑态度。该领域的微妙性和缺乏道德准则阻碍了人工智能在实时医疗系统中的采用。尽管如此，许多医疗保健提供者仍然使用人工智能工具作为决策支持或第二意见，以提高诊断准确性

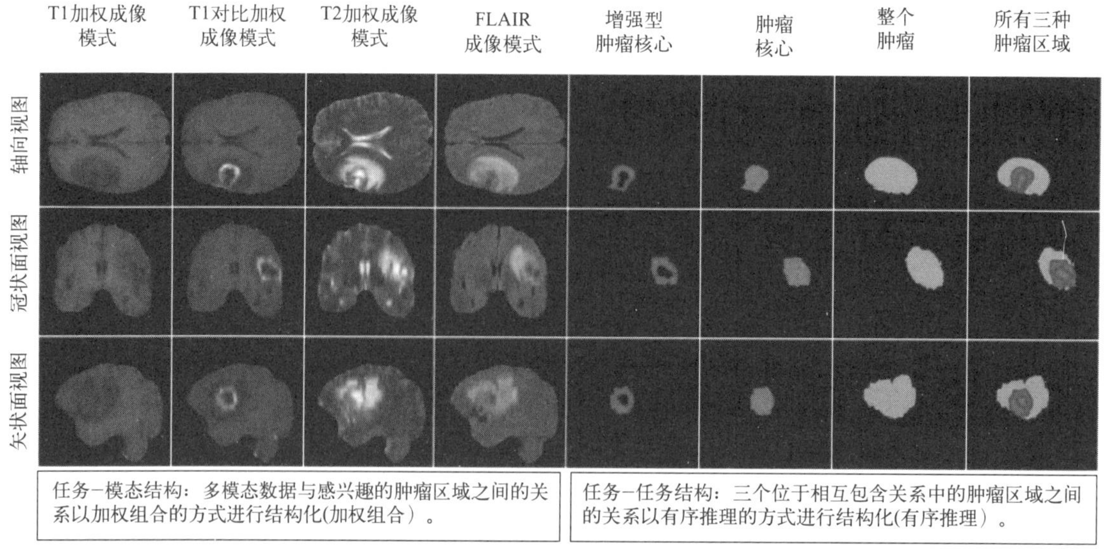

图 8-16　多模态脑肿瘤分割任务的示意图

和治疗效果。

② 自动驾驶汽车。自动驾驶汽车依靠计算机视觉来了解周围的世界并采取适当的行动。语义分割将汽车的视觉划分为道路、行人、树木、动物、汽车等对象。这些知识有助于车辆系统进行驾驶操作，例如转向以保持在道路上、避免撞到行人，以及在附近检测到另一辆车时进行制动。道路语义分割示意如图 8-17 所示。

图 8-17　道路语义分割示意图

③ 农业。分割模型在农业中用于检测不良作物和害虫。基于视觉的算法学习检测农作物的侵染和疾病。自动化系统还经过编程，可以提醒农民异常现象的精确位置或触发杀虫剂以防止损坏。语义分割在农业中的应用如图 8-18 所示。

④ 图片处理。语义分割的一个常见应用是图像处理。现代智能相机具有肖像模式、增强滤镜和面部特征处理等功能。所有这些巧妙的技巧都以分割模型为核心，用于检测人脸、面部特征、图像背景和前景，以应用所有必要的处理。

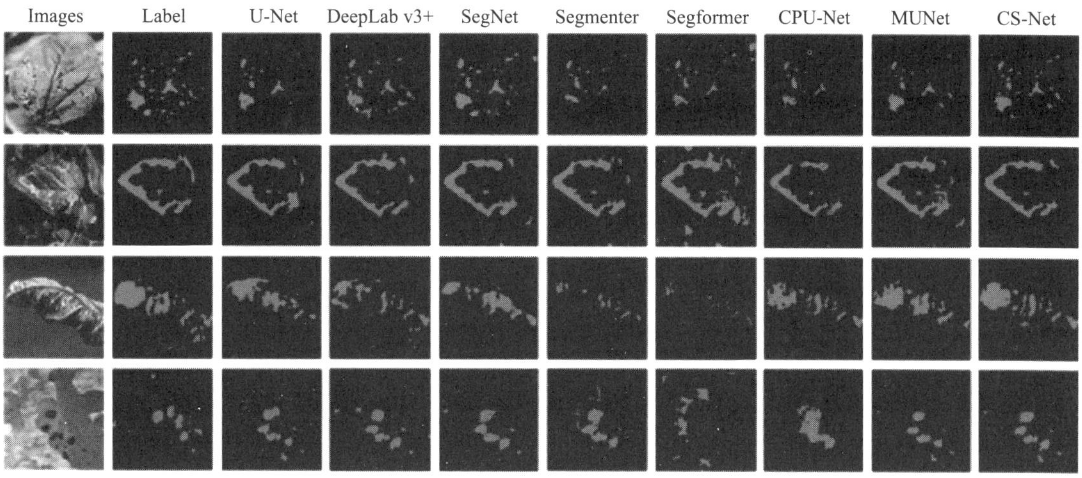

图 8-18 语义分割在农业中的应用

（2）数据采集

分割问题的数据集由表示不同对象的掩模的像素值及其相应的类标签组成。与其他机器学习问题相比，分割数据集通常更加广泛和复杂。它们由数十个不同的类和每个类的数千个注释组成。许多标签提高了数据集中的多样性，并帮助模型更好地学习。拥有多样化的数据对于分割模型很重要，因为它们对对象形状、颜色和方向敏感。

流行的分割数据集包括：

① Pascal 视觉对象类（VOC）：该数据集在 2012 年之前一直被用作 Pascal VOC 挑战赛的基准。它包含的注释包括对象类、用于检测的边界框和分割图。数据的最后一次迭代 Pascal VOC 2012 总共包含 11540 张图像，并带有 20 个不同对象类别的注释。

② MSCOCO：MSCOCO 是一个流行的计算机视觉数据集，包含超过 330000 张图像，以及各种任务的注释，包括对象检测、语义分割和图像字幕。该数据集包含 80 个对象类别，每张图像最多提供 5 个书面描述。

③ Cityscapes：Cityscapes 数据集专门用于分割城市场景。它包含 5000 个精细分割的真实世界图像和 20000 个具有粗糙多边形边界的粗略注释。该数据集包含在不同条件下捕获的 30 个类别标签，例如几个月内的不同天气条件。

此外，训练有素的分割模型需要复杂的架构。

（3）语义分割方法

① 全卷积网络。全卷积网络（FCN）是对图像进行像素级的分类（也就是每个像素点都进行分类），从而解决了语义级别的图像分割问题。FCN 可以接受任意尺寸的输入图像，采用反卷积层对最后一个卷积层的特征图（feature map）进行上采样，使它恢复到与输入图像相同的尺寸，从而可以对每一个像素都产生一个预测，同时保留

了原始输入图像中的空间信息，最后网络会在上采样后的特征图上进行像素级分类。其算法如图 8-19 所示。

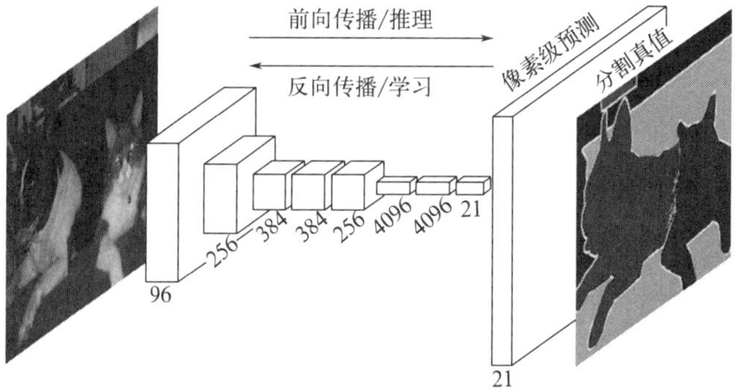

图 8-19　全卷积网络模型结构图

② 上采样。上采样是指将低分辨率的图像或特征图放大至高分辨率的过程。在卷积神经网络中，上采样的常见方法包括线性插值、双线性插值、最近邻插值等。通过上采样，可以将较小的特征图放大至更大的尺寸，从而捕捉更多的细节信息，提高网络的识别准确率。在卷积神经网络中，上采样的实现通常通过反卷积（或称为转置卷积）操作完成。反卷积可以理解为卷积操作的逆过程，它将卷积的输出进行展平操作，从而得到更高分辨率的特征图。

③ 下采样。下采样是指将高分辨率的图像或特征图降低至低分辨率的过程。在卷积神经网络中，下采样的常见方法包括最大池化、平均池化等。通过下采样，可以将较大的特征图缩小至更小的尺寸，从而减少网络的计算量和参数数量，防止过拟合现象的发生。在卷积神经网络中，下采样的实现通常通过卷积操作结合池化函数来完成。池化函数可以选取特征图中的最大值、平均值或其他统计量，以降低特征图的分辨率。

在卷积神经网络中，上采样和下采样的合理使用对于提高网络的性能至关重要。上采样的主要作用是增加特征图的分辨率，以捕获更多的细节信息；而下采样的主要作用是减小特征图的尺寸，以降低网络的计算量和参数数量。因此，在构建卷积神经网络时，需要根据实际任务的需求和数据的特点，合理选择上采样和下采样的方法及参数，以达到最佳的网络性能。

④ 跳跃连接。跳跃连接（skip connection）也被称为残差连接（residual connection），是深度神经网络架构中的一种重要组件。它的基本思想是在网络的某些层中，将输入直接连接到输出，以允许信息在不同层之间跳跃传递。这种连接通常是通过加法操作来实现的，将输入和输出相加。

跳跃连接的主要目的是解决深度神经网络中的梯度消失问题以及加速训练过程。深度神经网络通常会包含许多层，当反向传播梯度信号时，梯度可能会变得非常小，导致网络难以训练。跳跃连接通过将输入信息直接传递到后续层次，允许梯度更容易地反向传播。这种直接传递有助于保持梯度的稳定性，使网络更容易训练。

跳跃连接常见于深度残差神经网络（ResNet）中，其中每个残差块都包含跳跃连接。在 ResNet 中，每个残差块的输出与输入进行加法操作，然后经过激活函数，如 ReLU 激活。这允许模型学习残差（差异），而不是直接学习整个映射，从而减轻了训练难度。

跳跃连接还在其他网络架构中得到了广泛的应用，包括 U-Net 用于语义分割、DenseNet 用于图像分类等。通过引入跳跃连接，这些网络可以更好地处理各种计算机视觉和自然语言处理任务，提高了模型性能和训练速度。

⑤ U-Net

U-Net 通俗来讲也是全卷积神经网络的一种变形，其主要结构经论文作者画出来形似字母 U（见图 8-20），因而得名 U-Net。整个神经网络主要由两部分组成：搜索路径（contracting path）和扩展路径（expanding path）。搜索路径主要是用来捕捉图片中的上下文信息（context information），而与之相对称的扩展路径则是为了对图片中所需要分割出来的部分进行精准定位（localization）。U-Net 诞生的一个主要前提是，很多时候深度学习的结构需要大量的 sample 和计算资源，但是 U-Net 基于 FCN（fully convultional neural network，全卷积神经网络）进行改进，并且利用数据增强（data augmentation）可以对一些样本比较少的数据进行训练，特别是医学方面相关的数据（医学数据比一般我们所看到的图片及其他文本数据的获取成本更大，不论是时间还是资源的消耗），所以 U-Net 的出现对于深度学习用于样本较少的医学影像是很有帮助的。

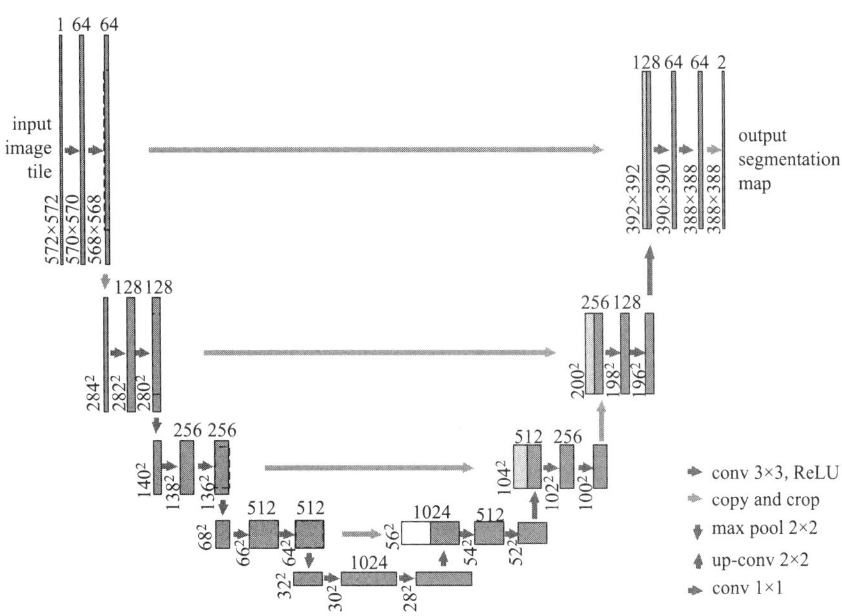

图 8-20　U-Net 网络结构图

就如前面所说的那样 U-Net 是基于 FCN 进行改进的，比较棘手的地方就是 U-Net 不是简单地像 FCN 那样子对图片进行编码和译码，U-Net 为了能精准定位，收缩路径上提取出来的局部像素特征会在上采样（upsampling）过程中与新的特征图（feature map）进行结合（其实比较直白的说法就是结合局部信息和全局信息，通过信息整合提高像素点类别的预测的准确性），以最大程度地保留前面下采样（downsampling）过程中一些重要的特征信息。而为了使网络结构能更高效地运行，结构中是没有全连接层（fully connected layers）的，这样子可以很大程度上减少需要训练的参数，并得益于特殊的 U 形结构可以很好地保留图片中的所有信息。

收缩路径上是每两个 3×3 的卷积层（unpadded convolutional layers）后会跟一个 2×2 的最大池化层（maxpooling layer，步长为 2），并且每个卷积层后面采用 ReLU 激活函数来对原始图片进行下采样操作，除此之外，每一次下采样都会增加一倍的通道数（double the number of feature channel）。

在扩展路径的上采样中，每一步包括一个 2×2 的上采样操作（通常通过转置卷积实现），然后是一个带有 ReLU 激活函数的卷积层，接着进行两个 3×3 卷积操作。与此同时，每一步的上采样都会加入来自相对应收缩路径的特征图（经裁剪以保持相同的形状）。

在网络的最后一层是一个 1×1 的卷积层，通过这一操作可以将 64 通道的特征向量转换为所需要的分类结果的数量（例如 2），最终，U-Net 的整个网络一共有 23 层卷积层。U-Net 有一个很重要的优点是其基本可以对任意形状大小的图片进行卷积操作，特别是任意大的图片。

⑥ DeepLab。Deeplab 系列模型是一种基于深度学习的图像语义分割模型，旨在识别图像中不同的物体或场景元素，并将这些元素分类到不同的类别中。该系列模型通过不断改进和创新，实现了从 Deeplab V1 到 Deeplab V3+ 的演进，每代模型都在前一代的基础上进行优化和改进。

在 Deeplab V1 模型中，主要使用了卷积神经网络（CNN）来进行图像的特征提取和分类。该模型使用了一种称为“空洞卷积”的技术，可以在不丢失图像的空间信息的情况下对图像进行高分辨率的特征提取。此外，Deeplab V1 还采用了全卷积网络（FCN）和可分离卷积，以缩短训练时间并提高模型的泛化能力。最后，该模型使用了一种名为“crf”的后处理技术，可以根据图像的空间结构和上下文信息对预测结果进行优化。

与 Deeplab V1 相比，Deeplab V2 在特征提取方面进行了改进，提出了 ASPP 结构。ASPP 结构可以解决不同检测目标大小差异的问题，通过在给定的特征层上使用不同扩张率的空洞卷积，可以有效地进行重采样。此外，Deeplab V2 还将 Deeplab V1 中的 VGG 网络换成了 ResNet，以提高特征提取的效率和准确性。

在 Deeplab V3 和 Deeplab V3+ 模型中，进一步对 ASPP 部分进行了改进。在

ASPP 中加入了 BN 层，并将 ASPP 中尺寸为 3 × 3、空洞大小为 24 的卷积替换为一个普通的 1 × 1 卷积，以保存滤波器中间部分的有效权值。此外，Deeplab V3 还在 ASPP 的最后增加了全局平均池化层，以更好地捕捉全图信息。Deeplab V3 去掉了 CRF 后处理技术，通过将 ResNet 的 Block4 复制 3 次后级联在原有网络的最后一层来增加网络的深度，以捕获更高层的语义信息。在 Deeplab V3+ 模型中，增加了一个简单的解码器模块来修复物体边缘信息，并将深度可分离卷积应用到 ASPP 中和解码器模块，以得到更快、更强大的语义分割模型。

总体来说，Deeplab 系列模型通过不断改进和创新，实现了从基础特征提取到高层语义理解的逐步深化。从 Deeplab V1 到 Deeplab V3+ 的演进过程中，每代模型都在前一代的基础上进行优化和改进，以提高模型的性能和准确性。该系列模型在计算机视觉领域具有重要的应用价值，尤其在自动驾驶、医疗影像分析、遥感图像分析等领域具有广泛的应用前景。

8.2.2 实例分割

在计算机视觉领域，实例分割是一项至关重要的技术，它结合了目标检测和语义分割的精髓，旨在将图像中的每个目标实例精确地分割出来。实例分割不仅要求模型能够识别出图像中的不同语义类别，还需要进一步区分同一类别下的不同目标实例。

实例分割的基本原理是将图像中的每个目标实例视为一个独立的对象，通过深度学习模型对其进行像素级的识别和分割。具体来说，实例分割模型需要完成两个主要任务：一是目标检测，即识别出图像中的不同目标实例；二是语义分割，即将每个目标实例从背景中分离出来，并为其分配一个唯一的标签。为了实现这两个任务，实例分割模型通常采用卷积神经网络（CNN）作为基础架构。

（1）实例分割的应用场景

实例分割在多个领域都有广泛的应用，以下列举几个典型的应用场景。

① 自动驾驶：实例分割能够精确识别出道路上的车辆、行人等目标实例，为自动驾驶系统提供重要的感知信息。

② 医学图像分析：在医学图像中，实例分割可以帮助医生精确地识别出病变区域、器官等目标实例，为疾病诊断和治疗提供有力支持。

③ 无人机监控：无人机监控中需要对地面目标进行精确识别和跟踪，实例分割技术能够实现对地面目标的精确分割和定位。

（2）数据采集

① COCO 数据集（如图 8-21 所示）。MS COCO 的全称是 Microsoft Common Objects in Context，起源于微软于 2014 年出资标注的 Microsoft COCO 数据集，与 ImageNet

竞赛一样，它被视为是计算机视觉领域最受关注和最权威的比赛之一。

COCO 数据集是一个大型、丰富的物体检测、分割和字幕数据集。这个数据集以 scene understanding 为目标，主要从复杂的日常场景中截取，图像中的目标通过精确的 segmentation 进行位置的标定。其图像包括 91 类目标，328000 张影像和 2500000 个 label。目前为止有语义分割的最大数据集，提供的类别有 80 类，有超过 33 万张图片，其中 20 万张有标注，整个数据集中个体的数目超过 150 万个。

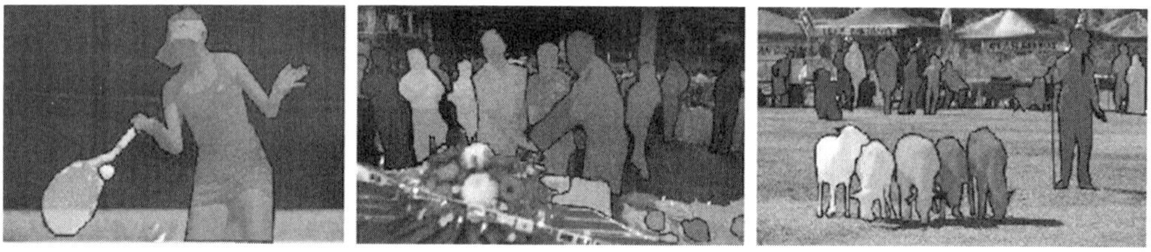

图 8–21　COCO 数据集

② BDD100K 数据集（如图 8-22 所示）。现有的驾驶数据集在视觉内容和支持的任务方面不足，无法研究自动驾驶的多任务学习。研究人员通常被限制在一个数据集上研究一小组问题，而现实世界的计算机视觉应用程序需要执行各种复杂的任务。为此，构建了驾驶视频数据集 BDD100K，其包含 10 万个视频和 10 个任务，以评估图像识别算法在自动驾驶方面的令人兴奋的进展。该数据集具有地理、环境和天气多样性。

图 8–22　BDD100K 数据集

（3）实例分割方法

① Mask R-CNN。Mask R-CNN 是典型的自上而下的实例分割算法，其扩展自目标检测网络 Faster R-CNN，在其基础上新增了 mask 预测分支。其流程图如图 8-23 所示。

Faster R-CNN 包含两个阶段：第一个阶段是 RPN 结构，用于生成 RoI 集合；第二个阶段利用 RoI pooling 从 RoI 中提出固定尺寸的特征，然后进行 class 分类任务和 box offset 回归任务。

Mask R-CNN 使用了相同的 two-stage 结构：第一阶段使用了相同的 RPN 网络；第二阶段利用 RoI Align 从 RoI 中提出固定尺寸的特征，在执行 class 分类任务和 box offset 回归任务的同时，Mask R-CNN 还会给每个 RoI 生成对应的二值 mask。

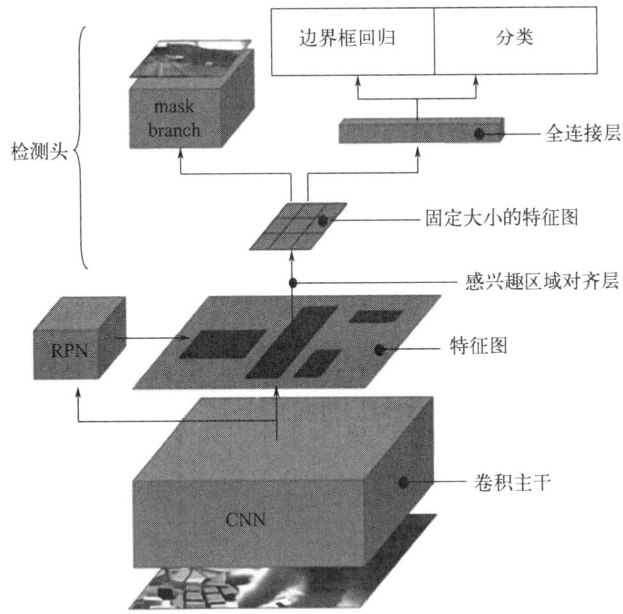

图 8-23　Mask R-CNN 流程图

② Cascade Mask R-CNN。Cascade Mask R-CNN 是一种先进的目标检测与实例分割模型。它基于 Mask R-CNN，并通过引入级联（cascade）的结构，显著提升了检测精度。Cascade Mask R-CNN 包含多个检测阶段，每个阶段都负责优化上一阶段输出的候选框，逐步减少误检和漏检。在每个检测阶段，该模型不仅进行目标分类和边界框回归，还同时预测目标的分割掩码，实现了实例级别的精确分割。这种结构使得 Cascade Mask R-CNN 在复杂场景中能够更有效地检测和分割目标，尤其适用于那些需要高精度目标检测和实例分割的应用场景。

③ YOLACT。YOLACT 是一个端到端的全卷积实时实例分割模型，其设计灵感来源于 YOLO（you only look once）系列的目标检测框架。它通过两个并行的子网络来实现实例分割，即 Protonet 分支和 Prediction Head 分支。其模型结构如图 8-24 所示。

YOLACT 在 MS COCO 数据集上达到了 29.8% 的 mAP（平均精度均值），并且能够达到 33.5fps 的实时帧率。YOLACT 具有很强的可拓展性，可以适应不同的硬件平台和应用场景。YOLACT 提出了 Fast NMS 算法，与传统的 NMS 算法相比，它只有轻微的精度损失，但大大提升了分割的速度。

YOLACT 模型输入的图像大小为 550 × 550，通常采用的 Backbone 为 ResNet101，也支持 ResNet50 和 DarkNet53 等网络结构。它通过构建 FPN（特征金字塔网络）来提取不同尺度的特征，生成一组原型 mask（prototype masks），生成各个 anchor 的类别置信度、位置回归参数以及 mask 的掩码系数。将原型 mask 和 mask 的掩码系数相乘，得到图片中每一个目标物体的 mask。

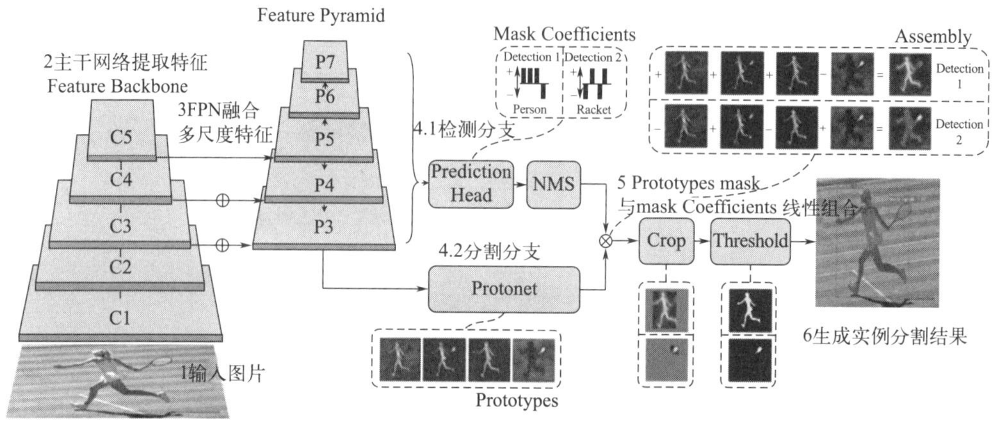

图 8-24 YOLACT 模型结构

YOLACT 可广泛应用于自动驾驶、监控系统、机器人导航、AR/VR 以及医疗影像分析等领域，实现实时识别和分割目标。YOLACT 在保持高准确度的同时，能在普通硬件上实现实时性能，具有高性能、简单易用和可扩展的特点。

8.3 改善深度学习识别效果的方法

深度学习在近年来得到了广泛的应用，从图像识别、语音识别到自然语言处理等领域都有了卓越的表现。但是，要训练出一个高效准确的深度学习模型并不容易。不仅需要有高质量的数据、合适的模型和足够的计算资源，还需要根据任务和数据的特点进行合理的超参数调整、数据增强和模型微调。为了改善深度学习的识别效果，可以采取以下一些方法。

8.3.1 数据

从数据层面上，能够影响模型性能的有两个因素：数据集质量和数据增强。

（1）数据集质量

① 数据质量：数据应该是准确、完整、无误，且具有代表性。如果数据有错误或缺失，将会影响模型的性能，选择分辨率越高肯定对模型是越好的，但是也要考虑到模型训练占用的内存够不够，因为分辨率越高，数据量就越大。

② 数据量：更多的数据通常可以提高模型的性能，因为它使得模型更具有代表性

和泛化能力。但是，数据集的大小也会影响训练时间和资源要求。但对模型训练收敛来说，数据量大小对于模型收敛没有决定性的影响，只能说数据量越大，同时数据多样性分布性很好，模型是一定会泛化的。

③ 数据多样性：为了获得更好的泛化能力，数据集应该具有多样性。这意味着其应该包含不同的样本，以便模型可以学习到数据中的各种模式。对于样本多样性来说，每一个类别的样本数量应该是一样的，最好是再增加负样本（正样本就是图像标注信息的，负样本是没有标注信息的，举例来说正样本图像中有人有车，负样本图像中就什么事物都没有）。其中正样本和负样本比例，建议为 1 ：2 或 1 ：3，这是因为现实世界中负样本比正样本更多，但也要根据自己模型的场景来判断，如果负样本过多，模型会偏向于识别负样本，而无法识别出正样本。

④ 数据预处理：在选择数据集之前，需要了解数据的特性并进行预处理。例如，对于图像分类问题，可能需要对图像进行缩放或裁剪，或者将像素值标准化到［0，1］范围内。

⑤ 数据来源：应该选择可靠的数据来源。一些数据集可能来自于不可靠的或不真实的来源，这可能会导致模型的性能下降。

⑥ 数据分割：在选择数据集时，应该将数据分成训练集、验证集和测试集。这样可以用来评估模型的泛化能力和性能。

⑦ 数据标注：在某些任务中，需要对数据进行标注，以便训练模型。这可能需要大量的人工劳动力和时间成本。但也需要注意，虽然数据集不同类别数量达到一样的平衡，但如果一个类别在图像中标注的数量远大于另一个类别在图像中标注的数量，也会导致数据不平衡。因此需要采用一些方法调整，方法如下：

- 过采样（oversampling）：对于少数类别的样本，可以通过复制、插值等方式来增加样本数量，从而使不同类别的样本数量更加均衡。
- 欠采样（undersampling）：对于多数类别的样本，可以随机删除一部分样本，从而使不同类别的样本数量更加均衡。
- 权重调整（weighting）：对于不同类别的样本，可以给每个样本赋予不同的权重，从而使模型更加关注少数类别的样本。一般来说，权重可以通过计算每个类别的样本比例的倒数得到。

例如，假设我们有一个二分类任务，其中少数类别的样本占总样本数的比例为 0.1，多数类别的样本占总样本数的比例为 0.9。那么我们可以将少数类别的样本赋予权重为 1/0.1=10，多数类别的样本赋予权重为 1/0.9=1.11，从而使得模型更加关注少数类别的样本。

在实现时，一般可以通过设置损失函数中不同类别的权重参数，或者使用一些针对不平衡数据的损失函数（如 Focal Loss）来实现样本权重的调整。

总结以上的信息，可以发现对于数据影响模型性能来说，主要围绕着数据的图像质量和数据的平衡性展开（包含数据量大小、比例、标注数据量）。

（2）数据增强

在深度学习中，数据增强是一种非常重要的技术，它可以扩充数据集大小，提高模型的泛化能力，减轻过拟合的问题。下面是一些常见的数据增强方法，也说明了什么场景适合什么样的数据增强方法。

数据增强的方法除了将结构化数据转化为张量以外，其他方法也不是随便用的，一定要结合合适的场景使用。下面列举了一些常用的数据增强方法：

- 随机裁剪（random cropping）：在图像中随机选取一个区域进行裁剪，从而得到多个不同的裁剪结果。
- 随机翻转（random flipping）：对图像进行随机水平或垂直翻转，从而得到不同的镜像结果。
- 随机旋转（random rotation）：对图像进行随机旋转，从而得到不同的旋转角度和方向的图像。
- 随机缩放（random scaling）：对图像进行随机缩放，从而得到不同大小的图像。
- 随机颜色变换（random color jitter）：对图像进行随机颜色变换，如亮度、对比度、饱和度等的调整。
- 加噪声（add noise）：向图像中添加随机噪声，从而使模型更具有鲁棒性。

在实践中，通常会根据具体任务和数据集的特点选择适合的数据增强方法。其中随机裁剪、随机翻转、随机旋转是计算机视觉任务中通用的方法，但也需要考虑到实际场景中，选择合适的方法。具体情况就要自己多思考了，比如一个场景不存在事物旋转的可能，就没必要对数据进行旋转增强。场景如果暴露在开阔的地方，就应该考虑到光照的影响，需要对数据进行颜色上的增强，同时，在使用数据增强方法时，需要注意避免对数据进行过度增强，否则会对模型的性能产生负面影响。此外，为了避免过拟合，也可以通过对不同数据集使用不同的数据增强策略来提高模型的泛化能力。

8.3.2 模型选择

选择适合自己的计算机视觉模型需要考虑多个因素，包括任务类型、数据集、模型复杂度和计算资源等。

首先，需要明确自己的任务类型，如图像分类、目标检测、语义分割、实例分割、姿态估计、人脸识别、视频分析等，不同类型的任务需要使用不同的模型。其次，需要考虑使用的数据集，数据集的规模、特点和难度等都会影响模型的表现和选择。例如，对于较小的数据集，可以使用轻量级的模型，而对于复杂的数据集，需要使用更复杂的模型，例如深度残差网络、注意力机制和 Transformer 等。此外，还需要考虑计算资源的限制，例如计算能力、内存大小和显存大小等。如果计算资源有限，可以选择一些轻量级的模型或使用分布式训练等技术来加速训练。最后，还需要考虑模型的复杂度和训练难度。一般来说，模型越复杂，需要的计算资源越多，训练难度也越大。因此，在选择模型时需要平衡模型复杂度和性能表现。

除了上述因素，还有一些其他的因素也需要考虑，例如以下几个方面。

- 准确度：模型的准确度是衡量模型好坏的重要指标之一。在实际应用中，需要根据自己的任务需求来选择准确度最高的模型。
- 可解释性：有些任务需要模型能够提供可解释性的结果，例如目标检测中需要知道每个检测框对应的物体类别、位置和大小等信息。因此，选择模型时需要考虑其可解释性。
- 实时性：有些应用需要模型能够实时响应，例如无人驾驶和机器人控制等。因此，选择模型时需要考虑其响应时间和效率。
- 数据增强：数据增强是一种常用的提升模型性能的技术，可以通过扩增数据集来减轻模型的过拟合问题。因此，选择模型时需要考虑其对数据增强的支持程度。
- 可迁移性：有些应用需要模型能够在不同的场景和任务中迁移，例如使用预训练模型进行微调。因此，选择模型时需要考虑其可迁移性。
- 可扩展性：有些应用需要模型能够在不同的设备和平台上运行，例如嵌入式设备和移动设备等。因此，选择模型时需要考虑其可扩展性。

综上所述，选择适合自己的计算机视觉模型需要考虑多个因素，需要根据具体的应用场景和任务需求进行选择。同时，也需要关注最新的研究进展和算法，以便更好地应对不断变化的计算机视觉任务和应用需求。具体的模型选择，可以先从模型的复杂度、实时性、准确性出发，先考虑过滤掉不合适的模型，然后从一个模型复杂度小的模型开始，使用它的预训练模型进行训练，通过训练后的 Loss 和收敛情况等因素，来判断是否选择更复杂的模型。

8.3.3 超参数

在深度学习中，超参数是指那些需要手动设置的参数，这些参数不能直接从数据中学习得到，而需要通过调整和优化来得到最优的模型。超参数的选择对模型的训练和泛化性能有很大的影响。以下是常见的超参数及其作用。

- Learning rate（学习率）：学习率控制了参数更新的速度，太小的学习率会导致训练速度过慢，而太大的学习率则可能导致训练不稳定，甚至无法收敛。其通常需要根据具体问题和网络结构进行调整。
- Batch size（批量大小）：批量大小指每次迭代使用的样本数量，过小的批量大小会增加训练时间，而过大的批量大小会占用过多的内存。其通常需要在训练开始时进行调整。

- Number of epochs（迭代次数）：迭代次数指训练的轮数，过少的迭代次数会导致欠拟合，而过多的迭代次数则会导致过拟合。其通常需要根据训练集和验证集的表现来确定。
- Dropout rate（丢弃率）：丢弃率指在训练过程中随机丢弃一定比例的神经元，从而防止过拟合。过高的丢弃率会导致模型欠拟合，而过低的丢弃率则会导致过拟合。其通常需要根据具体问题和网络结构进行调整。
- Regularization（正则化）：正则化通过惩罚模型复杂度来防止过拟合，常见的正则化方法包括 L1 正则化和 L2 正则化。其需要根据具体问题进行调整。
- Optimizer（优化器）：优化器控制了模型参数的更新方式，常见的优化器包括 SGD、Adam 和 RMSprop 等。不同的优化器对于不同的问题和网络结构可能有不同的效果。

在深度学习训练中，超参数是指在训练过程中需要手动设置的参数，例如学习率、批量大小、正则化系数等。超参数的不同取值会对模型的性能产生不同的影响，因此需要进行合理的设置。如果超参数过大，可能会导致模型过拟合，即在训练集上表现良好，但在测试集或新数据上表现较差；如果超参数过小，可能会导致模型欠拟合，即模型在训练集和测试集上的表现都较差。因此，超参数需要根据数据集和模型结构进行调整。

一般来说，设置超参数时需要先使用默认值或经验值作为起点，然后进行逐步调整和验证。通常情况下，学习率可以设置为 0.001 或 0.0001；批量大小可以设置为 32 或 64；正则化系数可以设置为 0.01 或 0.001 等。这些值也可以根据具体任务和数据集进行微调。此外，还有一些更高级的超参数设置方法，例如网格搜索、随机搜索、贝叶斯优化等。

8.3.4 其他优化方法

还可以尝试以下一些方法改善深度学习识别效果。

- 迁移学习：迁移学习是利用预训练的模型，将其参数和特征传递到新的模型中，加速学习和提高模型的泛化能力。
- 模型优化：对深度学习模型进行优化，包括调整网络结构、调节超参数和使用正则化等方法。例如，使用批标准化可加速训练、减小过拟合；采用 dropout 方法可以有效缓解过拟合等问题。
- 弱监督学习：弱监督学习利用部分标注或标注不准确的数据来训练模型。例如，使用标签模糊或带有噪声的数据来训练模型，可以增加数据集的多样性，提高模型的泛化性能。
- 多任务学习：利用多任务学习来同时解决多个相关的任务。例如，在目标检测中，同时处理目标分类和位置识别任务，可以有效提高模型的性能和泛化能力。

- 引入先验信息：为深度学习模型引入先验信息，包括物体形状、结构特征等。例如，将几何信息和语义信息相结合，设计强化学习算法，可以提高三维物体识别的性能。
- 使用更大的模型：深度学习模型的规模往往与其性能直接相关。使用更大的模型，如更深的网络结构或更多的参数，可以提高模型的表示能力和学习能力，从而改善识别效果。但需要注意的是，大模型往往需要更多的计算资源和训练时间。
- 多尺度处理：在深度学习目标检测任务中，物体的尺度差异往往会导致识别性能下降。通过在不同尺度下对图像进行处理和检测，可以提高模型的鲁棒性和检测准确性。这可以通过图像金字塔和多尺度特征融合等方法实现。
- 结合上下文信息：利用图像的上下文信息可以提供更多的语义和空间约束，有助于提高深度学习模型的识别效果。例如，利用注意力机制、全局上下文信息或图像语义分割结果，来提供更准确的目标定位和识别。
- 强化学习：利用强化学习方法来改善深度学习的识别效果。通过设计适当的奖励机制和优化策略，使得模型能够在不断地交互中逐步优化，提高模型的性能。
- 模型集成：将多个深度学习模型进行集成，可以通过投票、平均或权重融合等方式提高识别性能。模型集成可以通过减小模型之间的互补性，从而提高整体性能。
- 弱监督目标检测：在目标检测任务中，标注数据的获取成本很高。弱监督目标检测方法通过使用弱标注、辅助标注或自动生成标注等技术，利用标签不完全准确的数据来训练模型，降低数据标注的要求，提高模型的识别效果。
- 模型集成策略：除了简单的模型平均或投票之外，可以尝试使用更复杂的集成策略，比如堆叠多个模型，利用成员模型的预测输出作为输入来训练聚合模型。
- 非监督学习：除了使用有标签的数据进行训练之外，还可以探索非监督学习方法，通过无监督的表示学习或聚类算法来训练模型。这些方法可以从未标注的数据中捕捉有用的特征，并提高模型的泛化能力。
- 生成对抗网络（GAN）：GAN 是一种通过一个生成器网络和一个鉴别器网络进行对抗来训练的方法。通过使用 GAN 来生成具有真实性的图像或样本，可以提供更多的训练数据，从而改善深度学习模型的识别效果。
- 近似推断方法：传统的深度学习方法通常使用随机梯度下降（SGD）等优化算法进行训练。而近似推断方法，如变分推断、蒙特卡罗推断等，可以提供更精确的概率推断，从而改善模型的训练和泛化能力。

- 增量学习：传统的深度学习方法通常要求在每次训练时使用完整的数据集。然而，当新的数据出现时，可以使用增量学习方法来更新模型，从而避免重复训练整个数据集，提高模型的效率和灵活性。
- 考虑不确定性：深度学习模型的预测通常没有给出确定的答案，而是给出了一个概率分布。考虑不确定性可以帮助模型更好地处理未知样本和异常样本，提高识别的准确性和鲁棒性。
- 异构网络融合：通过融合不同类型的深度学习网络，如卷积神经网络（CNN）和循环神经网络（RNN），或将传统的机器学习方法与深度学习方法相结合，可以提高模型的表达能力和综合性能。
- 预训练和微调：使用大规模的预训练模型（如 BERT、GPT 等）进行初始化，并在目标任务上进行微调，可以提高识别效果。预训练模型通过在大量的未标注数据上进行训练，能够学习到丰富的语义知识，对于特定任务的训练提供了有价值的先验信息。

需要注意的是，每种方法都有其适用的场景和潜在的限制，选择适当的方法需要结合具体问题的特点和资源的可用性进行评估和权衡。不同问题可能需要不同的方法组合，因此在实际应用中需要进行实验和评估以确定最佳的方法组合。

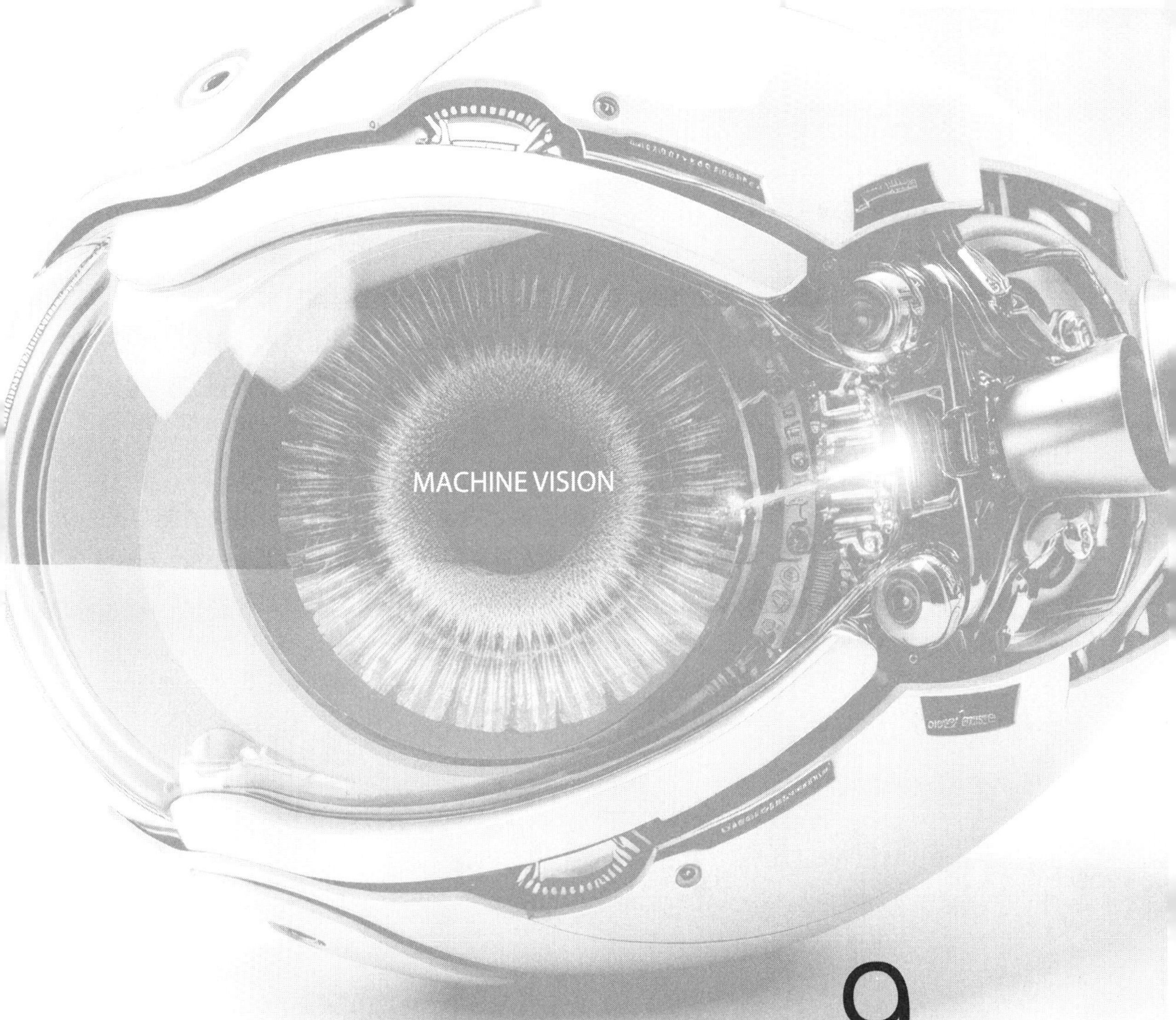

第9章 三维重建算法

MACHINE VISION

9.1 双目立体视觉

双目立体视觉技术仿生自人类或灵长类动物的双眼。人的双眼位于头部前方，左眼和右眼视野存在重叠区，也就是共视区。在共视区视野内的物像都存在相对视差。双眼图像经大脑高级中枢处理后，物像的视差信息可转化为深度信息，让人类可以感觉到空间中物体的距离，看到三维立体的视觉效果。双目视觉技术发展数十载，已深入工业视觉检测、自动驾驶、机器人导航、人脸识别、虚拟现实、地理勘测等领域。

9.1.1 双目视觉系统

理想的双目模型是以一个摄像机为基准，沿 x 轴方向顺延一段距离后能与另一个摄像机完美重合。两个摄像机的焦距、参数基本相同，光轴平行，Y 轴平行，X 轴重合。模型如图 9-1 所示。

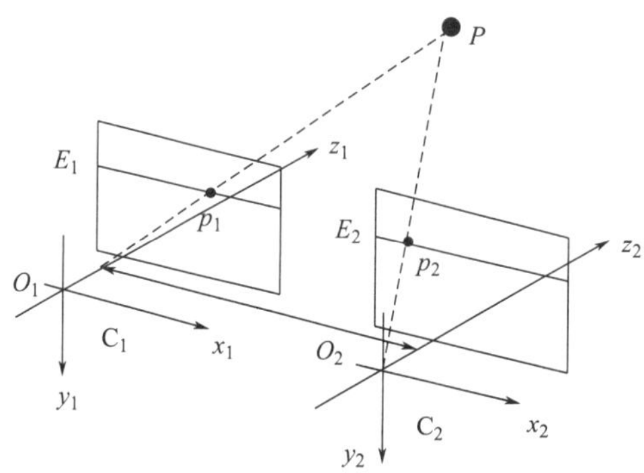

图 9-1　双目视觉系统

对于空间内一点 P，如果只用摄像机 C_1 观察，则像点坐落于左像平面的 p_1 位置。无法只由 p_1 一点的信息获取空间 P 点深度坐标，实际情况下 P 点可能存在于 p_1 的延长线上任意位置。此时，若用 C_1 与 C_2 摄像机同时观察 P 点，左右像平面的对应点分别为 p_1、p_2，那么空间点 P 将可以被确定于 p_1 与 p_2 延长线的交点，并且其三维信息将是唯一确定的。

9.1.2 视差

双目视差是一种深度线索。在观察立体视标时，因视角不同导致图像位置不同，从而产生的微小的水平像位差称为双目视差。通过匹配找到图像对应的同名点，则同名点间横坐标像素差称为此点的视差。

比如图 9-2 是双目相机拍摄到的一组双目图像。在两幅图像中，我们关注到摩托车的后视镜上一点。该像素点在左视图中的坐标是（80，150），右视图中的坐标是（35，150）。那么摩托车后视镜在两幅图像中的视差就是 80–35=45 个像素。

图 9-2　双目图像

9.1.3　双目系统测距基本原理

双目系统测距原理可简化如图 9-3 所示。

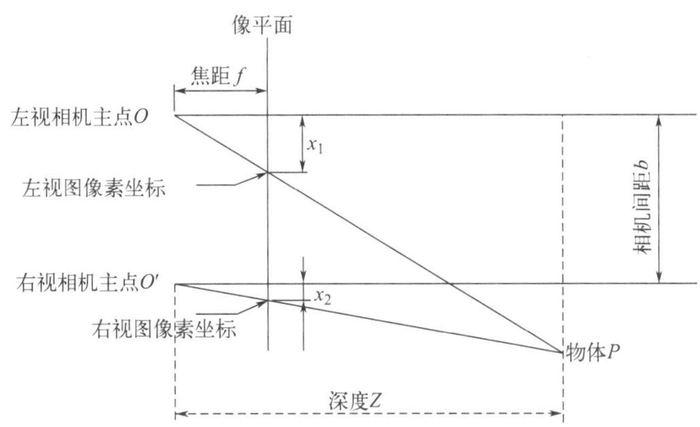

图 9-3　双目系统测距原理示意图

物体 P 点在双目图像中的视差可表示为 $d=x_1-x_2$；根据图 9-3 中相似三角形的几何关系，可推导出 P 点的深度 $Z=bf/d$。

当点 P 在三维空间上移动时，点 P 在左右相机上的成像位置也会改变，从而视差也会发生相应变化。由上式可知 P 点深度与其视差为一一对应的关系，已知 P 点视差和相机的参数即可计算出 P 点的深度。

9.1.4　双目系统的运作流程

一套双目视觉系统硬件搭建完毕后，其与理想双目模型存在一定差距，需经过以下流程才可准确输出深度图像。

① 标定（calibration）：通过对标定板成像，获取相机内部及外部关键参数，如两个相机的焦距、主点位置、成像畸变以及两个相机拍摄图像的相对差距数据（旋转、平移）、成像亮度差距等。

② 图像矫正（rectification）：根据标定数据，进行相应的矫正，如亮度矫正、噪声矫正以及图像几何关系的矫正。

③ 立体匹配（stereo correspondence）：双目图像进行像点匹配，获取视差信息，根据视差信息生成视差图像。

④ 三角定位（triangulation）：由于像点视差与像点深度为一一对应关系，根据视差信息生成深度点云图像。

9.2 结构光三维视觉

三维结构光是近些年立体视觉图像处理应用比较热的方向。区别于双目立体视觉，结构光三维成像的硬件主要由相机和投射器组成，结构光就是通过投射器投射到被测物体表面的主动结构信息，如激光条纹、格雷码、正弦条纹等；然后，通过单个或多个相机拍摄被测表面即得结构光图像；最后，基于三角测量原理经过图像三维解析计算从而实现三维重建。

结构光的类型分为很多种，既然是结构光，当然是将光结构化，简单的结构化包括点结构光、线结构光以及简单的面结构光等。复杂一点的结构化就上升到光学图案的编码了。结构光投射到待测物表面后被待测物的高度调制，被调制的结构光经摄像系统采集，传送至计算机内分析计算后可得出被测物的三维面形数据。其中调制方式可分为时间调制与空间调制两大类。时间调制方法中最常用的是飞行时间法，该方法记录了光脉冲在空间的飞行时间，通过飞行时间解算待测物的面形信息；空间调制方法原理为结构光场的相位、光强等性质被待测物的高度调制后都会产生变化，读取这些性质的变化就可得出待测物的面形信息。

9.2.1 线结构光三维重建

线结构光三维重建测量系统基于三角测量的原理，通过引入线激光系统和相机系统，实现对目标物体的三维重建。这一技术流程包括对相机的内外参标定、光平面的标定、激光轮廓提取等步骤。

如图 9-4 所示，线结构光三维重建系统包含相机和线激光系统。相机在采集图像时，需要经过内外参标定，以将图像上的像素坐标转换为世界坐标。然而，由于小孔成像原理，相机无法直接测量目标物体距离光心的深度信息。为了获取深度信息，系统引入了线激光系统。线激光投射形成一个光平面。通过分析光平面的约束条件，可以计算出目标物体的深度信息。相机标定后可以得到目标物体在成像平面中的位置

$P'(x_c, y_c, z_c)$ 以及 $O_c(0, 0, 0)$。空间直线方程 O_cP' 可用式（9-1）计算。已知空间直线方程后，可以通过与激光发生器投射的光平面方程［式（9-2）］进行联立，求得直线与平面的交点 $P(X_w, Y_w, Z_w)$。

$$\frac{x_w - x_c}{x_c - x_1} = \frac{y_w - y_c}{y_c - y_1} = \frac{z_w - z_c}{z_c - z_1} \tag{9-1}$$

$$ax_w + by_w + cz_w = d \tag{9-2}$$

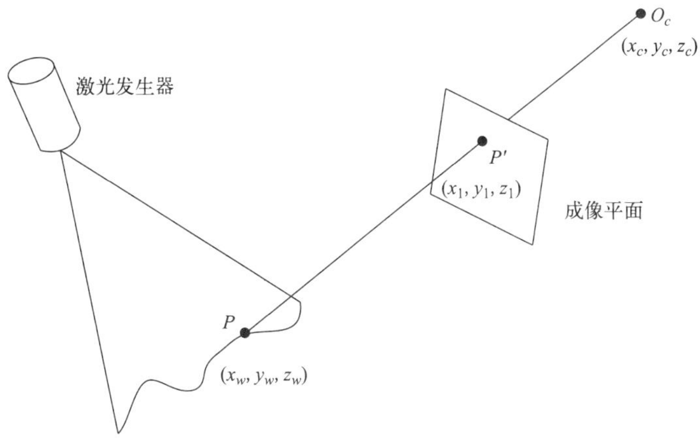

图 9-4　线结构光三维重建系统

线结构光实现三维重建的整体技术路线包括光平面标定、激光轮廓提取和相机标定。其中，相机标定技术在第 6 章已经详细阐述。下面重点介绍光平面标定和激光轮廓提取的关键技术。

光平面标定是线结构光三维重建系统中至关重要的一个步骤。其主要目的是确定激光系统投射的光平面的准确方程，从而为三维重建提供必要的几何约束。确定光平面方程的主要方法有矢量叉乘法、线性最小二乘法、交叉比不变性法、消失点与线法等。矢量叉乘法指的是光平面的法向量可以通过两个不平行的激光条纹向量的叉乘得到。这是光平面标定的常用方法之一。线性最小二乘法通过一组激光条纹的点云数据拟合光平面方程。这种方法通过最小化误差平方和来确定光平面的最佳拟合。交叉比不变性法利用了光平面和相机投影几何的交叉比不变性原理。该方法通过分析图像中激光条纹的几何关系来确定光平面。消失点与线法指的是利用图像中的消失点与光平面的交点关系，来计算光平面的方程。消失点是图像中平行线的交点，其位置与光平面的几何约束相关。

激光轮廓提取是确定激光条纹与目标物体交点的关键步骤。激光轮廓提取的准确性直接影响三维重建的精度。常见的激光轮廓提取方法包括灰度质心法和 Steger 算法。灰度质心法通过计算激光条纹的灰度质心来确定条纹中心。灰度质心 (x_c, y_c) 可以通过式（9-3）计算。

$$x_c = \frac{\sum x \cdot I(x,\ y)}{\sum I(x,\ y)},\quad y_c = \frac{\sum y \cdot I(x,\ y)}{\sum I(x,\ y)} \tag{9-3}$$

式中，$I(x,\ y)$ 为图像中点 $(x,\ y)$ 的灰度值。Steger 算法是一种基于边缘检测的激光条纹中心提取方法。它利用激光条纹的边缘信息来精确定位条纹的中心线。Steger 算法通过对图像进行处理，识别出激光条纹的中心，并对其进行进一步分析。

9.2.2 面结构光三维重建

面结构光（也称为编码结构光）是一种广泛用于三维重建的技术，如图 9-5 所示，其基本原理是通过投影仪将编码图案投射到被测物体表面，利用相机同步采集变形后的图案来获取物体的三维信息。面结构光三维重建的基本流程如下：

① 编码图案投射：投影仪将特定的编码图案（如条纹、格雷码等）投射到物体表面。图案在物体表面由于几何形状的变化而发生变形。

② 图像采集：相机从一个或多个角度采集投射的编码图案。由于物体表面高低起伏，图案在相机图像中的位置和形状会发生变化。

③ 图像处理：通过分析图像中变形的编码图案，找到相机和投影仪像素之间的对应关系，结合三角测量原理，计算出物体表面的三维坐标。

④ 三维重建：将变形后的图案数据和相机、投影仪的几何关系结合，重建出物体的三维点云。

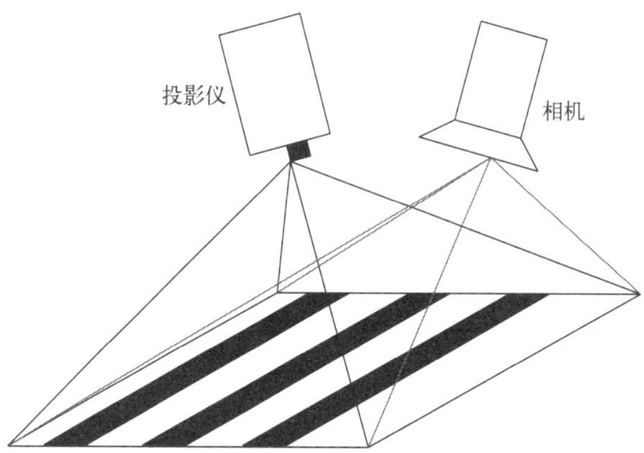

图 9-5　面结构光三维重建

面结构光三维重建技术中的编码方法主要分为两类：时域编码和空域编码。时域编码通过投射一系列不同的图案在时间上依次变化来编码信息。每个图案的编码信息由其在时间上的明暗变化来表征。常见的时域编码方法包括：

Binary Code（二进制编码）：使用黑白条纹形成一系列投影图案。物体表面上的每个点都有一个唯一的二进制代码。

Gray Code（格雷码）：格雷码是一种改进的二进制码，其相邻的两个代码只有一位二进制数不同。格雷码可以减少编码过程中的错误。

Phase Shift（相移码）：通过投影具有相位差的结构光图像来获取相位信息。常见的相移算法包括三步相移法、四步相移法和五步相移法。

Hybrid（Phase Shift + Gray Code）（相移 + 格雷码）：将格雷码和相移码混合使用，利用两者的优点提高编码解码精度。

空域编码方法不同于时域编码方法，它只需要投射一幅图案，通过图案中各点的信息来完成编码。常见的空域编码方法包括：

One-shot method based on point-pattern（基于点模式的一次性方法）：使用单个点或一组点来解决相机和投影仪之间的对应问题。

One-shot method based on line-pattern（基于线模式的一次性方法）：使用一组平行线条或条纹进行编码，深度通过线对线三角测量计算。

One-shot method based on crossed-line-pattern（基于交叉线模式的一次性方法）：使用一组交叉线或交叉条纹进行编码，水平线和垂直线采用不同颜色，便于识别。

9.3 多聚焦三维重建

9.3.1 聚焦形貌恢复

聚焦形貌恢复技术通过目标物体的多聚焦图像序列构建三维形貌，属于一种被动式单目三维重建技术。该技术是实现物体三维重建的一个重要途径。

聚焦形貌恢复从同一目标物体的多聚焦图像序列中检索空间信息。多聚焦图像序列由一组聚焦在目标物体不同深度的图像组成。图像中聚焦的像素点理论上满足高斯成像公式，高斯成像公式如式（9-4）所示。

$$\frac{1}{f}=\frac{1}{u}+\frac{1}{v} \tag{9-4}$$

式中，f 为焦距；u 为物距；v 为像距。

通过移动成像系统或被测物体改变物距或通过移动镜头改变像距，可以使成像系统聚焦在物体表面的不同位置。如图 9-6 所示，物体表面 Q 点处于散焦状态，在图像传感器上的投影是一个半径为 r 的弥散圆，P 点处于聚焦状态，对应图像传感器上 P' 点，满足高斯成像公式，通过高斯成像公式推导出物距 u，则 u 表示物体表面 P 点的深度。

聚焦形貌恢复的目标是找出物体表面每个点的深度，一旦得到所有点的深度，就可以很容易地恢复物体三维形貌。然而，通过高斯成像公式得到所有点的深度的方式，理论上需要采集无限幅图像，在实际应用中不可能实现。Nayar 等对上述方法进行了改进，从有限幅图像中获取深度信息。如图 9-7 所示，以计算物体表面某一点的深度为例，并假设该点通过成像系统映射在图像上像素点 O 处；通过物距或像距的改变，

采集 n 幅多聚焦图像，在多聚焦图像序列的每一幅图像中，以像素点 O 为中心的邻域构成一个沿光轴方向的窗口序列；将聚焦测度函数作用于窗口序列，得到各窗口内图像的清晰度评价值，并将这些值作为像素点 O 的清晰度值；通过对这些清晰度值插值或拟合，得到清晰度值峰值以及峰值对应的深度值，则该深度值为物体表面映射在像素点 O 处的某点的深度。以此类推，得到物体表面深度数据，并使用这些深度数据还原物体三维形貌。

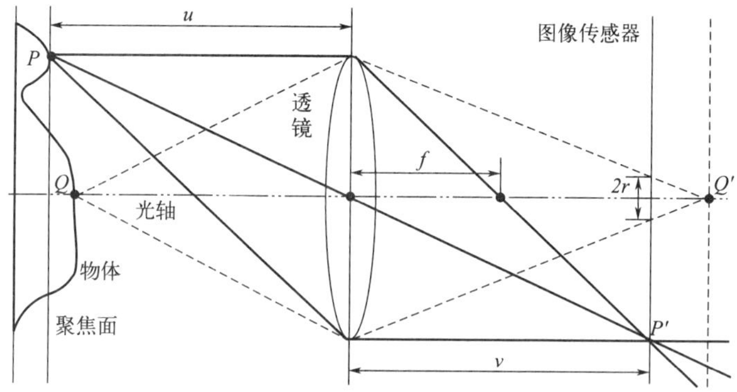

图 9-6　几何光学薄透镜模型

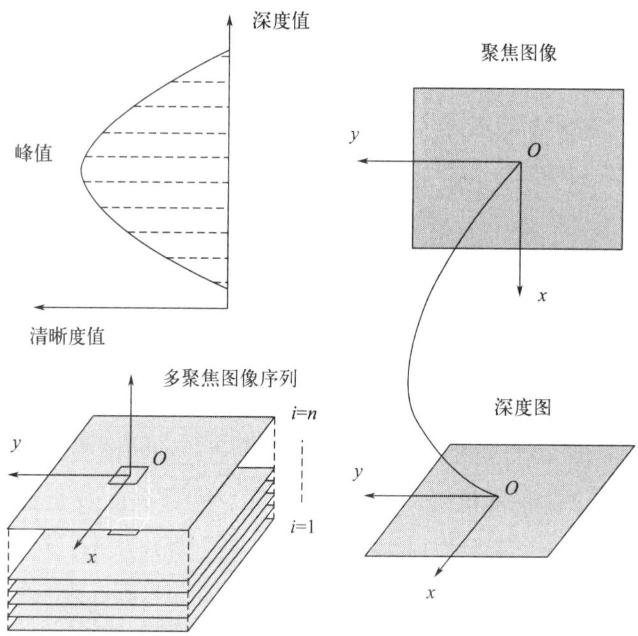

图 9-7　聚焦形貌恢复原理图

根据图 9-7 所示的聚焦形貌恢复原理图，可得聚焦形貌恢复技术的总体步骤。如图 9-8 所示，该步骤包括目标物体多聚焦图像序列采集、多聚焦图像噪声去除、聚焦测度函数评价图像像素点清晰度、插值或拟合估计深度、初始深度图后处理。

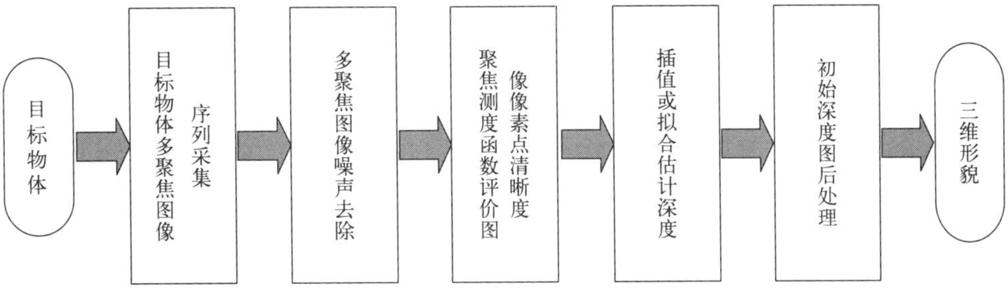

图 9-8　聚焦形貌恢复总体步骤

在聚焦形貌恢复技术中，采集目标物体的多聚焦图像序列是实现物体三维重建的基础，可利用仿真或实际设备采集两种方式实现。多聚焦图像序列应包含物体由模糊到清晰再到模糊的整个过程。相比于实际设备采集，仿真能够准确得到被测物体的深度真值，有利于对聚焦形貌恢复结果进行准确评价，因此，在科学研究中应用较多，而真实物体的深度真值获取不易，并且不够准确。

采集多聚焦图像序列的过程中，图像噪声的产生是不可避免的。图像噪声包含常规噪声和抖动噪声。常规噪声会降低多聚焦图像序列中每幅图像的质量，比如破坏图像的细节信息。抖动噪声不同于常规噪声，最直观的区别在于图像中可以观测到由于常规噪声产生的噪点，而抖动噪声在图像中不可见，在恒定的采样间距下采集多聚焦图像序列时，设备本身必然存在机械振动，导致相邻的两幅图像之间采样间距并不恒定，从而产生抖动噪声。

常规噪声包含椒盐噪声、高斯噪声、泊松噪声和乘性噪声等多种类型的噪声。含噪图像如图 9-9 所示。椒盐噪声也称为脉冲噪声，是常见的一种噪声，可以清楚地看到椒盐噪声在图像中体现为一些随机出现的黑色（胡椒）或白色（盐）噪点，椒盐噪声产生的原因主要为影像信号受到突如其来的强烈干扰。高斯噪声是指其概率密度函数服从高斯分布的一类噪声，其产生的原因主要为拍摄图像时场景亮度不够均匀、图像传感器长期工作温度过高、电路中元器件自身噪声和相互影响等。泊松噪声是指噪声模型服从泊松分布的一类噪声。乘性噪声是常见的一种噪声类型，该噪声由信道不理想引起，与信号的关系是相乘，信号存在，该噪声就会存在，信号消失，该噪声就会消失。

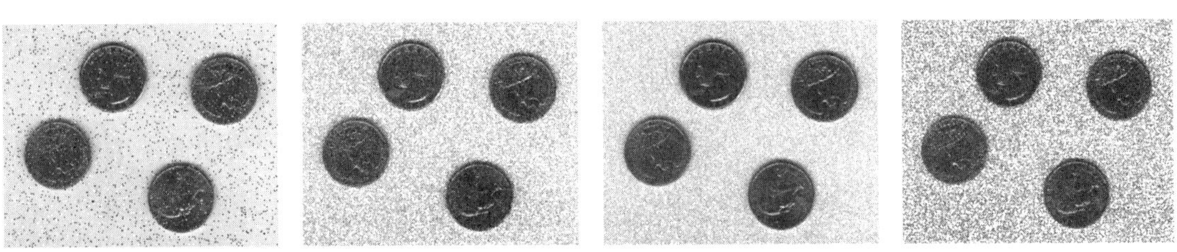

(a) 椒盐噪声　　(b) 高斯噪声　　(c) 泊松噪声　　(d) 乘性噪声

图 9-9　图像常规噪声

在实际应用中，常规噪声的消除方法较为成熟，包括经典的中值滤波、均值滤波以及高斯滤波等方式。使用均值滤波、中值滤波和高斯滤波分别对图 9-9 所示的椒盐噪声、高斯噪声、泊松噪声和乘性噪声进行滤除，三种滤波方法使用的滤波窗口尺寸均为 3×3，滤波效果如图 9-10 所示。由图 9-10 可以看出经典的滤波方法对不同噪声的滤除效果不一致，存在噪声滤除不彻底、图像细节信息丢失严重等现象。

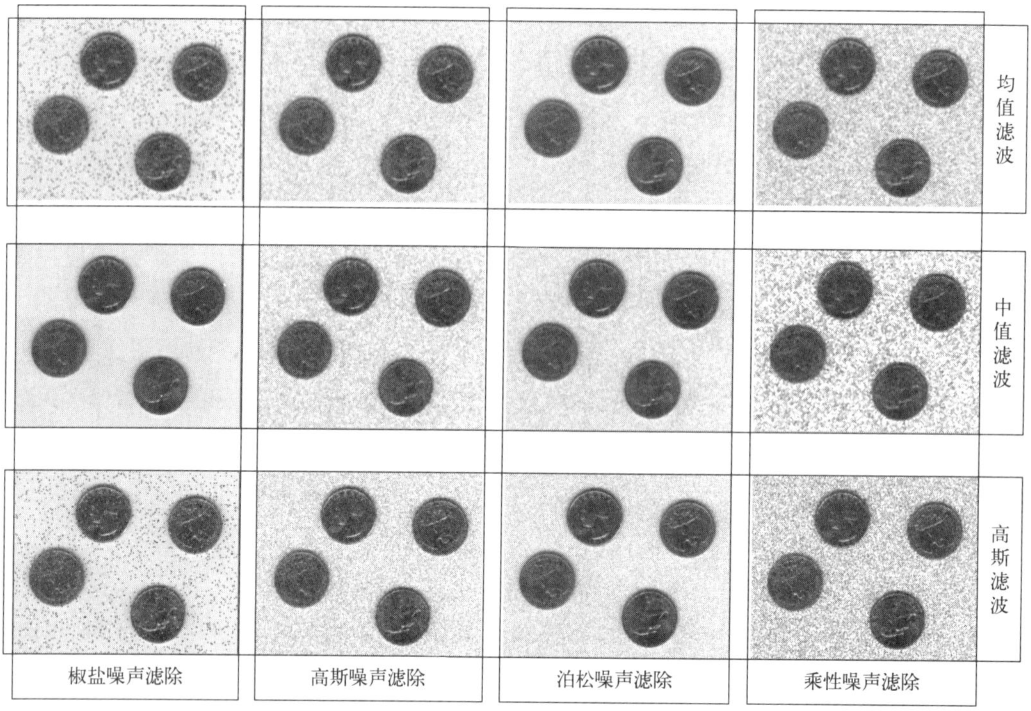

图 9-10　图像常规噪声滤除

为进一步滤除噪声并保留图像中的细节信息，双边滤波、引导滤波和加权最小二乘滤波等方法被提出并逐渐成熟。此外，基于传统中值滤波和高斯滤波等的改进滤波方法也被提出，弥补了经典滤波方法存在的不足。

采集目标物体多聚焦图像序列时，多聚焦图像序列的采样间距是预定的，然而，在实际采集过程中，设备运转产生机械振动，从而导致相机抖动，使图像之间的采样间距不能完全保持预定间距，生成抖动噪声。由于抖动噪声可能会改变多聚焦图像的聚焦程度，从而在应用对焦措施时出现不准确的深度，因此聚焦形貌恢复技术容易受到抖动噪声的影响。

抖动噪声在多聚焦图像序列的每幅图像中都是不可见的，因为图像中的所有像素点都在相同的抖动误差下拍摄得到，因此，常规的噪声去除技术在消除抖动噪声方面失去了作用，需要一种新的滤波技术来消除抖动噪声。抖动噪声不同于常规噪声，其滤除过程较为复杂，时间成本较高。然而，多聚焦图像序列抖动噪声的滤除却十分必要，对实际应用中聚焦形貌恢复重建精度的提升具有重要意义。

在聚焦形貌恢复技术中，聚焦测度函数用于评价多聚焦图像序列各像素点的清晰度，然而，聚焦测度函数的原理决定了其不能直接作用于数字图像的单个像素点以得到该像素点的清晰度，通常的做法是将聚焦测度函数作用于图像上以像素点为中心的窗口，认为该窗口的清晰度为中心像素点的清晰度。

聚焦测度函数根据原理分为基于梯度的函数、基于拉普拉斯的函数、基于小波的函数、基于统计学的函数、基于离散余弦变换的函数等。以基于梯度的 Tenengrad 函数为例，该评价函数具有稳定性好、评价速度快等优点。使用该评价函数对图像上像素点 (x, y) 的清晰度进行评价的公式如式（9-5）所示。

$$T_{\mathrm{FM}}(x, y)=\sum_{(i, j)\in\Theta(x, y)}\left[\boldsymbol{G}_x(i, j)^2+\boldsymbol{G}_y(i, j)^2\right] \tag{9-5}$$

其中：

$$\boldsymbol{G}_x=\boldsymbol{P}*\begin{bmatrix}-1 & 0 & 1\\ -2 & 0 & 2\\ -1 & 0 & 1\end{bmatrix} \tag{9-6}$$

$$\boldsymbol{G}_y=\boldsymbol{P}*\begin{bmatrix}-1 & -2 & -1\\ 0 & 0 & 0\\ 1 & 2 & 1\end{bmatrix} \tag{9-7}$$

式中，$T_{\mathrm{FM}}(x, y)$ 为清晰度评价值；$\Theta(x, y)$ 为以像素点 (x, y) 为中心的评价窗口；* 为卷积符号；$\boldsymbol{G}_x$ 和 $\boldsymbol{G}_y$ 为给定图像 $\boldsymbol{P}$ 与 Sobel 算子卷积得到的 X 和 Y 方向的图像梯度。

评价窗口尺寸的类型包含固定式窗口尺寸和自适应式窗口尺寸。其中固定式窗口尺寸是一种经典的窗口类型，在聚焦形貌恢复算法中应用较为广泛，而自适应式窗口尺寸是一种较为新奇的窗口类型，相比于固定式，自适应式窗口尺寸能够改善聚焦形貌恢复精度，但计算量增加。

固定式窗口较为简单，该窗口如图 9-11 所示，通常为正方形，正方形的边长为奇

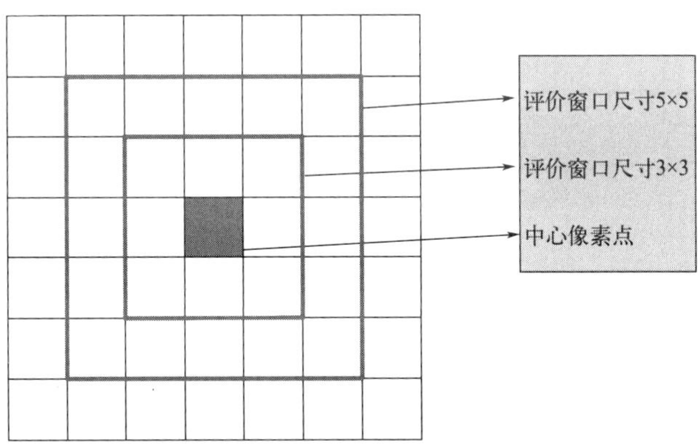

图 9-11　固定式评价窗口

数个像素大小，窗口的最小尺寸为 3×3，当窗口增大时，其尺寸依次为 5×5、7×7、9×9、11×11 等。将聚焦测度函数作用于图像上以像素点为中心的窗口，得到该像素点的清晰度评价值。使用固定式窗口计算图像中各像素点的清晰度值时，应用在各像素点上的窗口尺寸是统一的。固定式窗口大小在一定程度上影响聚焦形貌恢复的三维重建精度，较小的窗口不能准确计算图像中无纹理和平滑区域的清晰度，并且较小的窗口使清晰度评价值容易受到噪声的影响，而大窗口可能会过度平滑或扭曲对象形状，且较大的窗口会不必要地包括不相关的相邻像素。

自适应窗口根据中心像素点与其周围像素点的相关性来确定窗口的形状和大小，该窗口如图 9-12 所示，通常为矩形，且各像素点对应的窗口是不一致的，因此，当使用聚焦测度函数评价图像上各像素点的清晰度时，自适应式窗口相比于固定式窗口，计算更为复杂，对设备要求较高，且运算时间较长，然而自适应式窗口在一定程度上能够改善聚焦形貌恢复的三维重建精度。

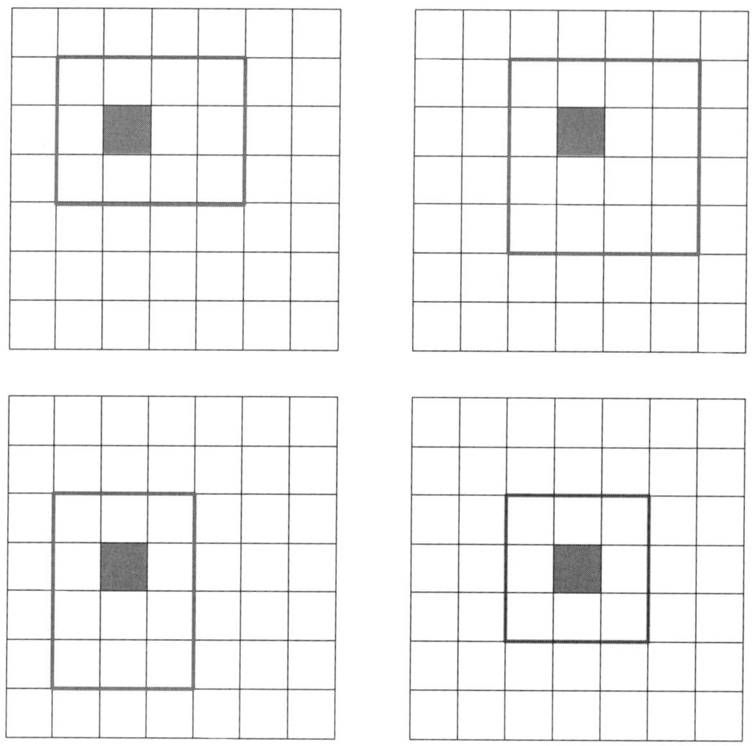

图 9-12 自适应式评价窗口

多聚焦图像序列评价完成后，会得到一个由各像素清晰度值组成的三维矩阵，矩阵的第一、二维度大小等于图像分辨率，矩阵的第三维度大小等于多聚焦图像序列的图像总数。当矩阵第一、二维度坐标相同时，第三维度上各数值表示图像序列中每帧图像相同位置处的清晰度值。如图 9-13 所示，通过对图像序列中每帧图像相同位置处的清晰度值插值或拟合，得到清晰度值峰值以及峰值对应的深度值，认为该深度值为图像上相应位置处的深度。

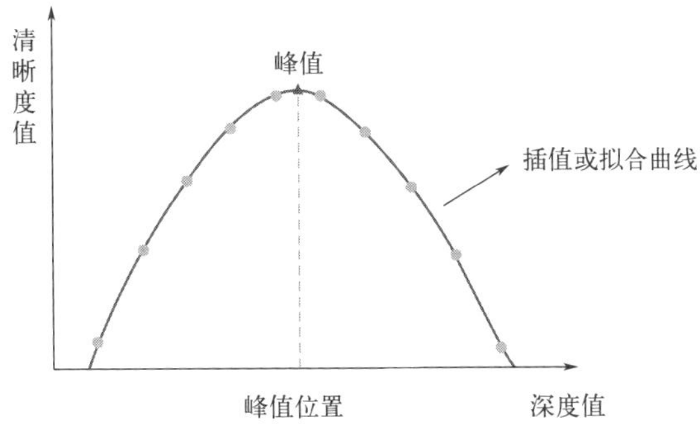

图 9-13　插值或拟合离散点以定位峰值

聚焦形貌恢复技术中使用的插值或拟合算法包括一维高斯插值法、多项式拟合法、相位相关算法等。以一维高斯插值法为例，对其原理进行阐述。

一维高斯插值是聚焦形貌恢复领域常用的插值方法，该方法具有插值精度高、运算速度快等优点，其表达式为

$$T\left(Z\right)=T_{\mathrm{p}}\exp\left[-\frac{\left(Z-Z_{\mathrm{p}}\right)^{2}}{2\sigma_{2}^{2}}\right] \tag{9-8}$$

式中，(Z, T) 表示第三维度上的清晰度值 T 及对应深度 Z；T_{p} 为插值得到的曲线峰值；Z_{p} 为峰值对应的横坐标；σ_2 为标准差。通过插值得到参数 Z_{p} 的值，该值即为图像上对应像素坐标处的深度值。

在初始深度图的获取过程中，由于其受到一些因素的干扰，从而导致初始深度图中存在较多的粗差，因此，获取初始深度图后对其进行后处理有助于滤除粗差、提高重建精度。目前，使用较多的方法包括中值滤波、均值滤波等。此外，还存在许多较为新颖的方法比如迭代边缘修复算法等，这些算法都能有效滤除初始深度图中的粗差、提升聚焦形貌恢复的三维重建精度。然而此类算法尚处于发展阶段，还需进一步研究，理想的算法应该在有效滤除错误的同时保证其他部分不受干扰，从而更为有效地提升重建精度。

9.3.2　离焦形貌恢复

离焦形貌恢复是三维重建中的一种重要方法，通过分析图像中离焦效应来推断物体的三维形貌。这个方法的基本原理是利用图像的离焦现象将三维信息从二维图像中提取出来。离焦现象是指在相机对焦点前后拍摄的图像模糊情况。离焦模糊主要由两种因素造成：点扩散函数（PSF）和模糊的强度。这种模糊现象可以被用于恢复物体的三维形貌。在离焦图像中，物体的每个点都会变成一个模糊的区域，这个区域的大小和形状取决于物体与相机之间的距离以及相机的光圈大小。这种模糊使得离焦图像

包含了物体的深度信息。

离焦模型主要基于相机的点扩散函数（PSF）和物体的深度信息。常用的离焦模型是基于高斯函数的模糊模型：

$$I(x, y)=\int_{-\infty}^{\infty}\int_{-\infty}^{\infty} I_s(u, v)\cdot H(x-u, y-v)\mathrm{d}u\mathrm{d}v \tag{9-9}$$

式中，$I(x, y)$ 是离焦图像的亮度值；$I_s(u, v)$ 是物体表面的真实亮度值，$H(x-u, y-v)$是点扩散函数（PSF），通常可以近似为高斯函数。

常用的恢复方法有反卷积方法和多图像重建方法。反卷积方法通过反向推导点扩散函数来恢复图像。具体步骤如下。

① 获取点扩散函数（PSF）：通过实验或建模获取 PSF。

② 应用反卷积算法：利用反卷积算法从离焦图像中去除模糊。例如，使用维纳滤波器：

$$I_s(u, v)=F^{-1}\left\{\frac{F\{I(x, y)\}}{F\{H(x, y)\}}\right\} \tag{9-10}$$

式中，F 表示傅里叶变换；F^{-1} 表示反傅里叶变换。

多图像重建方法通过拍摄不同焦距的图像来恢复深度信息。这些图像可以通过不同的焦距设置拍摄，形成一组离焦图像。然后，通过这些图像的组合来估计深度信息。常用的方法包括：

① 深度估计公式：基于不同焦距图像的亮度变化，估计每个像素点的深度。例如：

$$Z(x, y)=\frac{f\cdot d}{\Delta I(x, y)} \tag{9-11}$$

式中，$Z(x, y)$是深度信息；f是相机的焦距；d是像素间距；$\Delta I(x, y)$是焦距变换引起的亮度变化。

② 优化算法：通过优化算法调整图像的对焦参数，以最小化图像重建误差。例如，使用最小二乘法来优化深度估计。

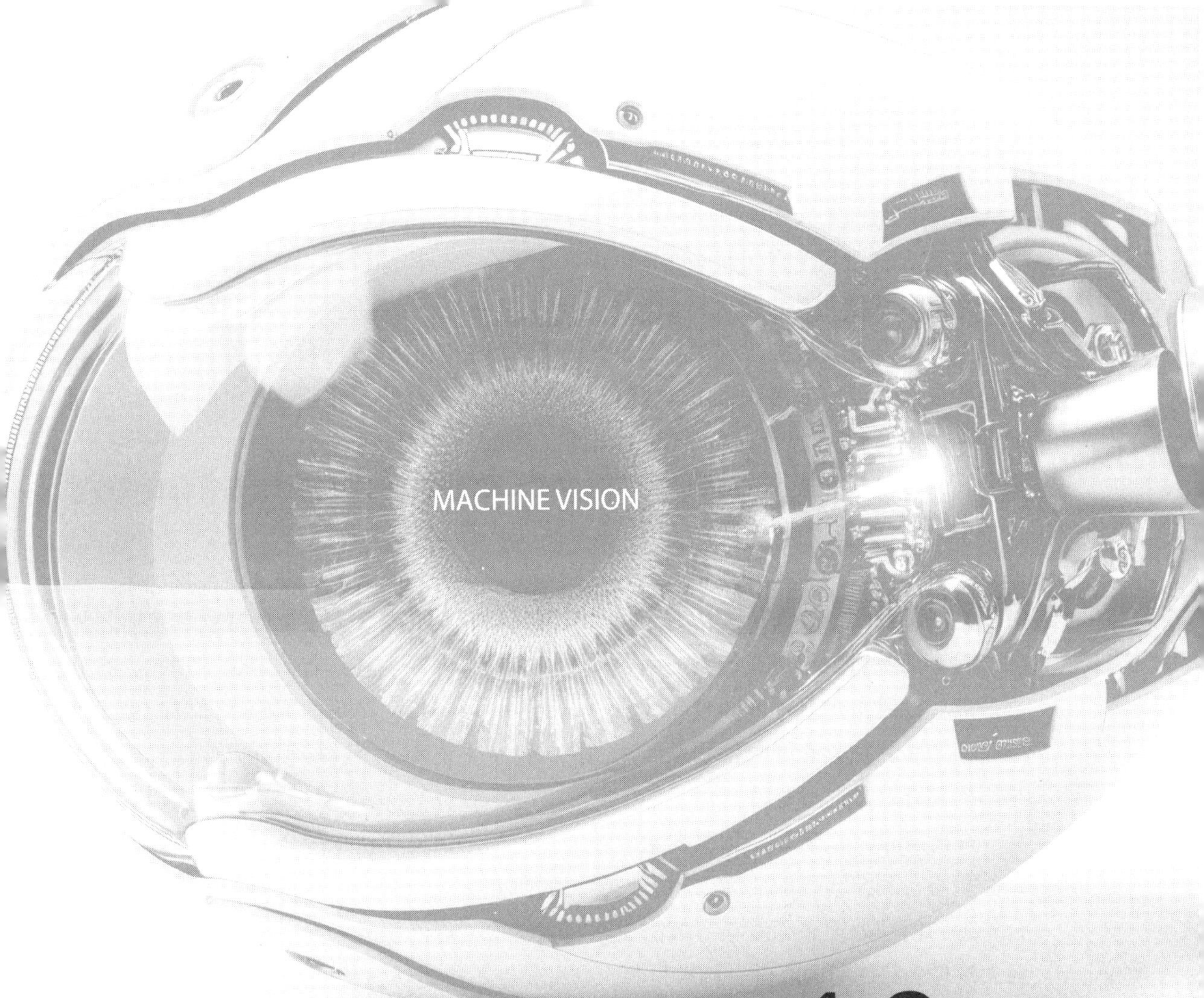

第10章 面向公路养护的路面病害检测应用

MACHINE VISION

10.1 应用背景简介

公路作为国家交通基础设施的重要组成部分，是城市、乡村和工业区之间运输的重要纽带。公路状况直接影响交通的顺畅、安全和经济的发展。然而，随着公路的长期使用和气候变化的影响，路面病害逐渐成为影响公路性能和使用寿命的关键问题。路面病害如裂缝、坑洞、车辙等，不仅影响车辆行驶的舒适性和安全性，还可能导致事故频发。因此，如何对路面病害进行高效、准确的检测，并通过及时的维护措施延长公路使用寿命，是现代公路管理面临的主要挑战。

传统的公路养护方式主要依赖人工巡检，通常由巡检员定期对公路进行目视检查和经验判断。然而，这种方法存在着效率低下、主观性强、覆盖范围有限等诸多不足。随着公路网络的不断扩展和车流量的急剧增加，人工检测的局限性逐渐显现出来。一方面，人工检测需要耗费大量的人力和时间，特别是面对日益复杂的交通环境时，检测人员难以及时发现潜在的路面问题；另一方面，人眼观察具有一定的主观性，容易因疲劳、经验不足或环境因素导致漏检或误判，影响检测结果的准确性和及时性。加之路面病害往往具有隐蔽性和发展速度快的特点，依赖人工巡检很难确保病害能够在早期得到有效发现和处理。

在此背景下，随着计算机视觉、人工智能和图像处理技术的快速发展，智能化的路面病害检测技术逐渐成为公路养护领域的研究重点。通过引入自动化检测技术，结合先进的图像处理和深度学习算法，路面病害检测可以摆脱对人工经验的依赖，实现对大规模公路网络的高效、精准检测。这种转变不仅能够显著提升检测的效率和精度，还能在复杂的路况环境中保持一致的性能，减少检测过程中主观因素的影响。

基于图像处理的路面病害检测系统通常包括路面图像采集、图像预处理、特征提取以及病害识别等步骤。高清摄像头或无人机等设备对路面进行全面拍摄，系统能够自动识别出裂缝、坑洞、车辙等常见病害，并根据病害的类型、大小、深度等信息进行分类和记录。近年来，深度学习技术逐渐应用于路面病害检测领域。通过构建深度神经网络，研究者可以从大量标注数据中训练模型，自动学习病害的特征，并对采集的路面图像进行分类和定位。

随着技术的不断发展，未来路面病害检测系统将变得更加高效、精确，并具备自适应和自动优化的能力。通过结合多种先进技术手段，公路养护将朝着智能化、数据化和自动化的方向迈进，进一步提高公路的运行效率和安全性，促进交通基础设施的可持续发展。

10.2 基于传统图像处理的路面病害检测方法

随着现代交通系统的快速发展，公路养护和路面管理变得越来越重要。路面病害，如裂缝、坑洞、沉陷和车辙等，直接影响交通安全和公路的寿命。及时、准确地识别和检测这些病害是公路养护的关键环节。基于图像处理技术的路面病害检测方法具有非接触、自动化和高效等优点，逐渐取代了传统的人工检测方式。传统的图像处理方法依赖于边缘检测、阈值分割、形态学处理等算法，在病害检测中取得了广泛应用。

10.2.1 基于边缘检测的病害检测算法

边缘检测的核心思想是通过检测图像中灰度值的突变区域，从而确定物体或病害的边界。在数字图像中，边缘通常表现为像素值的快速变化，即灰度值梯度的增大。边缘检测算法通过计算图像中像素梯度的大小和方向，来提取病害的边缘信息。

（1）灰度变化与边缘

在一幅灰度图像中，边缘是灰度值在空间上发生剧烈变化的区域。具体而言，假设我们有一幅二维的灰度图像 $I(x, y)$，在某些点上，灰度值的变化率较大，这些点即为图像的边缘。计算灰度值变化率的方法是通过梯度来衡量，即分别计算水平方向和垂直方向的灰度值变化：

$$G_x = \frac{\partial I}{\partial x}, \ G_y = \frac{\partial I}{\partial y} \tag{10-1}$$

式中，G_x 和 G_y 分别代表图像在水平方向和垂直方向上的灰度变化。

图像的梯度幅值 G 可以通过如下公式得到：

$$G = \sqrt{G_x^2 + G_y^2} \tag{10-2}$$

梯度幅值大的地方对应着图像的边缘。此外，梯度的方向可以通过以下公式确定：

$$\theta = \arctan\left(\frac{G_y}{G_x}\right) \tag{10-3}$$

梯度的方向决定了边缘的方向。

（2）常用的边缘检测算子

在边缘检测算法中，常用的算子包括 Sobel 算子、Prewitt 算子、Roberts 算子和 Canny 算子等。这些算子通过不同的方式计算图像的梯度，从而实现边缘检测。

Sobel 算子是一种经典的边缘检测算子，通过对图像进行水平和垂直方向的卷积操作，计算出图像的梯度信息。Sobel 算子使用两个 3×3 的卷积核来分别计算水平方向和垂直方向的梯度，这两个卷积核分别为

$$G_x = \begin{bmatrix} -1 & 0 & 1 \\ -2 & 0 & 2 \\ -1 & 0 & 1 \end{bmatrix}, G_y = \begin{bmatrix} 1 & 2 & 1 \\ 0 & 0 & 0 \\ -1 & -2 & -1 \end{bmatrix} \tag{10-4}$$

式中，G_x 用于检测水平方向的边缘；G_y 用于检测垂直方向的边缘。通过将这两个卷积核分别与图像进行卷积，可以得到图像在水平方向和垂直方向上的梯度。Sobel 算子的优点在于其简单、快速，计算量小，适合实时性要求较高的路面病害检测应用。然而，Sobel 算子对噪声较为敏感，在复杂的路面环境中容易产生误检测。因此，Sobel 算子通常用于初步的边缘检测，后续可以结合其他处理步骤（如形态学处理）进行进一步的优化。

Prewitt 算子与 Sobel 算子类似，也是一种用于边缘检测的梯度算子。Prewitt 算子同样使用两个 3×3 的卷积核来分别计算水平方向和垂直方向的梯度，卷积核如下：

$$G_x = \begin{bmatrix} -1 & 0 & 1 \\ -1 & 0 & 1 \\ -1 & 0 & 1 \end{bmatrix}, \ G_y = \begin{bmatrix} 1 & 1 & 1 \\ 0 & 0 & 0 \\ -1 & -1 & -1 \end{bmatrix} \tag{10-5}$$

Prewitt 算子与 Sobel 算子的主要区别在于权重分配的方式，Prewitt 算子的权重分配更加简单，因此计算量比 Sobel 算子稍小。然而，由于 Prewitt 算子没有对中心像素进行更大的加权，因此其抗噪性能相对较差。

Roberts 算子是一种较早提出的边缘检测算子，通过计算图像对角方向的梯度来实现边缘检测。Roberts 算子使用 2×2 的卷积核进行卷积操作，卷积核如下：

$$G_x = \begin{bmatrix} 1 & 0 \\ 0 & -1 \end{bmatrix}, \ G_y = \begin{bmatrix} 0 & 1 \\ -1 & 0 \end{bmatrix} \tag{10-6}$$

Roberts 算子的计算速度较快，适用于简单图像的边缘检测。然而，由于其卷积核尺寸较小，Roberts 算子对噪声的抑制能力较差，因此其在实际应用中逐渐被其他更为鲁棒的算子取代。

Canny 算子是目前应用最广泛的边缘检测算法之一，具有较强的抗噪能力和准确性。Canny 算子通过以下几个步骤来实现边缘检测。

- 高斯滤波：首先对图像进行高斯滤波，平滑图像以减少噪声干扰。
- 计算梯度：使用 Sobel 算子或其他梯度算子计算图像的梯度幅值和方向。
- 非极大值抑制：对每个像素，根据其梯度方向查找局部极大值，如果当前像素的梯度幅值不是局部最大值，则将其设为 0，从而去除非边缘像素。
- 双阈值法：使用两个阈值将边缘分为强边缘和弱边缘，强边缘是梯度幅值超过高阈值的像素，弱边缘是介于高阈值和低阈值之间的像素。
- 边缘连接：通过连接强边缘和弱边缘，确保边缘的连续性。

Canny 算子是一个具有鲁棒性的边缘检测方法，适用于各种复杂的路面环境。它能够有效应对光照变化、噪声干扰等挑战，因此在路面病害检测中得到了广泛应用。然而，Canny 算子的计算复杂度较高，尤其是对于实时性要求较高的场景，计算成本可能成为一个限制。

（3）基于边缘检测的病害检测流程

- 图像预处理：在执行边缘检测之前，通常需要对路面图像进行预处理，以提高检测效果。常见的预处理步骤包括灰度化、噪声去除和对比度增强。灰度化可以简化图像的处理过程，噪声去除（如高斯滤波）可以减少因噪声引起的误检，而对比度增强则可以使病害特征更加明显。
- 梯度计算：选择合适的边缘检测算子（如 Sobel 算子、Prewitt 算子或 Canny 算子），计算图像的梯度幅值和方向。梯度幅值大的像素点通常对应病害的边缘。
- 边缘提取：根据梯度幅值的大小，通过设定阈值提取出图像中的边缘。对于一些复杂的路面病害，可以结合非极大值抑制等技术，以确保边缘的准确性。
- 后处理：提取出的边缘往往包含一些噪声和断裂的部分，因此需要进行后处理。常见的后处理技术包括形态学处理（如膨胀和腐蚀）和边缘连接操作，以去除孤立的噪声点并保证边缘的连贯性。
- 病害分类与识别：通过分析边缘的形状、长度、宽度等特征，可以进一步对病害进行分类和识别。例如，裂缝通常表现为细长的线状边缘，而坑洞则表现为封闭的多边形边缘。

10.2.2 基于阈值分割的病害检测算法

阈值分割是图像分割中最常用的技术之一，其基本思想是将图像中的像素值与一个或多个设定的阈值进行比较，根据比较结果将像素划分为不同的区域。对于路面病害检测，阈值分割方法通常用于区分病害区域（如裂缝、坑洞）与正常路面。

（1）单阈值分割

单阈值分割是最基础的阈值分割方法，它通过选取一个阈值，将图像分为前景和背景两部分。假设有一幅灰度图像 $I(x, y)$，每个像素的灰度值范围为 0 ~ 255。设定一个阈值 T，对于每个像素，如果其灰度值大于或等于阈值，则将该像素归为背景；反之，则归为前景。公式如下：

$$I'(x, y)=\begin{cases}1, & I(x, y) \geqslant T \\ 0, & I(x, y)<T\end{cases} \tag{10-7}$$

式中，$I'(x, y)$ 是分割后的二值化图像。对于路面病害检测，通常裂缝或病害区域的灰度值较低，而正常路面灰度值较高，因此可以通过设定一个合适的阈值，将低灰度值的病害区域从图像中分离出来。

（2）多阈值分割

多阈值分割方法通过选取多个阈值，将图像划分为多个不同的区域。假设有两个

阈值和，那么分割的结果可以表示为

$$I'\left(x, y\right)=\begin{cases}0, & I\left(x, y\right)<T_1 \\ 1, & T_1 \leqslant I\left(x, y\right)<T_2 \\ 2, & I\left(x, y\right) \geqslant T_2\end{cases} \tag{10-8}$$

在路面病害检测中，多阈值分割方法可以用于识别不同程度的病害，如轻微的裂缝和严重的坑洞等。

（3）常用的阈值分割方法

在阈值分割技术中，如何确定合适的阈值是一个关键问题。常见的阈值选择方法包括手动设定、直方图分析、Otsu 法等。

手动设定阈值法是最简单的阈值分割方法，由人工根据对图像的经验或观察选择一个固定的阈值。对于某些特定场景，手动设定阈值可以取得较好的效果。然而，手动设定阈值法依赖于人工经验，且对不同的图像或环境无法自适应，因此在实际应用中具有一定的局限性。

直方图分析法通过分析图像灰度值的直方图，选取灰度值分布中的某个分割点作为阈值。通常情况下，正常路面和病害区域的灰度值会呈现出双峰分布，因此可以通过找到这两个峰值之间的谷值来确定阈值。具体步骤如下：计算图像的灰度直方图；识别直方图中的峰值；找到峰值之间的谷值作为分割阈值。这种方法能够有效应对简单场景下的病害检测，特别是当病害区域与正常路面有显著的灰度差异时，直方图分析法能够快速得到较好的分割效果。

Otsu 法是自适应阈值分割的经典方法之一。该方法通过最大化类间方差（即前景和背景之间的方差）来自动确定最优阈值。Otsu 法假设图像由两部分组成——前景和背景，并尝试找到使得类内方差最小、类间方差最大的阈值。其核心思想是通过以下公式来定义类间方差：

$$\sigma_B^2(T)=\omega_1(T)\bullet\omega_2(T)\bullet\left[\mu_1(T)-\mu_2(T)\right]^2 \tag{10-9}$$

式中，$\omega_1(T)$和$\omega_2(T)$分别是阈值 T 左右两部分的像素比例；$\mu_1(T)$和$\mu_2(T)$分别是两部分的均值。Otsu 法通过遍历所有可能的阈值，选择使得类间方差最大的阈值作为最优阈值。Otsu 法由于其自适应性，广泛应用于各种图像分割任务中。在路面病害检测中，Otsu 法可以很好地应对不同的光照条件和路面纹理变化，使得分割结果更加鲁棒。

（4）基于阈值分割的病害检测流程

- 图像预处理：路面病害检测的图像往往受到噪声、光照等因素的影响，因此在进行阈值分割之前，通常需要对图像进行预处理。常见的预处理操作包括灰度化、噪声去除（如高斯滤波）和对比度增强等。

- 灰度化：将彩色图像转化为灰度图像，有助于简化后续的处理步骤。
- 噪声去除：使用滤波技术（如均值滤波或中值滤波）去除图像中的噪声，防止噪声影响阈值分割的效果。
- 对比度增强：通过直方图均衡化或自适应对比度增强技术，提高病害区域和正常路面之间的灰度差异，使得分割效果更加明显。
- 阈值选择：通过合适的阈值选择方法（如手动设定、Otsu 法或直方图分析法），确定分割阈值。对于不同的应用场景，可以根据实际情况选择单阈值分割或多阈值分割方法。
- 图像分割：根据选定的阈值对图像进行二值化处理，将图像划分为病害区域和正常路面区域。二值化后的图像中，病害区域通常用“1”表示，而正常路面区域用“0”表示。
- 后处理：分割后的二值图像可能包含一些孤立的噪声点或不连续的病害边缘，因此需要进行后处理。常见的后处理技术包括形态学处理（如腐蚀、膨胀、开闭运算）和区域连接等，以去除小噪声点并确保病害区域的连通性。
- 病害识别与分类：通过分析分割后的病害区域的形状、大小和纹理等特征，可以进一步对病害进行分类和识别。例如，通过形状分析可以区分裂缝和坑洞。

10.2.3 基于区域生长的病害检测算法

区域生长是一种基于像素相似性的图像分割方法，其基本思想是通过选定一个或多个种子点，依据某种相似性准则，将与这些种子点相似的像素逐步扩展为一个完整的区域。该方法的核心在于像素相似性度量标准及扩展的控制策略。

（1）种子点的选择

区域生长的第一步是选取一个或多个种子点，种子点是区域生长的起始位置。在路面病害检测中，种子点可以根据以下几种方式选取：

- 手动选择：人工在感兴趣区域选择初始种子点。
- 自动选择：基于某种预处理结果，如边缘检测、灰度直方图或梯度幅值图像，自动从病害区域选择种子点。
- 多种子点：为了提高算法的鲁棒性，可以选取多个种子点，尤其是在处理复杂路面时，病害可能不连续，因此多种子点有助于覆盖更多的病害区域。

（2）相似性准则

区域生长的关键在于如何确定哪些像素与种子点是“相似”的。常见的相似性准则包括灰度值、颜色、纹理等。对于路面病害检测，通常采用灰度值的相似性准则，即如果某个像素的灰度值与种子点的灰度值差异小于设定的阈值，则认为该像素与种子点相似，从而将该像素归入生长区域。设定的相似性准则如下：

$$\left|I(x,\ y)-I\left(s_x,\ s_y\right)\right|<T \tag{10-10}$$

式中，$I(x,\ y)$是像素$(x,\ y)$的灰度值；$I\left(s_x,\ s_y\right)$是种子点的灰度值；T是灰度差异阈值。如果满足上述条件，则像素$(x,\ y)$被加入生长区域。

（3）生长过程

一旦选定种子点和相似性准则，生长过程从种子点开始，将与种子点相似的相邻像素归入生长区域。生长过程会持续进行，直到没有更多满足相似性准则的像素可以加入生长区域中。常见的生长策略包括：

- 四连通生长：只考虑像素的四个相邻点（上下左右）。
- 八连通生长：考虑像素的八个相邻点（上下左右及四个对角线方向）。

（4）生长终止条件

生长过程的终止条件通常有两种：

① 生长区域没有新的像素加入：当所有满足相似性准则的相邻像素都已加入生长区域时，生长过程终止。

② 区域大小达到上限：为了防止生长区域无限扩大，可以设定一个区域大小上限，当生长区域的像素数量达到这个上限时，生长过程强制终止。

10.2.4 基于小波变换的病害检测算法

小波变换是一种能够同时在时域和频域上局部分析信号的数学工具，它通过对信号进行多尺度分解，能够提取出不同尺度下的细节信息。这一点对于路面病害检测尤为重要，因为病害通常表现为不同尺度下的细节特征，如裂缝的纹理变化和坑洞的边缘特征。

（1）连续小波变换

连续小波变换（continuous wavelet transform，CWT）是一种通过对信号进行连续尺度和平移的小波变换方法。给定一个信号$f(t)$，连续小波变换公式为

$$W_f(a,\ b)=\frac{1}{\sqrt{a}}\int_{-\infty}^{+\infty} f(t)\psi^*\left(\frac{t-b}{a}\right)\mathrm{d}t \tag{10-11}$$

式中，ψ^*是母小波的共轭复数，用于确保结果是实数；a是尺度因子；b是平移因子。通过调整a和b，小波变换可以对信号的不同部分进行不同尺度的分析。

（2）离散小波变换

在实际应用中，通常使用离散小波变换（discrete wavelet transform，DWT）对图像进行分解。离散小波变换通过将图像逐级分解为不同的分辨率层次，实现多尺度分析。它基于滤波器组的设计，将图像分解为高频子带和低频子带。二维图像的离散小波分解可以通过对行和列分别进行一维小波变换来实现。具体步骤如下。

- 第一层分解：将图像通过低通滤波器和平移，得到低频分量，称为“逼近子带”；同时通过高通滤波器得到高频分量，称为“细节子带”。这些细节子带进一步分为水平细节、垂直细节和对角线细节。
- 多层分解：将第一层的逼近子带进一步分解，得到更细致的图像分解结果。通过多层分解，可以捕捉到图像在不同尺度上的细节变化。

（3）小波基选择

小波基函数的选择对于病害检测的效果至关重要。常见的小波基函数有 Haar 小波、Daubechies 小波、Symlet 小波等。在路面病害检测中，Daubechies 小波因其良好的局部化特性和精细的边缘处理能力，常被用于裂缝和坑洞的检测。

（4）小波系数阈值化

小波变换后的图像通常包含大量细节信息，如何从中提取出病害区域的特征是关键步骤。一个常用的方法是对小波系数进行阈值化处理，即将小波系数中低于某一阈值的部分设为零，只保留高于阈值的显著特征。通过这种方式，可以有效去除噪声，同时保留病害区域的边缘和纹理信息。

10.2.5 应用实例——基于车道区域及车道线区域提取的路面病害检测算法

在常规颜色分割和边缘检测的基础上，针对颜色过分割问题，考虑到在航拍路面图像中车道区域与图像边界相交，且颜色分割可获得形状基本完整的车道区域，据此设计了颜色过分割区域去除方法；针对边缘检测图像信息单一，难以辨识车道区域的问题，引入两遍扫描法完成连通域的检测与标记，并联合去除过分割区域的颜色分割图像进行车道区域识别，提取到较为完整的车道区域，其流程见图 10-1 中红色虚线框部分。图 10-1 为航拍路面图像病害检测算法总体流程图，包括以下步骤。

① 将原图像的颜色空间由 RGB 转换到 HSV。

② 选定 HSV 图像中车道区域的颜色阈值并做颜色分割，得到分割的二值图像。

③ 依据形态学滤波及车道区域位置特征剔除二值图像中的过分割区域。

④ 为使原图像边缘检测图中的边缘线连续，对 Canny 算法进行改进。

⑤ 使用两遍扫描法完成边缘图像连通域的检测和标记。

⑥ 将步骤③ 和步骤⑤ 中得到的图像进行逻辑与运算，去除剩余过分割区域。

⑦ 确定车道区域的标记值，提取车道区域。

⑧ 依据提取的车道区域及原图像进行车道线的提取。

⑨ 完成车道区域及车道线区域内的病害检测。

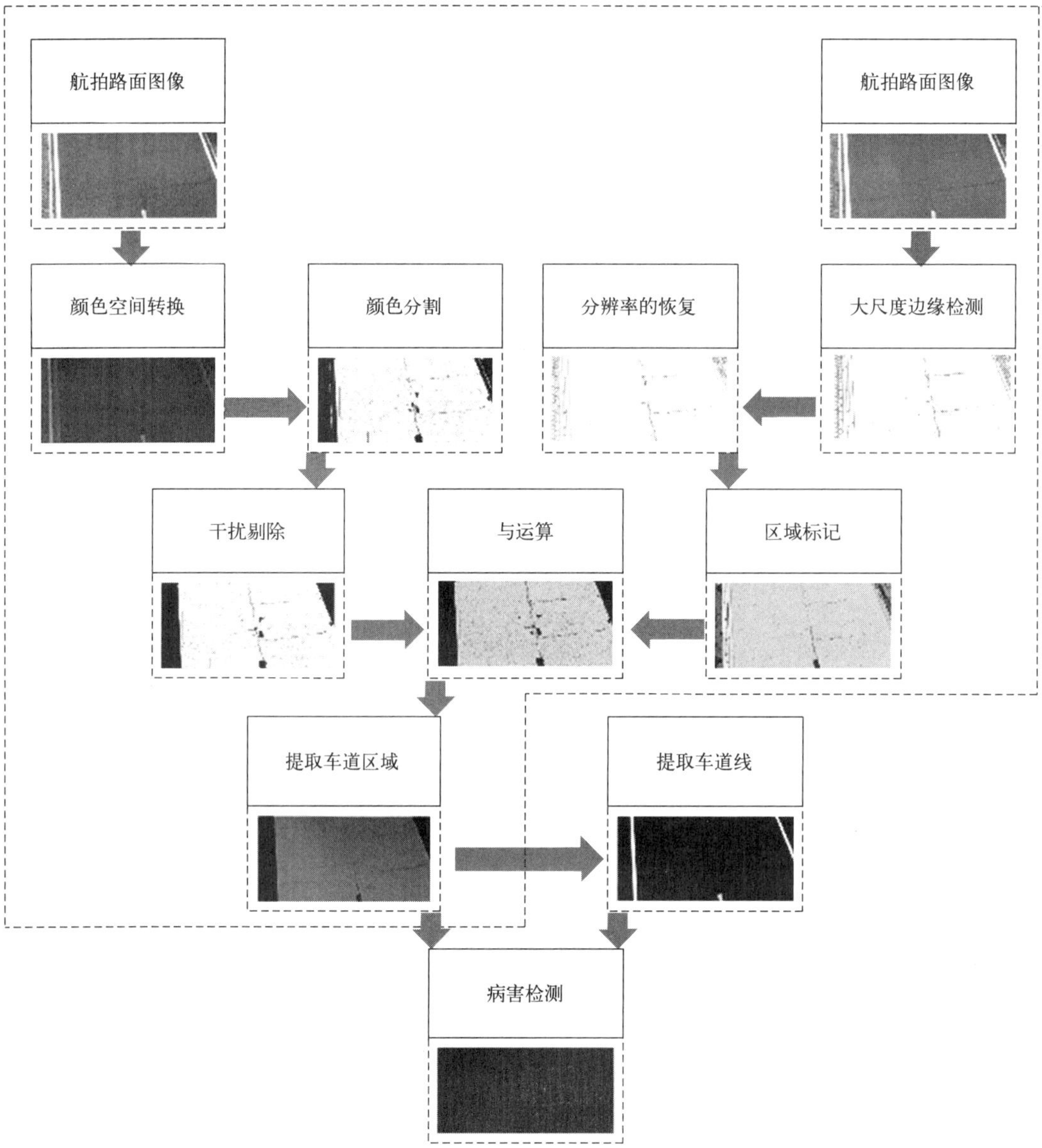

图 10-1　航拍路面图像病害检测算法总体流程

（1）基于颜色分割与边缘检测的车道区域提取算法

H、S、V 这三个分量之间相对独立，避免了颜色分量相关造成的阈值变化问题，基于 HSV 的颜色分割方法适应性好。因此选取 HSV 颜色空间进行车道区域的颜色分割。RGB 颜色空间经由下式转换到 HSV 颜色空间：

$$
\begin{aligned}
&V=\max(R,\ G,\ B)\\
&H=\begin{cases}\dfrac{60(G-B)}{V-\min(R,\ G,\ B)} & (V=R)\\ 120+\dfrac{60(B-R)}{V-\min(R,\ G,\ B)} & (V=G)\\ 240+\dfrac{60(R-G)}{V-\min(R,\ G,\ B)} & (V=B)\end{cases}\\
&S=\begin{cases}\dfrac{V-\min(R,\ G,\ B)}{V} & (V\neq 0)\\ 0 & (V=0)\end{cases}\\
&H=H+360\quad (H<0)
\end{aligned}
\tag{10-12}
$$

色彩空间转换后的效果见图 10-2。

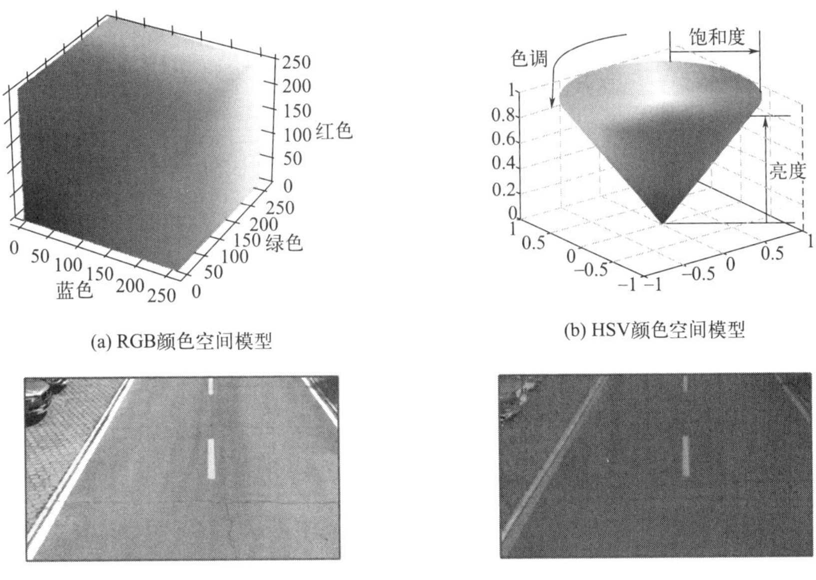

图 10-2　色彩空间转换图（彩图见前言页二维码）

路面一般由车道区域和车道线两部分组成。实现车道区域颜色分割的前提是确定其颜色阈值范围，对航拍的路面视频，以一定帧数间隔选取图像作为样本，统计样本图像中具有代表性的车道区域（见图 10-3 中虚线矩形框）分量值，将各分量的最大值和最小值分别设为高阈值和低阈值，利用下式进行二值化处理：

$$
g(x,\ y)=\begin{cases}1, & T_{H2}\leqslant H(x,\ y)\leqslant T_{H1}\text{和}\\ & T_{S2}\leqslant S(x,\ y)\leqslant T_{S1}\text{ 和}\\ & T_{V2}\leqslant V(x,\ y)\leqslant T_{V1}\\ 0, & \text{其他}\end{cases}
\tag{10-13}
$$

式中，$g(x, y)$ 为二值化图像；$H(x, y)$、$S(x, y)$ 和 $V(x, y)$ 为原图像的 HSV 三分量；T_{H2}、T_{H1} 分别为图像 H 分量的低阈值和高阈值；T_{S2}、T_{S2} 分别为图像 S 分量的低阈值和高阈值；T_{V1}、T_{V2} 分别为图像 V 分量的低阈值和高阈值。

图 10–3　代表性车道区域选取图

图 10-4 所示为航拍路面图像颜色分割的效果。由图 10-4 知，颜色分割存在过分割及欠分割的问题，如局部放大图见图 10-4（c）~（d），这主要由路面背景区域存在与车道区域相同的颜色值以及样本 HSV 值不能覆盖所有车道区域的 HSV 值所致。过分割区域包括过分割的非路面区域及车道线，会对最终车道区域提取结果造成干扰，需进行剔除。欠分割的车道区域将在基于边缘检测的后处理中找回。

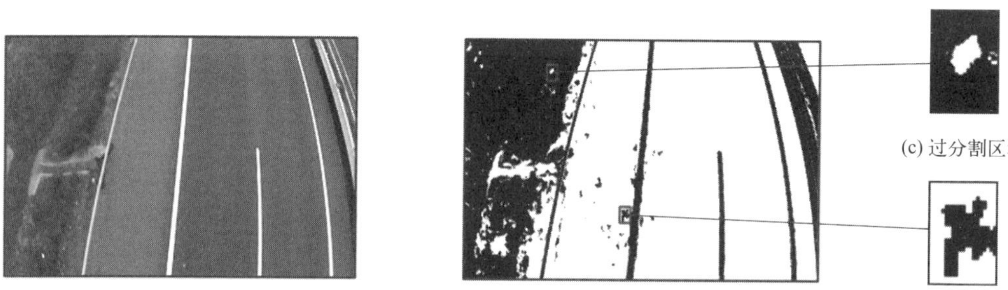

(a) 原图像　　(b) 颜色分割图像　　(c) 过分割区域　　(d) 欠分割区域

图 10–4　原图像颜色分割结果

针对颜色分割产生的过分割区域，结合形态学滤波思想进行剔除。对颜色分割图像进行腐蚀运算，能使图像边界向内收缩，可以消除小面积过分割区域，以及分离由细小通道相互连接的过分割区域。对较大车道区域进行腐蚀运算时并不明显改变车道的大小和形状。形态学滤波的结构元素一般是二维矩形、圆形以及正方形等形状，选用正方形窗口进行滑窗滤波操作，可改进滤波器的效果。

对于腐蚀运算未去除的过分割区域，考虑到长条状的路面在无人机视野范围内，其车道区域至少与图像两个边界（通常为上边界和下边界，偶尔也会出现侧边界）相交，利用该条件对颜色分割得到的图像区域进行判断，剔除非车道区域，效果见图 10-5。

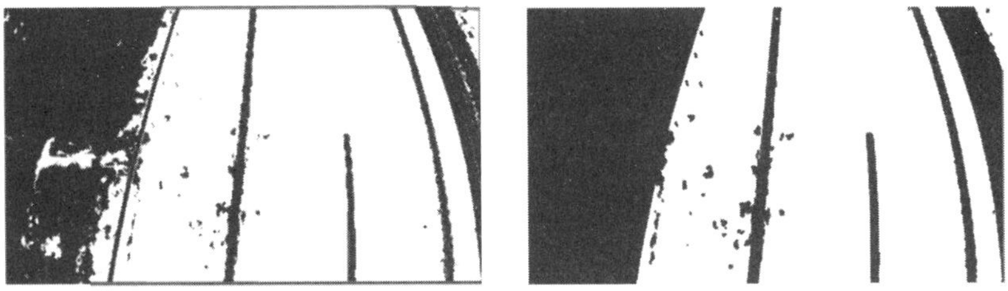

(a) 颜色分割图像　　(b) 过分割区域剔除图像

图 10-5　过分割区域剔除图

（2）改进的航拍路面图像边缘检测

采用多尺度边缘检测算法来解决航拍路面图像模糊导致的车道边缘线断裂且断裂长度较大的问题，基于以下基本思想：小尺度（高分辨率）图像边缘定位准确但不易提取，大尺度（低分辨率）图像边缘易提取且抗噪能力强但定位不准确。因此，首先采用大尺度图像进行噪声的抑制，提高边缘检测的准确性和可靠性，然后从粗到细进行边缘跟踪，最终获取真实完整的边缘信息，如图 10-6 所示。

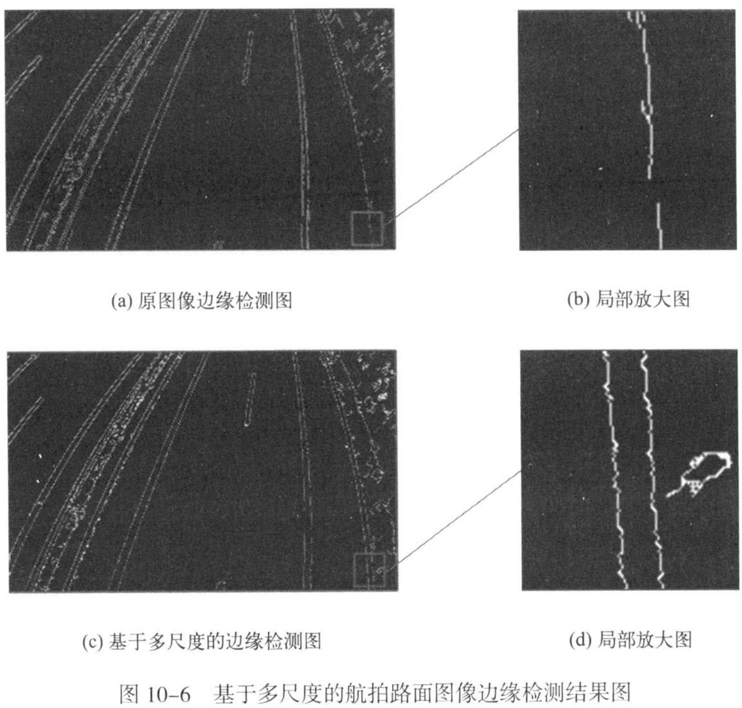

(a) 原图像边缘检测图　　(b) 局部放大图

(c) 基于多尺度的边缘检测图　　(d) 局部放大图

图 10-6　基于多尺度的航拍路面图像边缘检测结果图

处理得到的边缘检测图像由多个连通域构成，连通域中存在待辨识的车道区域，需对每个连通域做不同标记。引入两遍扫描法（Two-pass）对边缘检测图像进行两遍扫描确定出连通域后，在每个区域内填充不同灰度值，从而达到标记的效果。两遍扫描法扫描顺序为从左到右，从上到下，效果见图 10-7。图 10-7（a）为边缘检测图像取反结果图。

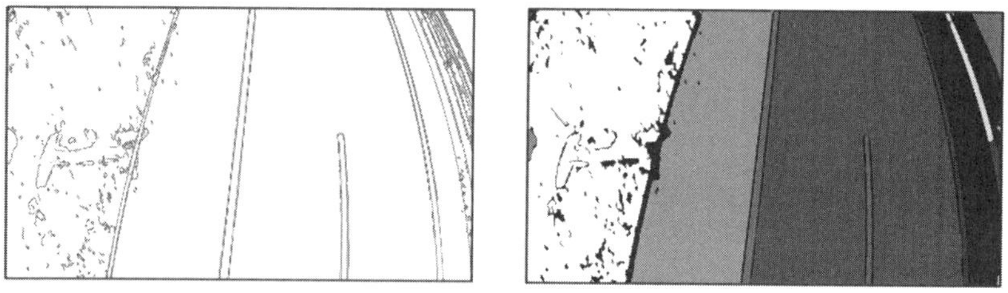

(a) 边缘检测图像取反结果　　(b) 区域标记图像

图 10-7　区域标记结果图

将上文中去除干扰区域的颜色分割图像和区域标记图像做与运算，与运算结果见图 10-8(a)。与运算后的图像中仍会有一些如车道线之类的过分割区域，见图 10-8(b)中椭圆形部分，这些过分割区域并不能通过腐蚀运算与位置特征去除，但与车道区域相比面积较小，可以利用面积阈值进行去除，之后剩余的标记值所对应的边缘检测后的标记区域为识别出的车道区域。

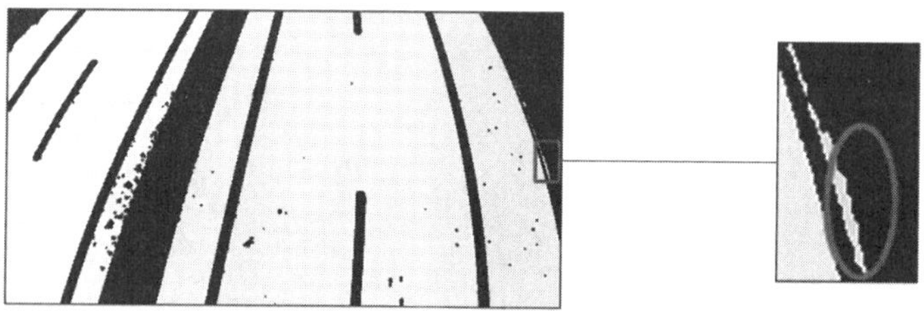

(a) 与运算图像　　(b) 局部放大图

图 10-8　剩余过分割区域

通过上述步骤，过分割区域被完全去除，在与运算图像中被非 0 灰度值标记的区域即为车道区域。确定标记车道区域的灰度值后，结合原图像与标记图像利用下式进行车道区域提取：

$$t(x, y)=\begin{cases}(R, G, B) & m(x, y)=\text{Thresh} \\ (0, 0, 0) & m(x, y)\neq\text{Thresh}\end{cases} \tag{10-14}$$

式中，$m(x, y)$为颜色标记图像；$t(x, y)$为提取的车道区域图像；Thresh 为车道区域的标记值；(R, G, B)表示在区域标记图中某点的像素值为 Thresh 时，原图像中对应点的像素值保持不变；$(0, 0, 0)$表示在区域标记图中某点的像素值不为 Thresh 时，将原图像中对应点的像素值置为 0。最终车道区域提取效果见图 10-9。

(3) 基于阈值分割的航拍路面图像病害检测算法

采用自适应阈值法分别对航拍路面图像中车道区域和车道线区域内的病害进行检

(a) 原图像　　(b) 颜色分割算法　　(c) 基于颜色分割和边缘检测的算法

图 10-9　车道区域提取结果图

测。自适应阈值法可对图像中每一个像素点设置不一样的阈值，其基本思路是以像素点为中心选择一个 $n\times n$ 的区域块，然后对区域块里面的像素点灰度值进行平均值或高斯计算，将计算所得的平均值或高斯值减去一个人工设置的常数 C 作为目标像素点的阈值，以此来对目标像素点进行二值化。对图像每一个像素点进行如此操作就完成了对整个图像的二值化处理。考虑到路面病害对路面使用性能和行驶安全的影响程度以及航拍路面图像中病害的常见表现形式，选择裂缝和坑槽两类病害进行检测，检测详细步骤如下所述。

① 车道区域内病害检测。在检测车道区域内的病害时，需首先将车道区域图像的彩色空间转换到灰度空间，其次使用高斯滤波去除图像噪声，并利用自适应阈值法进

行病害检测。在应用自适应阈值法时，对区域块里的像素点进行了高斯计算。通过自适应阈值法得到的病害结果见图 10-10。

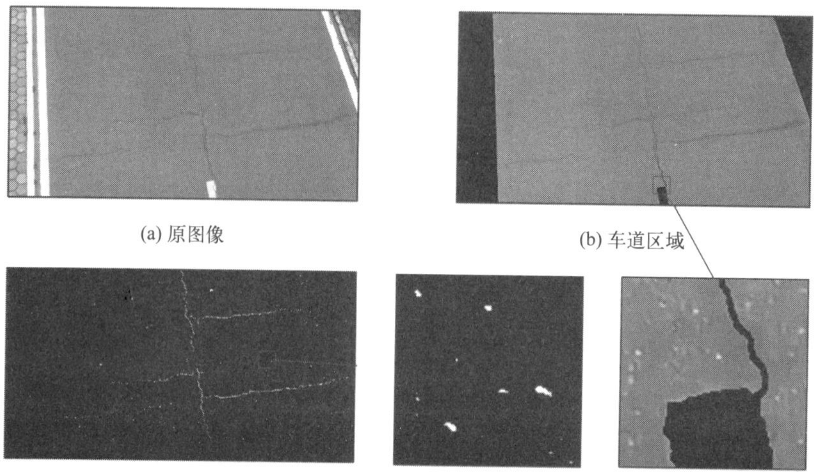

(a) 原图像 (b) 车道区域

(c) 病害检测 (d) 局部放大图 (e) 局部放大图

图 10–10　车道区域内病害检测

由图 10-10 可知，应用自适应阈值法可检测出病害形态，但同时也会将一些噪声区域误检测，见图 10-10（d）。噪声相较于病害，其面积及长宽比更小，据此进行噪声区域的去除，最终的车道区域内病害检测结果见图 10-11。此外与车道线相连的病害存在误识别问题，见图 10-10（e），在后续提取车道线时将其分割。

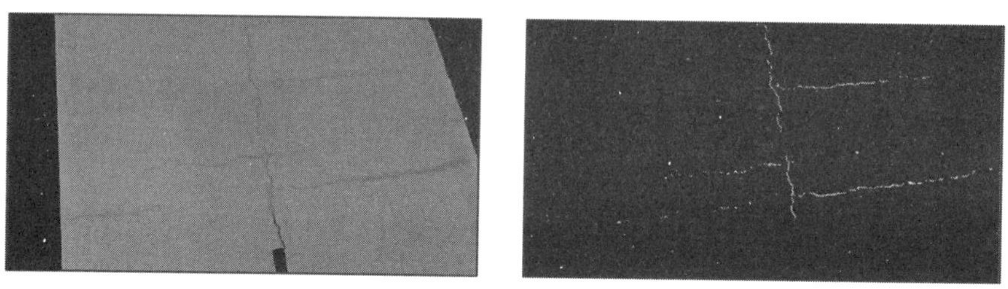

(a) 车道区域提取 (b) 车道区域内病害检测

图 10–11　车道区域内病害检测结果图

② 车道线区域内病害检测。路面中的车道线一般位于车道区域中间和两侧的位置。提取的车道区域图像中，被去除的位于车道区域中间位置的车道线与图像边界不相交或仅与上下边界之一相交，而其余被去除的背景区域至少与图像的两个边界相交，由此特征获得该车道线的掩模图像，并结合原图像实现分割，通过此方法也可找回被误去除的病害。借助现有算法实现车道区域两侧位置车道线的提取，利用自适应阈值法检测车道线内病害，结果见图 10-12。

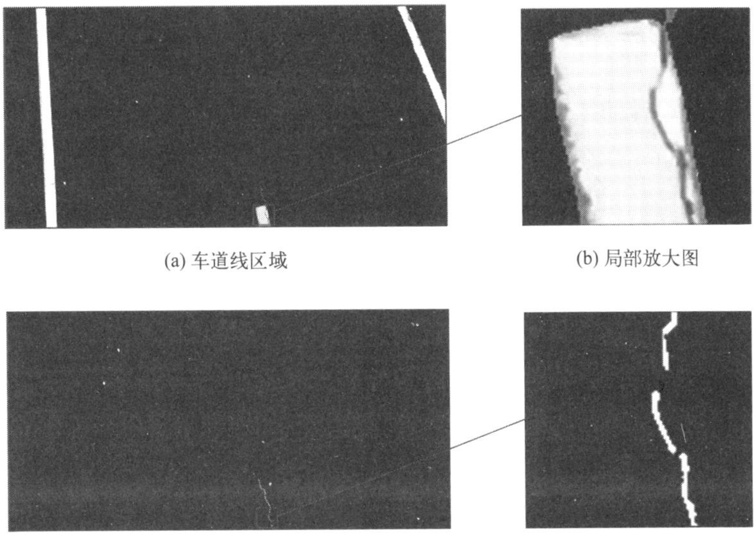

(a) 车道线区域　　(b) 局部放大图

(c) 车道线内病害检测　　(d) 局部放大图

图 10–12　车道线内病害检测结果图

由上所述，航拍路面图像的病害检测完整结果如图 10-13 所示。

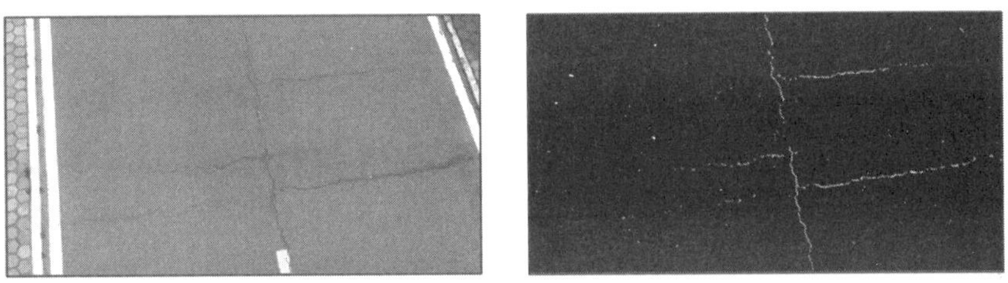

(a) 原图像　　(b) 病害检测结果

图 10–13　完整的病害检测结果图

10.3　基于深度学习的路面病害检测方法

10.3.1　基于目标检测的方法

这类方法的主要特点是通过检测病害所在的矩形框来标记病害的位置，并同时识别病害的类别。具体来说，常见的代表算法包括 YOLO（you only look once）、SSD（single shot multibox detector）以及 Faster R-CNN（faster region-convolutional neural networks）等。

YOLO 是近年来目标检测领域中的一个颇具影响力的深度学习算法，它的创新点在于将目标检测问题看作一个单一的回归问题，而非传统的分类加定位任务的组合。

这使得YOLO在速度上有了显著的提升，尤其适合实时监控中的病害检测。具体而言，YOLO将输入图像划分为固定大小的网格，并为每个网格预测多个边界框和对应的类别概率。这种设计使得YOLO能够在单次前向传播中完成检测任务，大大提高了检测速度。然而，YOLO在检测小目标和处理复杂场景时可能会受到一定的局限性。例如，对于路面上细微的裂缝或不规则形状的病害，YOLO的边界框可能无法准确地包围目标区域。尽管如此，由于其高效的计算特性，YOLO仍然适合在大面积的路面检测中使用，尤其是在需要实时响应的应用场景中。

SSD作为YOLO的改进版本，在精度上有所提升，同时仍保持了较高的检测速度。SSD的核心创新在于其多尺度特征图的设计，使其能够有效检测到不同尺度的目标。这一点在路面病害检测中尤为重要，因为病害的大小和形状可能有很大的差异，从大面积的坑洼到细小的裂缝，SSD通过多尺度特征图能够更好地捕捉到这些差异。SSD与YOLO的不同之处还在于其特征提取的方式。SSD使用了一种称为"default boxes"（默认框）的机制，在多个不同的特征层上生成预设的检测框，并对每个框进行位置回归和类别分类。这种多层次的检测方法使得SSD能够同时处理大范围和小尺度的病害检测任务。例如，在检测大面积的车辙或路面坑洞时，SSD能够提供比YOLO更高的精度，而在细小裂缝检测方面，SSD也具有一定的优势。

Faster R-CNN是目标检测领域中的经典算法之一，它基于R-CNN（regions with convolutional neural networks）系列模型，并通过引入区域建议网络（RPN，region proposal network）显著提高了检测效率。与YOLO和SSD不同，Faster R-CNN采用了两阶段的检测流程：首先生成一系列可能包含目标的候选区域（region proposals），然后对每个候选区域进行分类和精确定位。这种两阶段的设计使得Faster R-CNN在检测精度上优于YOLO和SSD，但代价是计算速度相对较慢。在路面病害检测中，Faster R-CNN的高精度使其适用于需要详细检测和分类的场景。例如，路面病害的形状往往比较复杂，可能包括不规则的裂缝、坑洼、碎石等，这些病害在实际检测过程中难以用简单的矩形框精确描述。Faster R-CNN的区域建议机制可以生成更多的候选区域，从而提高对这些复杂病害的检测能力。此外，Faster R-CNN在处理遮挡、光照变化等复杂场景时也具有较好的鲁棒性。

10.3.2 基于语义分割的方法

语义分割的目的是对图像中的每个像素进行分类，即为图像中的每一个像素赋予一个语义标签，从而实现精确的像素级分类。这种方法在路面病害检测中有着显著的优势，尤其是在病害的形状复杂、不规则的情况下。代表性的语义分割算法包括FCN（fully convolutional networks）、U-Net和DeepLab V3+。

FCN是第一个成功应用于图像语义分割的深度学习模型。FCN的关键创新点在于，它摒弃了传统卷积神经网络（CNN）中的全连接层，而是将所有的层设计为卷积层，从而使模型能够生成与输入图像大小一致的密集预测结果。这种设计使得 FCN 能够直接输出每个像素的分类结果，非常适合用于需要像素级精度的任务，如路面病害的语义分割。在实际的路面病害检测中，FCN 可以将病害区域精确地分割出来，特别是对于那些形状不规则、边界模糊的病害，如裂缝、坑洼等，FCN 能够提供比目标检测方法更精细的检测结果。然而，FCN 的一个主要不足之处在于其分辨率较低的预测结果。在处理高分辨率图像时，FCN 的直接预测可能会丢失部分细节信息，尤其是在病害边界区域，这会影响检测的精度。

U-Net 最初是为生物医学图像分割设计的模型，但由于其在语义分割任务中的出色表现，它已经广泛应用于包括路面病害检测在内的多个领域。U-Net 的结构呈现出典型的“U”字形，由一个下采样路径（编码器）和一个上采样路径（解码器）组成。下采样路径用于提取图像的高级语义特征，而上采样路径则用于恢复图像的空间分辨率。U-Net 的创新点在于通过跳跃连接（skip connections）将下采样过程中提取的特征直接传递给上采样过程，从而避免了信息丢失的问题。U-Net 在路面病害检测中的应用表现非常出色。由于其能够保留高分辨率的空间信息，U-Net 在分割病害边界时能够提供非常精确的结果，尤其是在处理复杂的病害形状时，例如裂缝、车辙和坑洞等。此外，U-Net 对数据量的要求相对较低，因此即使在数据量较少的情况下，U-Net 也能够表现出良好的泛化能力。这使得它非常适合应用于路面病害检测中，尤其是在数据采集成本较高的场景中。

DeepLab V3+ 是近年来提出的一种先进的语义分割算法，它结合了多个前沿技术，如扩张卷积（atrous convolution）和全连接条件随机场（CRF，conditional random field），以提高模型对多尺度上下文信息的捕捉能力，并优化分割结果的边界细节。在路面病害检测中，病害的形状和大小差异较大，而 DeepLab V3+ 能够通过其多尺度特征提取机制有效地处理这一问题，确保对不同尺寸的病害进行准确的检测。DeepLab V3+ 在路面病害检测中的优势体现在其对病害边界的精确捕捉能力上。通过引入条件随机场，DeepLab V3+ 能够对病害的边缘进行细致的修正，避免了常见的边缘模糊问题。这在检测那些形状复杂且边界不规则的病害时尤为重要。此外，DeepLab V3+ 还通过扩张卷积的设计，提高了模型的感受野，使得它能够在不增加计算量的情况下捕捉到更广泛的上下文信息。这对于检测大面积病害，如大面积的裂缝或坑洼，具有明显的优势。

10.3.3 应用实例 1——基于语义分割的路面病害检测模型

路面病害检测实质上是一种多类别的语义分割任务，语义分割方法旨在对图像中的每个像素进行分类，即为每个像素赋予相应的语义标签。鉴于 DeepLab V3+ 模型在病害检测中具有良好的准确性，但检测速度较慢，在此基础上，进一步探究基于语义分割的路面病害自动检测模型，在保证精度的前提下提高检测速度。研究基于

DeepLab V3+ 的轻量化路面病害检测模型，研究思路见图 10-14，包括以下步骤。

① 数据集制作：利用无人机收集路面病害图像并利用 LabelMe 完成标注，之后对图像做裁剪处理，并结合公开数据集，应用数据增强方法建立一个真实可靠的航拍路面图像病害数据集，最后将数据集划分为训练集、验证集及测试集。

② 模型改进与训练：拟从模型轻量化、精度保障和参数设置三方面改进 DeepLab V3+ 模型，用训练集和验证集对改进后的模型进行训练，获得路面病害检测模型。

③ 模型验证：利用测试集样本检验改进后的模型，并对检测结果进行评价。

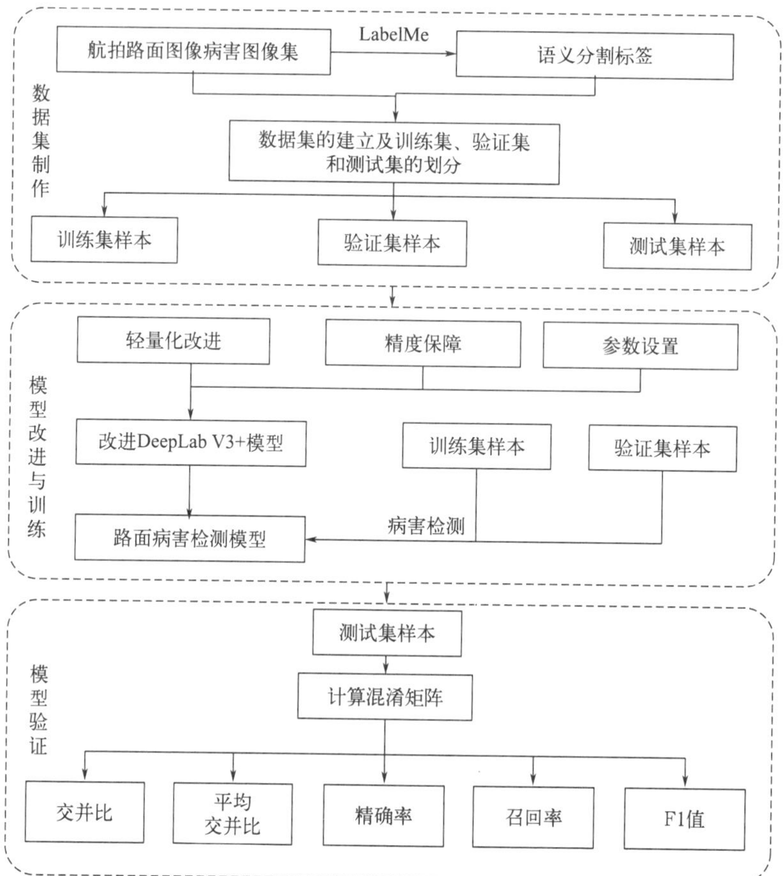

图 10-14　基于语义分割的路面病害检测模型研究思路

提出一种基于 DeepLab V3+ 的轻量级航拍路面图像病害检测模型：首先将传统 DeepLab V3+ 模型中的 Xception 网络改为 MobileNet V3 网络，使模型参数量大幅度减少，内存占用明显降低，模型推理速度显著提高；其次使用 Ghost 卷积替换空洞空间卷积池化金字塔模块（atrous spatial pyramid pooling，ASPP）中的普通卷积，进一步轻量化模型。为保证轻量级 DeepLab V3+ 模型的分割精度，对其结构进行以下优化：① 在 ASPP 模块中引入条形池化模块（strip pooling moudle，SPM）；② 采用 ECA（efficient channel attention）注意力模块，并借助 ECA 设计浅层特征融合结构（shallow feature fusion，SFF）；③ 构造混合损失函数。改进后的 DeepLab V3+ 模型结构见图 10-15。

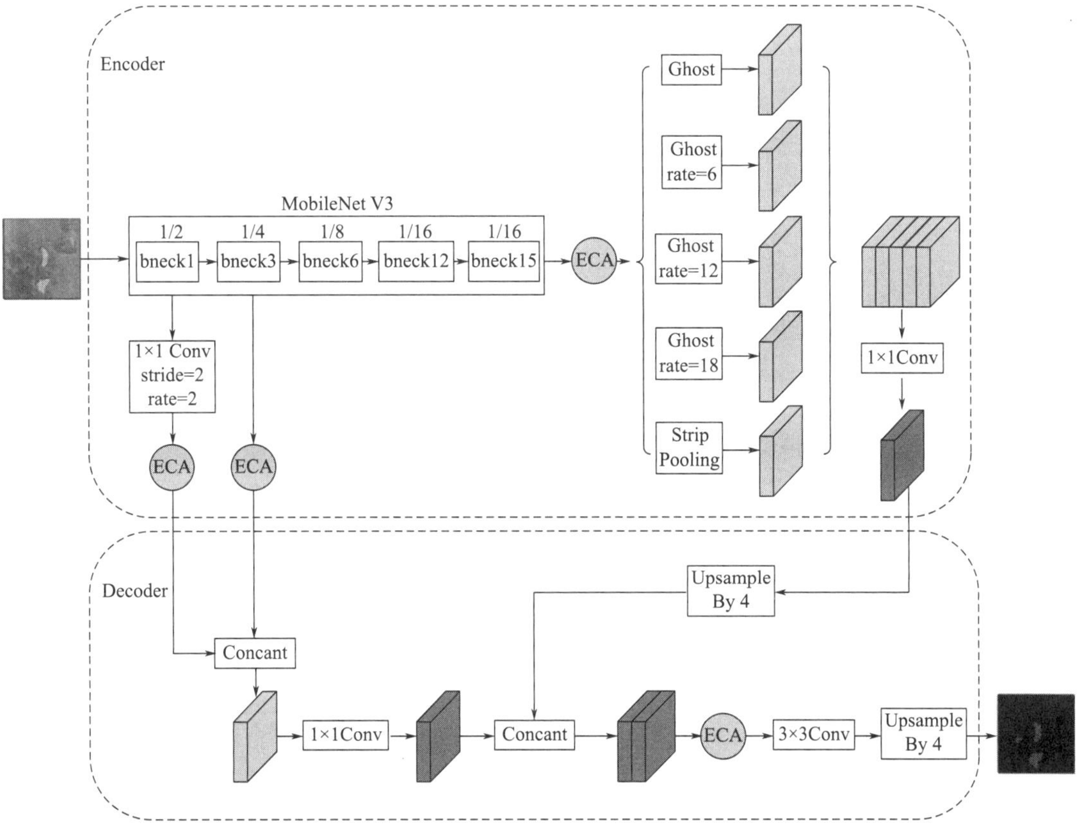

图 10-15　改进的 DeepLab V3+ 模型结构图

MobileNet V3 网络结构主要由三部分组成。第一部分采用一个 3 × 3 的卷积块完成特征提取；第二部分将得到的特征输入一系列 block 结构中，其由八个 3 × 3 的卷积块和六个 5 × 5 的卷积块组成；最后一部分通过一个 1 × 1 卷积块对输出特征进行升维，再通过一个平局池化块将特征转为一维向量特征。仅使用 MobileNet V3 网络的前两个部分作为主干特征提取网络。深层特征图具有语义信息丰富的优点，为获得更深的 1/16 大小的特征图，将 MobileNet V3 网络中的第 13 个 bneck 结构的步长（s）设置为 1，并使用膨胀卷积增加其感受野。

图像通过卷积操作后，可获得诸多特征图，但存在特征图冗余的现象，即有些特征图相似性很高。在 Ghost 卷积中，普通卷积被分为两部分，首先输入特征图经过一个 1 × 1 普通卷积块后获得通道数减半的输出特征图；然后在第一部分的基础上使用计算量更低的操作（cheap operations），即利用深度可分离卷积逐层产生冗余的特征图；最后拼接两组特征图。Ghost 卷积具有轻量化作用，其操作原理见图 10-16。使用 Ghost 卷积代替传统 DeepLab V3+ 模型编码部分的 ASPP 模块中的普通卷积，可降低模型参数量，使模型更加轻量化。

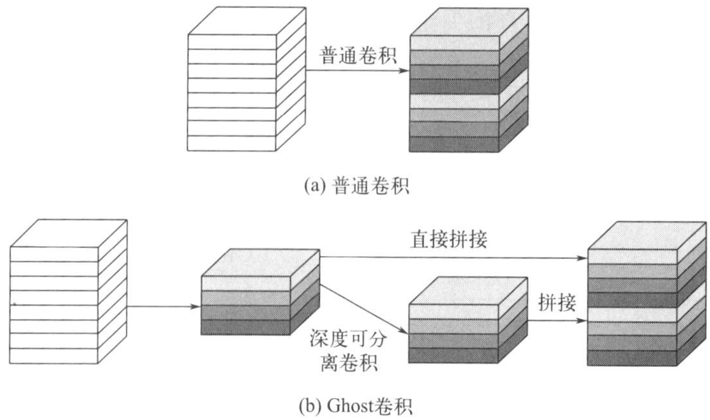

图 10-16　普通卷积与 Ghost 卷积的对比

以路面裂缝和坑槽作为主要检测对象，而裂缝较于坑槽目标更小，检测更为困难。考虑到路面裂缝呈带状分布，见图 10-17，传统池化方法是采集固定的正方形区域中的信息，对于带状裂缝的远程上下文信息则难以收集。为解决这一问题，采用条形池化模块替换传统 DeepLab V3+ 模型中 ASPP 模块的平均池化操作，以此对裂缝结构的上下文信息进行高效获取，并避免不相关区域内的噪声干扰，从而有效提升裂缝的分

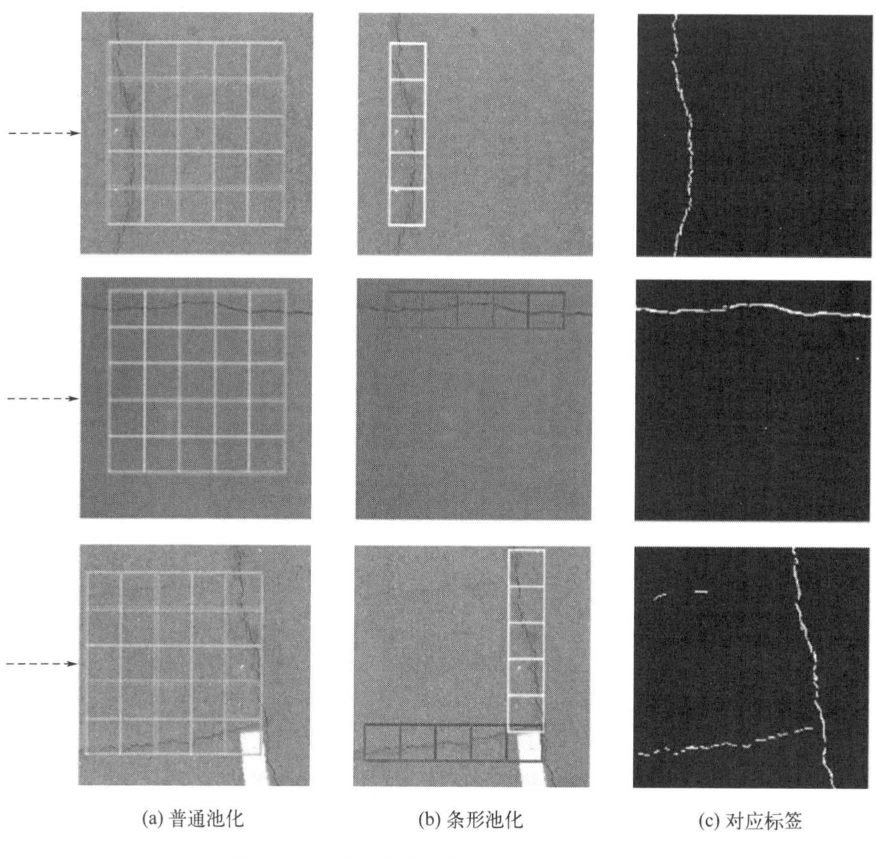

图 10-17　普通池化、条形池化与对应标签

割精度。

条形池化模块结构见图 10-18。条形池化模块对远程上下文的编码在水平和垂直空间维度上实现，网络的感受野范围有效扩大。在条形池化模块中，首先对大小为 $H \times W$ 的输入特征图分别在水平和垂直空间维度上以一行或一列进行平均池化后得到 $1 \times W$ 和 $H \times 1$ 的两个特征图；其次在水平和垂直方向对两个特征图进行扩容处理后，通过对应位置像素求和的方式完成融合；最后，融合特征图通过一个 1×1 卷积块和 sigmoid 函数处理后获得权值，将原输入特征图与该权值相乘便得到了输出特征图。

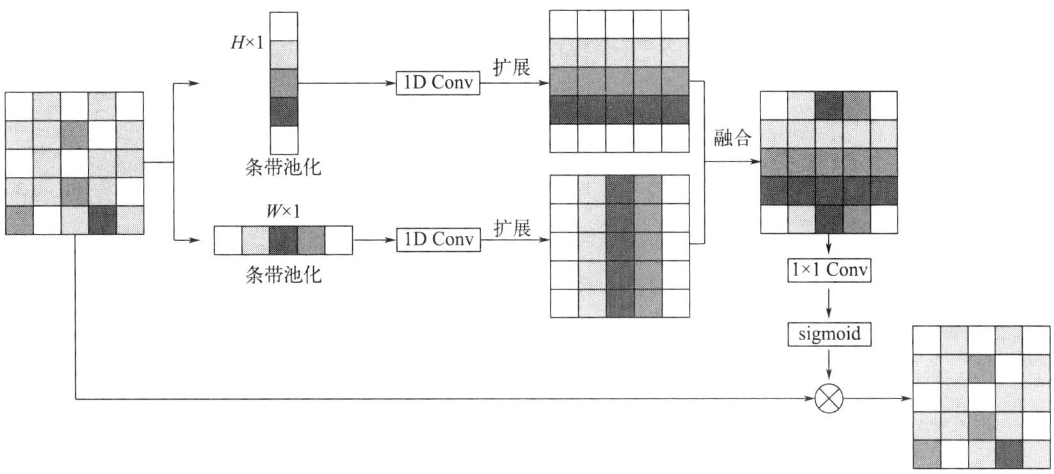

图 10-18　条形池化模块网络结构图

ECA 模块网络结构见图 10-19。首先利用全局平均池化将输入特征图的维度由 $H \times W \times C$ 压缩到 $1 \times 1 \times C$。然后通过卷积核大小为 k 的一维卷积学习压缩特征图的通道特征，并利用 sigmoid 激活函数实现各个通道权值的获取。最后以权值与原输入特征图相乘的方式对每个通道特征进行加权，通过这种方式处理不同重要程度的特征图。

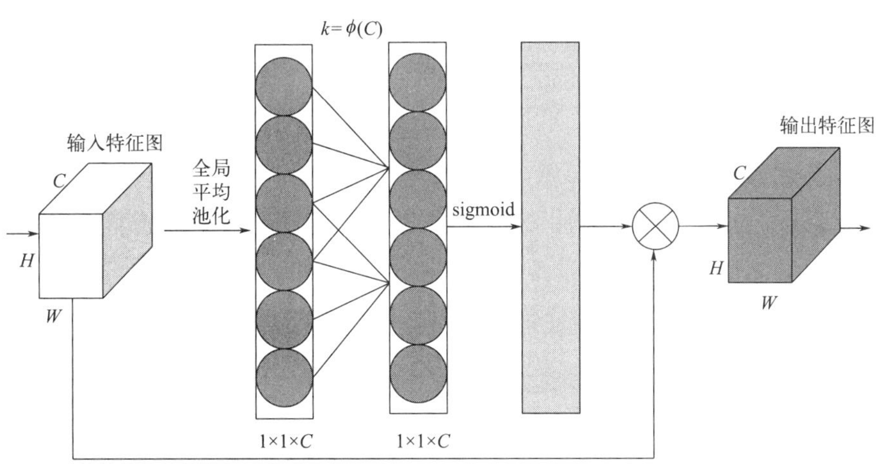

图 10-19　ECA 模块网络结构图

ECA 模块通过下式选择 k：

$$k = \phi(C) = \left| \frac{\log_2(C)}{\gamma} + \frac{b}{\gamma} \right|_{odd} \tag{10-15}$$

式中，卷积核大小为 k；通道数为 C；$|\cdot|_{odd}$ 表示 k 只取奇数；b 和 γ 分别设置为 1 和 2，用于改变通道 C 卷积核大小和之间的比例。

传统 DeepLab V3+ 模型在解码部分没有充分结合浅层特征图，提取的局部细节信息不够丰富，从而使整个模型的预测结果并不精确。为解决该问题，利用特征金字塔思想并借助 ECA 在应用 1/4 大小的特征图的基础上加入了 1/2 大小的特征图，具体操作见图 10-20。在编码部分下采样时生成特征图 A 和 B，特征图 A 的大小为原图的 1/2，通道数为 16，特征图 B 的大小为原图的 1/4，通道数为 24。C 为 A 通过一个卷积核大小为 3、步长为 2、空洞率为 2 的膨胀卷积块和 ECA 模块后得到的特征图，大小为 1/4，使用膨胀卷积可扩大感受野，ECA 模块可去除噪声，学习更有用的特征信息。D 为通过 ECA 模块后的特征图，大小不变。首先将特征图 C 和 D 进行拼接，得到新的特征图 E，通过一个 1 × 1 卷积块对 E 进行通道降维，得到特征图 F；接下来，将 ASPP 模块输出的特征图通过一个 1 × 1 卷积块后进行四倍上采样，然后与 F 拼接；最后将拼接后的特征图通过一个 3 × 3 卷积块进行处理，再进行四倍上采样得到的输出即为模型的预测结果。

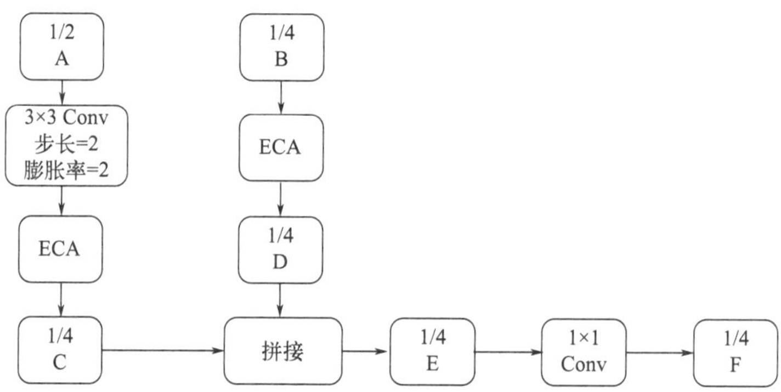

图 10-20　浅层特征融合结构图

训练数据集中的类别不平衡导致深度学习模型在训练过程中过分关注像素数量多的样本，阻碍了模型精度的提升。表 10-1 中列出了训练集中各类别像素占总体像素的百分比。可以看到背景类别的像素是目标类别裂缝像素的 166 倍之多，是坑槽像素的 94.59 倍，在训练过程中可能会将部分裂缝及坑槽样本误判为背景，进而导致模型的精度降低。

表 10-1　训练集中各类别像素占总体像素的比值

类别	背景	裂缝	坑槽
百分比值 /%	98.37	0.59	1.04

为此，构造了结合交叉熵损失（cross entropy，CE）和 Dice 损失的混合损失函数来克服该问题。在多分类任务中，CE 是常用的损失函数，它能有效衡量标签和预测结果之间的相似性。因此，在优化 DeepLab V3+ 模型时，选择 CE 作为其中的一种损失函数以提升模型的性能表现。但该损失函数对类别不平衡问题较为敏感，会导致像素占比较多的类别出现过拟合。其表达式见下式：

$$L_{\mathrm{CE}} = -\sum_{i=1}^{K} y_i \log(p_i) \tag{10-16}$$

式中，K 表示类别数；y_i 和 p_i 分别表示第 i 个像素点的标签值和预测概率值。

Dice损失适用于训练类别不平衡的分割模型，在类别不平衡的情况下可以达到更好的效果。但其对噪声敏感，可能会将边界信息忽略，致使边界分割不佳。其表达式见下式：

$$L_{\mathrm{Dice}} = 1 - \frac{\sum_{i=1}^{N} p_i y_i + \varepsilon}{\sum_{i=1}^{N} p_i + y_i + \varepsilon} - \frac{\sum_{i=1}^{N} (1-p_i)(1-y_i) + \varepsilon}{\sum_{i=1}^{N} (2-p_i-y_i) + \varepsilon} \tag{10-17}$$

式中，y_i 和 p_i 分别表示第 i 个像素点的标签值和预测概率值；为加快收敛，减少过拟合，ε 值设置为 1。使用的混合损失函数见下式：

$$L_{\mathrm{Total}} = L_{\mathrm{CE}} + L_{\mathrm{Dice}} \tag{10-18}$$

混合损失函数可以解决病害图像中样本不均的问题，并获得更精确的像素级检测效果，也能同时关注像素级别的分类准确率以及图像病害的分割效果，进而使模型更稳定地训练。

10.3.4 应用实例 2——基于改进 YOLOv5 的路面裂缝检测方法

针对现有裂缝检测模型体积较大且检测精度不高的问题，提出一种基于轻量化网络的无人机航拍图像裂缝检测方法。首先，使用 MobileNet V3 网络替代 YOLOv5 的主干网络，降低模型大小。其次，引入 C3TR 和 CBAM 模块提高网络表征能力，将损失函数替换为 EIOU 以提高模型的鲁棒性。

CBAM 模块是一种混合注意力模块，结构如图 10-21 所示，包括空间注意力模块（spatial attention module，SAM）和通道注意力模块（channel attention module，CAM）。SAM 和 CAM 以串行方式连接，CAM 先处理通道信息，SAM 则在 CAM 的输出上进行操作。CAM 部分使用最大池化和平均池化操作后，通过共享参数的神经网络生成两个权重向量，相加后得到一个通道维度的注意力权重。这个权重被应用到原始输入特征图上，以自适应地调整不同通道的重要性。SAM 部分的输入来自 CAM 的输出，首先对输入进行最大池化和平均池化操作，然后将结果堆叠成一个特征图。接下来，通过卷积层将其压缩为一个通道数为 1 的特征图。这个特征图的 sigmoid 函数计算生成了空间维度上的注意力权重，它被应用到输入特征图上，以获得具有空间信息的特征图。CBAM 有助于更好地捕捉裂缝特征信息，从而提高模型的表征能力，进而提高检测性能。

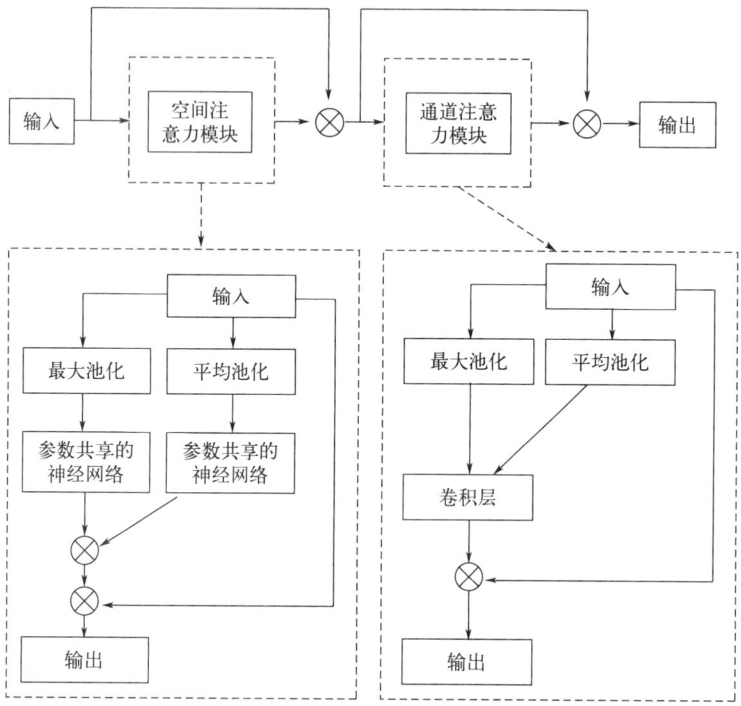

图 10-21 CBAM 注意力机制模块结构

C3TR 模块是基于 Transformer 的算法，在区分目标特征和背景特征方面具有强大的优势，将其嵌入 DNN 中使网络拥有更强的特征提取能力。Transformer 是一种基于编码器 - 解码器结构的网络结构，结构如图 10-22 所示，由 6 个相同的编码器、解码器串联而成。

编码器由堆叠式多头注意力机制和前馈神经网络（feed forward neutral network，FFN）构成。多头注意力机制由自注意力机制构成，不仅关注当前结点处特征，还能兼顾全局特征之间的相关性。FFN 则不断更新来自上层多头注意力输出的信息。

损失函数在目标检测中衡量模型预测值和真实值之间的差异，其选择是至关重要的。好的损失函数可使网络准确、快速地检测出目标。YOLOv5 采用复合式损失函数，由定位损失、置信度损失和类别损失三者的加权和构成。原始的 YOLOv5 损失函数 CIOU 兼顾了预测框和真实框之间的重叠度、中心点距离以及宽高比例等因素，但采用宽高比例来实现宽高的牵制，导致预测框不能同时增大或缩小，从而阻碍了模型的快速收敛。为此，将 CIOU 替换为 EIOU 损失函数，其利用真实宽高来实现宽高的牵制，提高了模型的收敛速度和检测精度。

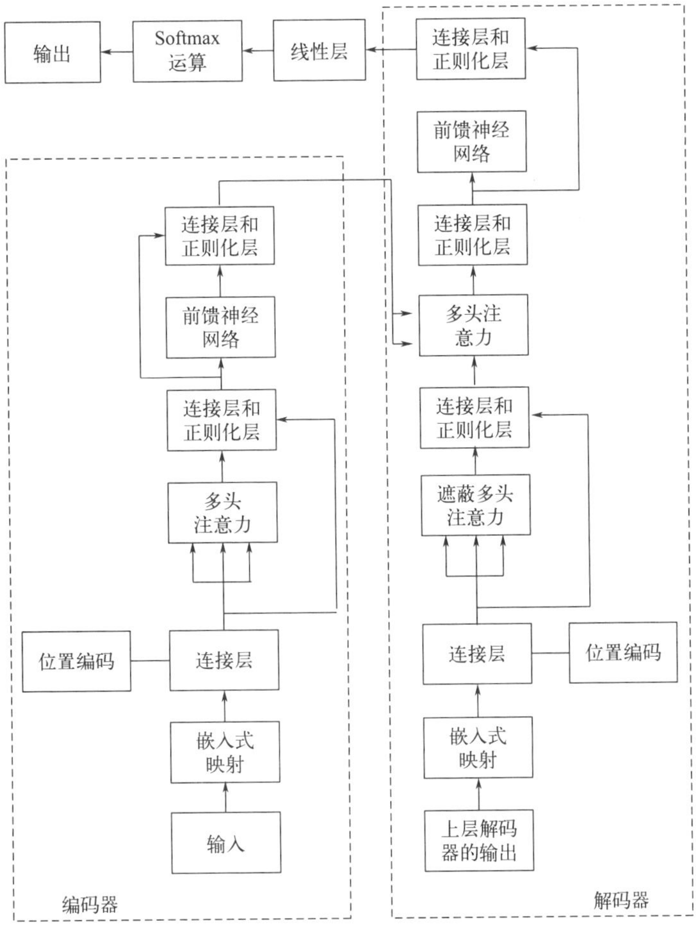

图 10-22　Transformer 网络结构

融合了上述方法之后，前 12 层为 MobileNet V3 结构，第 13 层、14 层、15 层分别为 C3TR 模块、CBAM 模块、SPPF 模块。

10.3.5　应用实例 3——采用多尺度特征增强的路面病害检测模型

针对现有网络多尺度特征提取能力不足造成路面病害因尺寸差异难以完全识别的问题，提出了一种多尺度特征增强的路面病害检测模型。首先，构建基于混合空洞卷积的快速空间金字塔池化模块，通过堆叠不同膨胀系数的空洞卷积进一步扩大网络感受野以实现更大范围上下文信息的捕捉并保留更多的空间信息。其次，设计多路径特征融合网络，通过多分支和跳跃连接实现跨层级的特征捕捉并减少特征融合过程中的信息丢失。接着，采用 K-means 聚类算法结合交叉比获得合理的瞄点框。此外，在损失函数中设计一种面积惩罚项并设置下降梯度，提高预测框回归精度与效率。最后，通过引入跨通道交互的高效注意力实现模型重要通道间的交互。

多尺度特征增强模型如图 10-23 所示，其主要结构包括主干网络、高效通道注意力、池化结构、多路径特征融合网络及检测端。该模型以 YOLOv5s 模型作为主框架，采用本文提出的基于混合空洞卷积的快速空间金字塔池化作为模型的池化结构；通过高效通道注意力实现重要通道间的交互；利用所设计的多路径特征融合网络实现不同层级间多尺度语义信息的融合；使用 K-means 聚类算法结合 IoU（intersection over union）获得合理的瞄点框（anchor boxes）；在损失函数方面，构建基于面积惩罚项和带梯度变化的损失函数，实现模型权重的不断优化。

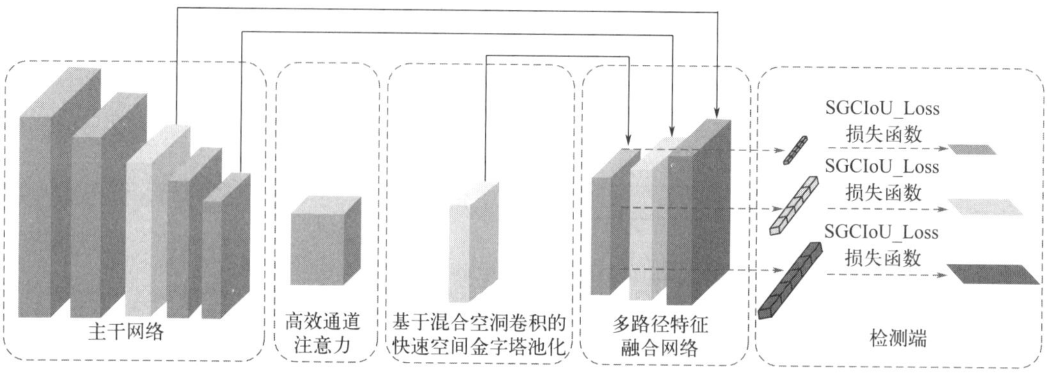

图 10-23　多尺度特征增强的病害检测模型

SPPF 模块采用金字塔池化操作，将特征图经过三次池化，得到不同尺度的子特征图，然后经连接层拼接成固定长度的特征向量，在保留空间信息的同时实现了多尺度的感受野，从而增强模型的鲁棒性和泛化能力。但池化窗口大小和感受野仍然是有限的，并且池化运算后会造成特征尺度的下降，从而带来边界信息的缺失，不利于路面病害的检测。为此，提出基于混合空洞卷积的快速空间金字塔池化模块（mixed dilated convolution-SPPF，简称 MdC-SPPF），结构如图 10-24 所示。

具体实现步骤为：利用三个膨胀系数不同的标准空洞卷积搭建一个混合空洞卷积块。其中，为使混合空洞卷积完全覆盖特征层区域，充分学习输入的信息，将膨胀系数 r 设置为 1、2、5。每个标准空洞卷积的卷积核大小 K、步长 s 分别设置为 1×1 和 1，以高效地关注局部细节，并减少细节信息损失。接着，将该混合空洞卷积嵌入每个池化层，以更好地捕捉大范围的语义信息，提高网络在处理多尺度路面病害特征时的性能。

YOLOv5 中的特征融合网络由 PAN（path aggregation network）和 FPN（feature pyramid network）构成，通过融合不同尺度的特征，以获取丰富的语义信息并更好地适应多尺度目标的检测任务。但不同尺度的特征在融合过程中会有一定的损失。为尽量减少这种损失，借助残差网络的思想，设计了一种多路径特征融合网络（multi-path feature fusion，简称 MF-CSP），以改善经卷积后可能导致语义信息丢失的问题，其结构如图 10-25 所示。首先，在 SPPF 结构后新增一个 4 倍上采样操作，将其连接到两个 2 倍上采样和卷积操作的支路，以融合高分辨率和更高语义的特征。其次，在 FPN 结构中，在每个 C3 结构处构建残差结构，维护信息的一致性，最小化信息的损失，

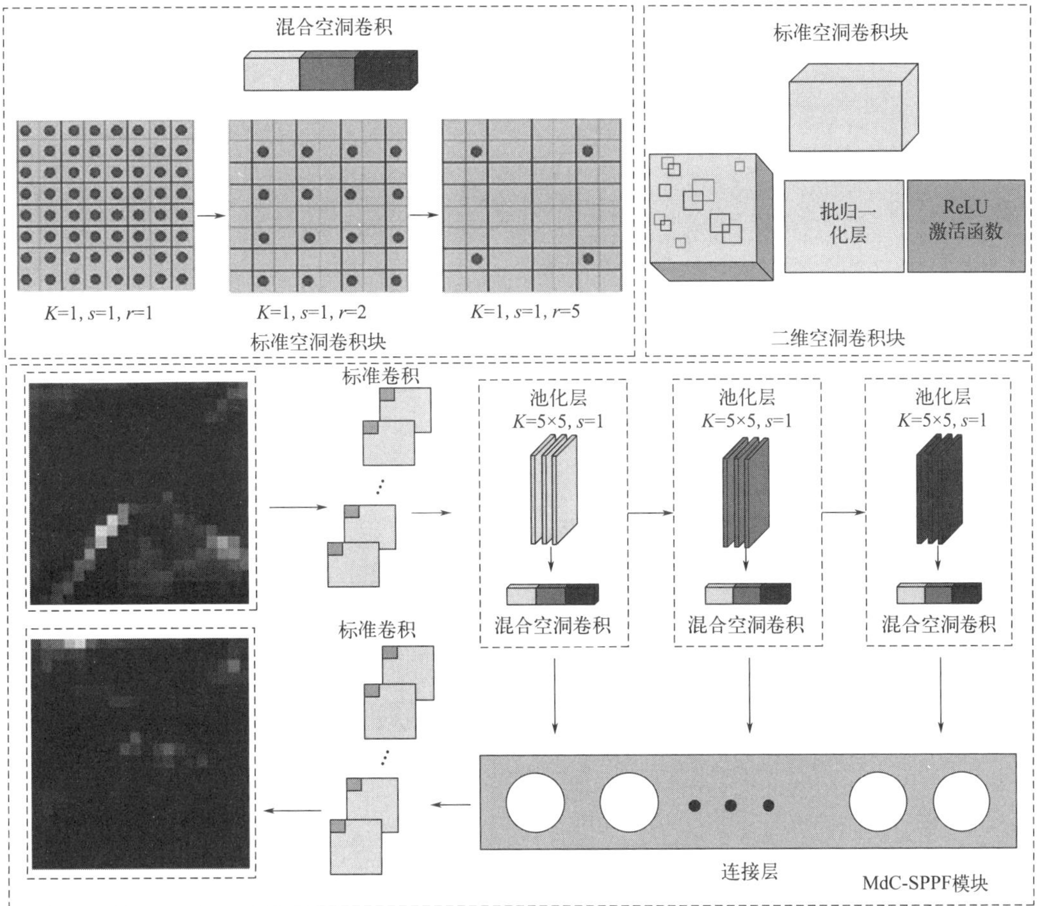

图 10-24　MdC-SPPF 模块结构

有助于更好地捕获和融合不同层级的特征。最后，在 SPPF 结构后执行逐点卷积，将 SPPF 结构输出的特征与卷积块输出的特征进行拼接，增强特征的多样性，从而在路面病害检测任务中获得更好的性能。

原始算法通过 K-means 聚类算法和遗传算法来生成一组 anchor boxes。anchor boxes 定义了模型期望检测到的目标形状和大小，使模型可以更好地适应不同尺度的目标。然而，路面病害形状存在尺度变化较大、长宽比显著不同等特点，导致初始聚类算法所采用的欧式距离公式不能很好地聚类出与病害形状相似的 anchor boxes，故在 K-means 聚类算法中结合 IoU 聚类出适合路面病害数据集的 anchor boxes，距离度量的定义如下

$$d = 1 - \phi_{\mathrm{IoU}}(g, a) \tag{10-19}$$

式中，d 表示两框间的距离；$\phi_{\mathrm{IoU}}(\ )$ 表示两框交叉比函数；g、a 分别表示真实框、瞄点框。

损失函数作为 CNN 模型训练过程中的目标函数，决定模型权重的优化方向。最早使用 IoU 衡量预测框与真实框之间的重叠程度，即两框的交集面积除以它们的并集

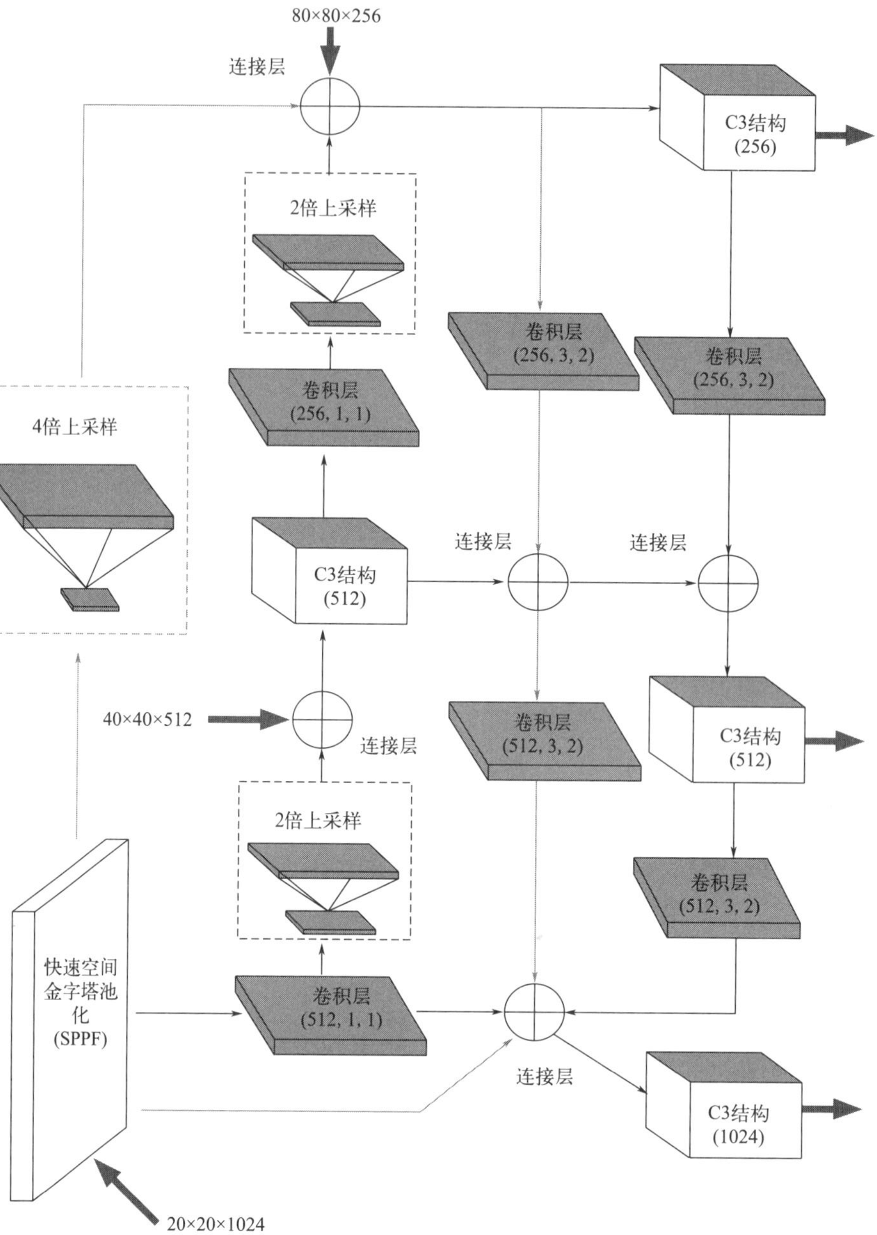

图 10-25　MF-CSP 特征融合网络结构

面积。在 YOLOv5 中改用回归性能较好的回归函数 CIoU，综合考虑了 IoU、两框中心点间的距离与两框长宽比，使得预测结果具有较高的准确性和稳定性。IoU 及 CIoU 的定义分别如下：

$$R_{\text{IoU}}=\left|\frac{b_{\text{pred}}\cap b_{\text{true}}}{b_{\text{pred}}\cup b_{\text{true}}}\right| \tag{10-20}$$

式中，R_{IoU} 为 IoU；b_{pred}、b_{true} 为预测框、真实框。

$$R_{\mathrm{CIoU}} = R_{\mathrm{IoU}} - \frac{\rho^2\left(b,\ b^{gt}\right)}{c^2} - \alpha\beta \tag{10-21}$$

式中，R_{CIoU} 为 CIoU；b 和 b^{gt} 为预测框和真实框的中心点；c 为同时包含病害的预测框和真实框的最小区域的对角线长度；$\rho^2\left(b,\ b^{gt}\right)$ 为两框中心点间欧氏距离的平方；$\alpha\beta$ 为惩罚项，反映了预测框和真实框之间宽高比差异的大小，其中 β 和 α 分别为两框宽高比一致性参数和权衡量，其定义如下：

$$\begin{aligned} \beta &= \frac{4}{\pi^2}(\arctan\frac{w_A}{h_A} - \arctan\frac{w_B}{h_B})^2 \\ \alpha &= \frac{\beta}{1 - R_{\mathrm{IoU}} + \beta} \end{aligned} \tag{10-22}$$

式中，$(w_A,\ h_A)$ 和 $(w_B,\ h_B)$ 为真实框和预测框的宽高；β 由真实框的宽高和预测框的宽高动态调整，该值越小，表示两框宽高比越接近，使得模型更加注重预测框的形状，提升目标检测的精度和鲁棒性；α 动态平衡 R_{IoU} 和 β，确保在不同 R_{IoU} 水平下都有合适的梯度信号，提升模型的检测精度和可靠性。

病害形状通常长宽比差异较大，两框之间的重合度对两框中心点间欧氏距离较为敏感，不利于预测框的准确回归。为此，本书在 CIoU 的基础上新增面积惩罚项，并以此建立新的回归函数。相关函数定义如下：

$$s = \frac{2}{\pi}\arctan(\frac{w_A \times h_A + w_B \times h_B}{\max(w_A, w_B) \times \max(h_A, h_B)}) \tag{10-23}$$

$$R_{\mathrm{SCIoU}} = R_{\mathrm{CIoU}} + s = R_{\mathrm{CIoU}} + \frac{2}{\pi}\arctan(\frac{w_A \times h_A + w_B \times h_B}{\max(w_A, w_B) \times \max(h_A, h_B)}) \tag{10-24}$$

式中，s 为面积惩罚项；R_{SCIoU} 为新建立的回归函数 SCIoU。

其次，为提升预测框回归精度以及提升模型的收敛速度，设计了带梯度变化的损失函数（SGCIoU_Loss），损失函数定义如下：

$$L_{\mathrm{SGCIoU}} = \log(2) - \log(1 + R_{\mathrm{SCIoU}}) \tag{10-25}$$

在卷积神经网络中，常通过注意力机制突出目标特征。在计算注意力过程中，通道降维不利用通道间的学习，因此通过高效通道注意力模块对重要的多尺度特征进行增强。该模块通过一维卷积在不改变通道维度的同时实现跨通道交互，其结构如图 10-26 所示，通过关注通道间关系来进一步强化模型多尺度能力，而无需引入大量额外参数。它根据输入通道数自适应地选择一维卷积的卷积核大小，确保通道注意力高效有效。

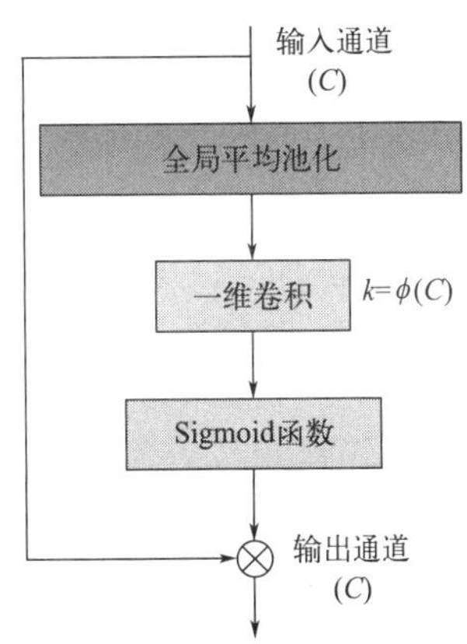

图 10-26　高效通道注意力模块结构

第 11 章 工厂人员作业规范智能监控应用

MACHINE VISION

随着工业 4.0 和智能制造的发展，工厂的生产环境日益复杂，工厂中的人员安全和作业规范性成为一个极为重要的课题。为了保证生产安全、提高生产效率，许多工厂引入了智能监控系统，对工厂作业区内人员的行为、着装和工作状态进行全方位的监控。这不仅有助于减少安全事故的发生，还可以有效地规范工厂人员的作业行为，提升生产的标准化和智能化水平。

11.1 应用背景简介

工业化和智能制造的迅猛发展给现代工厂带来了许多机遇和挑战。现代化的生产线越来越复杂，自动化设备的广泛应用虽然减少了对劳动力的需求，但在许多工作场景下，人员仍然是不可替代的组成部分。在此背景下，工厂中人员的作业规范和安全性尤为重要，如何高效地监控和管理人员的行为，成为了工厂管理者必须面对的问题。

（1）安全生产的需求

近年来，工厂安全事故时有发生，许多事故的根源可以追溯到人员的违规操作或未按规定穿戴安全装备。工厂环境中存在许多潜在的危险因素，如高温、高压、危险化学品等，这些危险环境对人员的防护要求极高。例如，在某些化工厂或冶金厂中，若工作人员未按规定穿戴防护手套、头盔或防护服，极易导致严重的安全事故。传统的人工巡查和管理手段已经无法满足现代化工厂对安全生产的高要求，因此智能监控技术的应用成为了必要的解决方案。

智能监控系统可以全天候监控工厂内人员的作业行为，实时检测作业中的违规行为并及时发出警报，减少安全隐患。例如，通过摄像头和深度学习算法，系统可以识别工厂内工作人员是否正确佩戴安全头盔、是否穿戴防护服等，若检测到不规范行为，系统会立刻报警，从而防止事故的发生。这种自动化的实时监控不仅提高了工厂管理的效率，也大大增强了安全保障能力。

（2）提高生产效率的要求

除安全生产外，作业规范的执行对提高生产效率也有着重要作用。现代生产过程高度依赖标准化的作业流程，如果工厂员工能够严格遵守操作规程并按照规定的作业标准执行任务，生产效率将大大提高。然而，实际情况中，工厂人员常常由于疏忽、疲劳或培训不足，出现操作不规范、流程执行不到位等问题，导致生产效率下降，甚至造成产品质量不达标。

传统的人工管理方式存在很多局限性，不仅耗费大量人力资源，还无法做到全天候实时监控。在这种情况下，智能监控系统通过对人员作业行为的持续跟踪与分析，可以及时发现问题并反馈给管理层，帮助企业优化生产流程，提升整体生产效率。

（3）法规和标准的驱动

随着各国对工厂安全生产要求的提高，越来越多的国家和地区颁布了严格的工厂安全法规和行业标准，这些法规要求企业必须确保其工厂环境中的每一位员工都遵守相应的安全规范。例如，在许多国家，工厂必须为员工提供合适的防护装备，并保证员工在作业过程中按要求佩戴这些装备。智能监控系统的应用不仅帮助企业确保符合这些法规要求，还能在日常生产管理中起到预防和监督的作用。例如，中国《企业安全生产标准化》对工厂安全管理提出了明确的要求，企业需要建立健全的安全生产责任制，并对员工的作业行为进行有效管理。在此背景下，智能监控技术作为一种先进的管理手段，得到了广泛的关注和应用。

（4）技术发展的推动

人工智能、机器学习、深度学习和计算机视觉技术的快速发展，使得智能监控系统具备了前所未有的能力和广泛的应用前景。通过结合高性能的摄像设备、智能传感器、数据分析平台，现代化的智能监控系统可以实现对复杂环境中人员行为和穿戴状态的实时检测和识别。例如，深度学习中的卷积神经网络（CNN）已经在图像分类和目标检测任务中取得了巨大的成功。借助这一技术，智能监控系统能够对工厂内的人员行为进行精准的识别和分析，自动判断作业规范是否得到遵守。例如，在工厂作业区，智能监控系统可以通过安装在各个关键点的摄像头，捕捉人员的动态行为，并与预先设定的标准作业规范进行比对，从而识别出违规操作。

11.2 作业区域人员穿戴规范识别

11.2.1 穿戴规范识别的技术原理

穿戴规范识别的核心技术依赖于计算机视觉和深度学习，通过对监控视频或图像的处理和分析，自动识别人员是否按规定穿戴了防护装备，常用的方法包括目标检测、图像分割、姿态估计等。这些方法可以有效识别出图像中的人员，判断其防护装备穿戴情况，并通过匹配规范标准来确定是否存在违规行为。

（1）目标检测

目标检测是穿戴规范识别的基础技术之一。它的任务是从图像中找到特定的对象，并标记其在图像中的位置。在穿戴规范识别中，目标检测用来识别工人的防护装备，比如安全帽、手套等。常见的目标检测算法有：

- Faster R-CNN：这是基于卷积神经网络的经典检测算法，能够从图像中提取出高层次特征，生成多个候选区域（region proposals），并通过分类器确定这些区域是否包含目标（如安全帽或手套）。

- YOLO（you only look once）：这是一个实时目标检测算法，速度快、检测准确度高。它将整个图像划分为多个网格，并通过回归预测出每个网格中的物体类别及其位置。
- SSD（single shot multibox detector）：SSD 是一种单步目标检测方法，通过多个尺度上的特征图进行物体检测，适合用于检测较小的目标，如手套或眼镜等细小防护装备。

目标检测算法的实现过程通常包括以下步骤：

- 特征提取：通过卷积神经网络（CNN）提取图像的深层特征，生成特征图。
- 目标候选区域生成：通过滑动窗口或锚点生成多个候选区域。
- 目标分类和边界框回归：对每个候选区域进行分类（确定其是否为目标），并回归目标的精确位置。
- 后处理：通过非极大值抑制（non-maximum suppression，NMS）等技术消除冗余的边界框。

（2）图像分割

图像分割是一种更为精细的识别方法，它可以将图像中的每一个像素点分配给不同的对象类别。相比于目标检测，图像分割可以对防护装备的形状、边界进行更精确的识别。例如，图像分割可以识别出安全帽的具体轮廓并判断其是否被正确佩戴。语义分割（semantic segmentation）和实例分割（instance segmentation）是两种常用的分割技术。

FCN（fully convolutional networks）：这是用于图像分割的经典算法，网络将输入图像通过卷积层传递，最后输出与原图相同大小的分割结果图，每个像素点都被分类到对应的类别。

Mask R-CNN：这是实例分割的经典算法，基于 Faster R-CNN，对目标检测后的每个目标区域生成像素级的分割掩码（mask），适合用于在复杂的工业场景中识别具体的防护装备。

（3）姿态估计

姿态估计用于识别人体的关节点位置，从而判断工人是否正确佩戴了防护装备。例如，通过识别头部位置与安全帽位置的关系，可以判断安全帽是否佩戴在工人的头部。常用的姿态估计算法包括 OpenPose 等。姿态估计的核心是通过卷积神经网络预测出人体的多个关键点，如头部、手部、脚部等。根据关键点的位置关系，系统可以分析出工人是否按照规范穿戴装备。例如，安全帽的检测结果应与头部关键点位置重合。

11.2.2 常用穿戴规范的识别方法

在实际应用中，常见的穿戴规范识别主要针对以下几种防护装备。

（1）安全帽识别

安全帽的识别是工厂安全管理中的重点任务之一。使用基于 YOLO 或 Mask R-CNN 的目标检测和分割算法，系统可以有效识别出工人是否正确佩戴了安全帽。具体的识别流程为：采集工厂监控视频中的图像；使用目标检测算法识别出图像中的工人；对每个工人的头部区域进行进一步的图像分割，识别是否佩戴安全帽；如果未检测到安全帽，系统将触发报警。

（2）防护眼镜识别

防护眼镜的识别要求算法具备较高的精度，因为防护眼镜相对于整个头部区域较小，可以使用 SSD 或 YOLO 等实时检测算法来进行识别。在高危作业场景中，如焊接、切割等，未佩戴防护眼镜可能导致严重的眼部伤害。因此，防护眼镜识别系统至关重要。其识别流程与安全帽类似，区别在于系统需要重点关注工人的眼部区域。为了提高识别精度，可以采用多视角摄像头或增强检测的分辨率。

（3）防护服识别

防护服的识别难度相对较高，因为其形状和颜色可能与背景相似。使用 Mask R-CNN 等实例分割算法可以较好地解决这一问题。系统通过对工人全身进行分割，识别出防护服的轮廓，并根据工厂的穿戴要求，判断防护服是否合规。

11.3 作业区域人员行为规范识别

11.3.1 行为规范识别的技术原理

行为规范识别涉及计算机视觉和深度学习技术的结合，通常包含以下几个关键步骤：图像和视频数据采集、特征提取、行为分类、时间序列分析和违规行为判断。这些步骤不仅需要对单帧图像进行处理，还需要对连续的视频帧进行时序分析，以捕捉复杂的行为模式。

特征提取是行为识别中最关键的一步，通常通过深度卷积神经网络（convolutional neural networks，CNN）从输入的视频帧中提取关键的空间和时间特征。这些特征能够反映出作业人员的姿态、动作轨迹以及与环境的互动。不同的行为具有不同的特征模式，特征提取的精度将直接影响行为分类的效果。常见的特征提取方法包括：光流

（optical flow）提取、动作特征（action features）提取以及基于骨骼关键点的特征提取（keypoint extraction）。其中，光流提取方法主要用于捕捉物体运动的方向和速度信息，而骨骼关键点提取则可以精准地描述人的动作姿态。

行为分类的任务是将特征提取阶段获得的行为特征输入分类模型中，判断人员的具体行为。这些分类模型通常是基于深度学习的监督学习模型，如卷积神经网络（CNN）、长短期记忆网络（LSTM）或时空卷积网络（3D-CNN）等。3D-CNN 是一种用于视频行为识别的经典模型，它不仅在空间维度上进行卷积，还在时间维度上进行卷积，能够有效捕捉视频中随时间变化的运动模式。LSTM 网络是处理时间序列数据的常用方法，它通过记忆历史信息，能够较好地识别长时间内的行为变化，因此在处理连续动作（如走路、跑步、搬运物品等）时表现出色。

行为分类的核心思想是通过学习大量已标注的训练数据，模型能够自动识别特定动作的特征模式，并对新输入的数据进行分类。例如，在作业区域的场景中，模型可以识别出人员的行为是否属于违规行为，如未按规范进行设备操作，或进入了危险区域等。

行为识别不仅需要关注单帧图像中的静态姿态，还需要分析一段时间内的行为变化。因此，时间序列分析成为行为识别中的重要组成部分。时间序列分析可以通过对多个连续帧中的行为变化进行建模，推断出更复杂的行为类型。例如，单帧图像可能仅显示作业人员站立，但通过时间序列分析可以判断其是在行走、作业还是搬运物品。通过将这些行为变化与预先定义的行为规范进行对比，可以判断是否存在违规行为。

时间序列分析常用的方法包括：

隐马尔可夫模型（HMM）：HMM 是一种经典的时间序列建模方法，适用于状态随时间变化的序列数据。通过 HMM，可以建模出人员行为的动态变化过程，并根据这些变化识别复杂的行为模式。

时序卷积网络（TCN）：TCN 是一种基于卷积的时间序列处理模型，能够在长时间内捕捉行为序列中的时序依赖关系，适用于长时段的行为分析。

在获取了行为分类的结果后，系统需要将检测到的行为与预设的安全规范进行比对，从而判断行为是否符合规定。如果检测到的行为与安全规范不符，则可以触发报警系统提醒管理人员采取措施。在作业区域人员行为规范识别中，常见的违规行为包括但不限于：

- 进入禁区：作业人员进入了未经授权或具有危险性的工作区域。
- 操作设备不当：未按规范操作设备，或在没有经过培训的情况下操作复杂设备。
- 未佩戴安全装备：未按规定佩戴安全帽、安全手套、防护眼镜等必要的安全装备。
- 疲劳作业：作业人员表现出操作不稳定、反应迟缓等疲劳作业的迹象。

- 抽烟或明火操作：在易燃易爆或严禁明火的工作环境中抽烟或使用打火机等明火设备，存在极高的火灾或爆炸风险。
- 使用手机：在规定禁止使用手机的作业环境中，作业人员擅自使用手机，可能分散注意力并导致安全事故。
- 超负荷作业：作业人员超出身体负荷或违反设备负荷限制，容易引发人员受伤或设备损坏。

11.3.2 应用实例——基于 ASW-YOLO 的香烟小目标检测算法

针对香烟目标较小、特征不明显、现有目标检测算法对其检测精度不高等问题，提出一种基于改进 YOLOv8 的香烟小目标检测算法 ASW-YOLO。首先设计一种基于传统卷积下采样与 ADown 模块的模型下采样方式，扩大网络模型的感受野，改进梯度流动并增强模型的鲁棒性，提高模型对小目标的特征提取能力。其次重构网络结构中的 Neck 部分，采用 SlimNeck 设计范式实现高效的特征融合，提高检测的准确性，并通过减少特征通道数量降低模型复杂度。最后修改边界损失函数为 Wise-IoU v3，通过动态非单调机制优化损失函数，对小目标的加权处理进行动态优化，并引入梯度增益分配策略，从而提高模型对小目标的检测能力。

ASW-YOLO 的整体结构如图 11-1 所示。首先在 Backbone 部分的 P4、P5 层融入 ADown 模块，与传统卷积下采样一起作为模型的全新下采样方式，提高模型对小目标的特征提取能力。其次将 Neck 部分重构为 SlimNeck，把 Conv 和 C2f 模块分别修改为 GSConv 和 VoVGSCSP 模块，提高模型准确率的同时降低模型复杂度。最后采用 Wise-IoUv3 损失函数加快模型收敛，提高模型准确率。

（1）下采样方式

原始 YOLOv8 模型在下采样过程中使用传统卷积进行操作，这种操作方式计算效率高、实现简单，但会导致一些小目标的细节信息丢失，影响检测精度。而自适应下采样 ADown 模块可以根据不同需求自动调整下采样策略，减少下采样过程中的信息丢失，但其计算量较大，影响整体模型的复杂度。因此本文将传统卷积下采样与 ADown 模块进行融合，设计了一种全新的模型下采样方式对香烟进行目标检测。

传统卷积下采样通过减少特征图的空间尺寸，有效降低了计算复杂度和内存消耗，从而加快了训练和推理速度。但由于小目标往往与背景存在较大的相似性，且容易被背景干扰，因此传统卷积下采样对其进行特征提取较困难。ADown 模块通过一系列卷积和池化操作，逐渐减小特征图的尺寸同时保留更多地细节信息，并增加通道数，通过拼接不同步长的卷积结果，使模型更好地提取目标特征。虽然 ADown 模块降低了特征图的空间分辨率，但也尽可能多地保留了图像信息，使得模型能够准确地识别和定位小目标。此外，ADown 模块还具有可学习能力，这使得它能够根据不

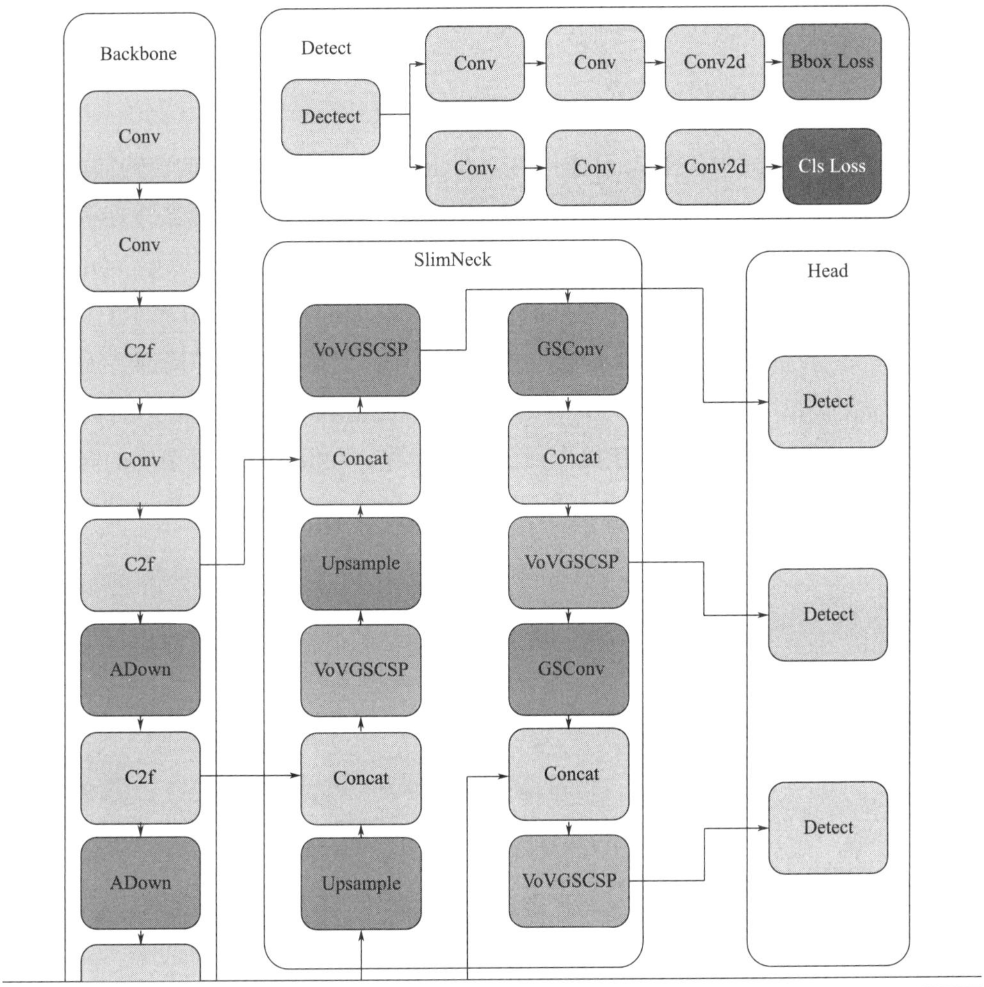

图 11-1　ASW-YOLO 模型结构

同的数据场景进行调整，以优化其性能。其具体结构如图 11-2 所示。输入数据 X 首先通过一个平均池化层（AvgPool2d），经过平均池化后，数据被分割（Split）成 $X1$ 和 $X2$ 两部分。$X1$ 通过一个卷积层（Conv1）进行卷积，$X2$ 首先通过一个最大池化层（MaxPool2d）进行池化，然后通过一个卷积层（Conv2）进行卷积。最后，两个卷积层的输出通过连接（Concat）操作合并为一个单一的输出 Y。

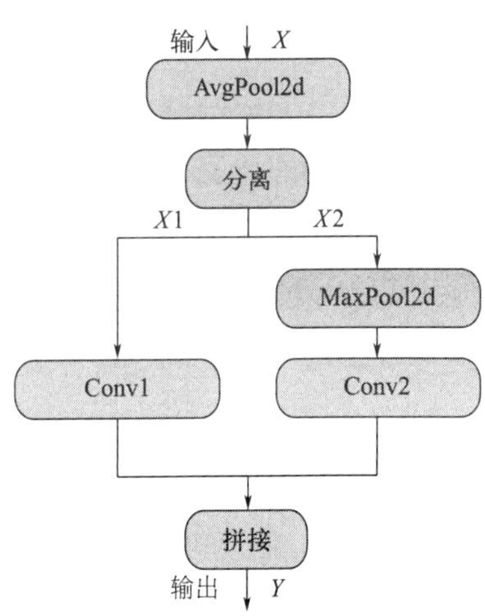

图 11-2　ADown 模块结构

ASW-YOLO 保留原始 YOLOv8 网络中 P1、P2 和 P3 层的传统卷积下采样方式，使得整体模型的复杂度降低，然后将 ADown 模块融入 P4、P5 层，提高模型的检测能力。该下采样方式实现了小目标检测能力的提升与模型轻量化之间的平衡。

（2）SlimNeck 设计范式

YOLOv8 网络中，Neck 是连接 Backbone 和 Head 的部分，负责特征融合和处理，以提高检测的准确性和效率。然而，原始 YOLOv8 网络的 Neck 部分对小目标检测精度较低，并且计算复杂度较高。本文通过 SlimNeck 设计范式对原始 YOLOv8 网络中的 Neck 部分进行重构，提高模型的性能。首先，SlimNeck 中引入了 GSConv。传统 Conv 主要通过卷积核对输入图像进行滑动操作，以捕获图像的局部特征，但随着网络层数的加深，特征图的空间尺寸逐渐减小，通道数增加，可能导致部分信息丢失。而 GSConv 通过全局稀疏卷积操作和 Shuffle 操作，在保持较低复杂度的同时，保留通道之间的隐藏连接和语义信息，在保证速度的同时达到较高的精度。其结构如图 11-3 所示。

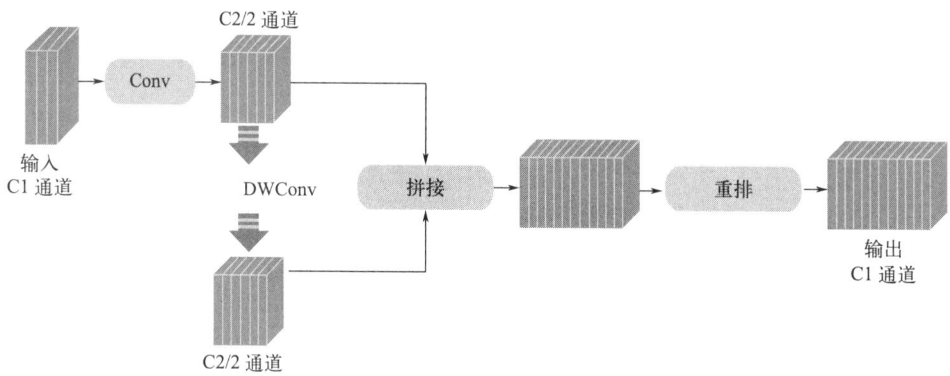

图 11-3 GSConv 结构

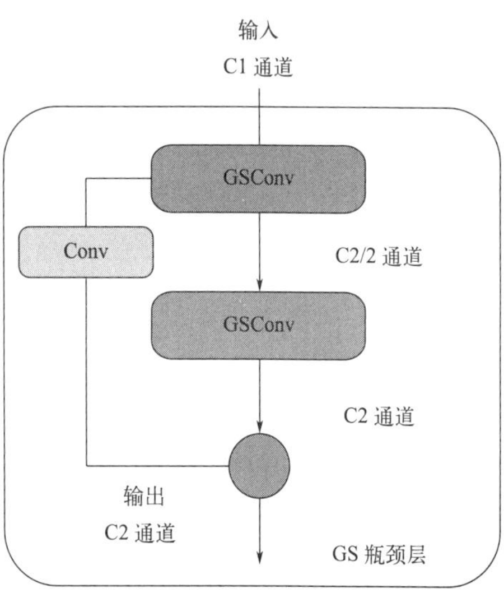

图 11-4 GS bottleneck 结构

其次，SlimNeck 中引入了 GS bottleneck 模块。GS bottleneck 由 Conv 和 GSConv 组成，通过分组卷积（grouped convolution）将标准卷积 Conv 分解为多个组进行处理，减少了计算量。这种方法不仅降低了模型的参数量，还减少了计算成本，同时保持了卷积操作的完整性和有效性。GS bottleneck 中的位移操作（shift operation）通过简单的像素位移增强了特征表达能力，避免了额外的计算复杂度。分组卷积与位移操作相结合，使 GS bottleneck 能够在保持高性能的同时，实现高效的特征提取和融合。其总体结构如图 11-4 所示。

最后，SlimNeck 中引入了 VoVGSCSP 模块。VoV-

GSCSP 利用 GSConv 的冗余特征图生成策略来减少卷积操作的计算量和参数数量，通过一次标准卷积生成基本特征图，再利用简单的线性变换生成更多的冗余特征图，从而保留必要的特征信息。VoVGSCSP 模块中的 GSBottleneck 通过多层堆叠进一步增强特征提取能力，再将不同层次的特征进行融合，生成更加丰富的图像特征，从而提升模型的检测性能。其总体结构如图 11-5 所示。

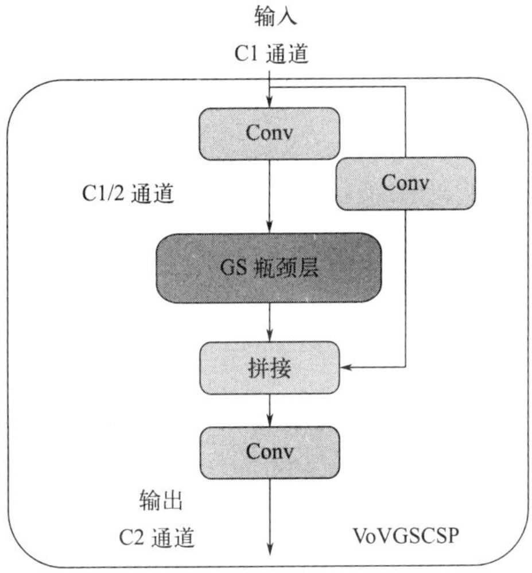

图 11-5　VoVGSCSP 结构

ASW-YOLO 将原始 YOLOv8 网络结构中的 Neck 部分利用 SlimNeck 进行了重构。首先将 Neck 部分中的 Conv 修改为 GSConv，在降低模型复杂度的同时提高对小目标的检测精度。最后将 Neck 部分中的 C2f 模块修改为 VoVGSCSP 模块，提高模型的特征提取能力。

（3）Wise-IoU v3 损失函数

原始 YOLOv8 模型所使用的损失函数为 CIoU，它同时考虑检测框与真实框之间的重叠程度、中心点距离以及宽高比差异来评估检测框的位置，但这些因素也会使得 CIoU 的计算复杂度较高。对于小目标而言，其边界框面积较小，这些因素的微小变化将会显著影响其交并比，因此 CIoU 并不适合用于小目标检测。针对上述问题，ASW-YOLO 引入 Wise-IoU v3 作为模型的损失函数。Wise-IoU v3 使用动态非单调机制，并设计了梯度增益分配策略。动态非单调机制使用离群度替代 IoU 对锚框进行质量评估，从而提供了一种动态的、非单调的聚焦方式。这种方式能够更准确地反映出小目标在图像中的特征。相比于 CIoU，它更能聚焦于小目标，使得模型在训练过程中对小目标给予更多的关注。而梯度增益分配策略进一步强化了该效果，它根据锚框的质量分配不同的梯度增益。对于高质量和低质量的锚框，模型会给予较小的梯度增益，以减少它们对训练过程的影响。而对于普通质量的锚框，模型会给予较大的梯度增益，使模型能够更专注于这些样本，使得模型在优化过程中更加关注与小目标相关的锚框，从而提高小目标的检测性能。

Wise-IoUv3 的计算公式如下：

$$Loss_{\mathrm{WIoUv3}} = r \cdot R_{\mathrm{WIoU}} \cdot Loss_{\mathrm{IoU}} \tag{11-1}$$

式中，$Loss_{\mathrm{WIoUv3}}$ 为 Wise-IoU v3 的损失函数；r 为非单调聚焦系数；R_{WIoU} 为距离注意力；$Loss_{\mathrm{IoU}}$ 为 IoU 的损失函数。它们的公式分别为：

$$
\begin{aligned}
&r=\frac{\beta}{\delta\alpha^{\beta-\delta}},\beta=\frac{(1-\mathrm{IoU})^{*}}{1-\mathrm{IoU}}=\frac{(1-\frac{W_iH_i}{S})^{*}}{1-\frac{W_iH_i}{S}}\\
&R_{\mathrm{WIoU}}=\exp(\frac{(x-x_{gt})^2+(y-y_{gt})^2}{(W_g^2-H_g^2)^{*}})\\
&Loss_{\mathrm{IoU}}=1-IoU=1-\frac{W_iH_i}{S}
\end{aligned}
\qquad (11\text{-}2)
$$

式中，α 和 δ 为超参数；β 表示离群度；IoU 表示交并比；W_i，H_i 表示预测框与真实框相交部分的宽和高，S 为其相交的面积；x，y 表示预测框中心点坐标；x_{gt}，y_{gt} 表示真实框的中心点坐标；W_g，H_g 表示包围预测框与真实框的最小框的宽和高。

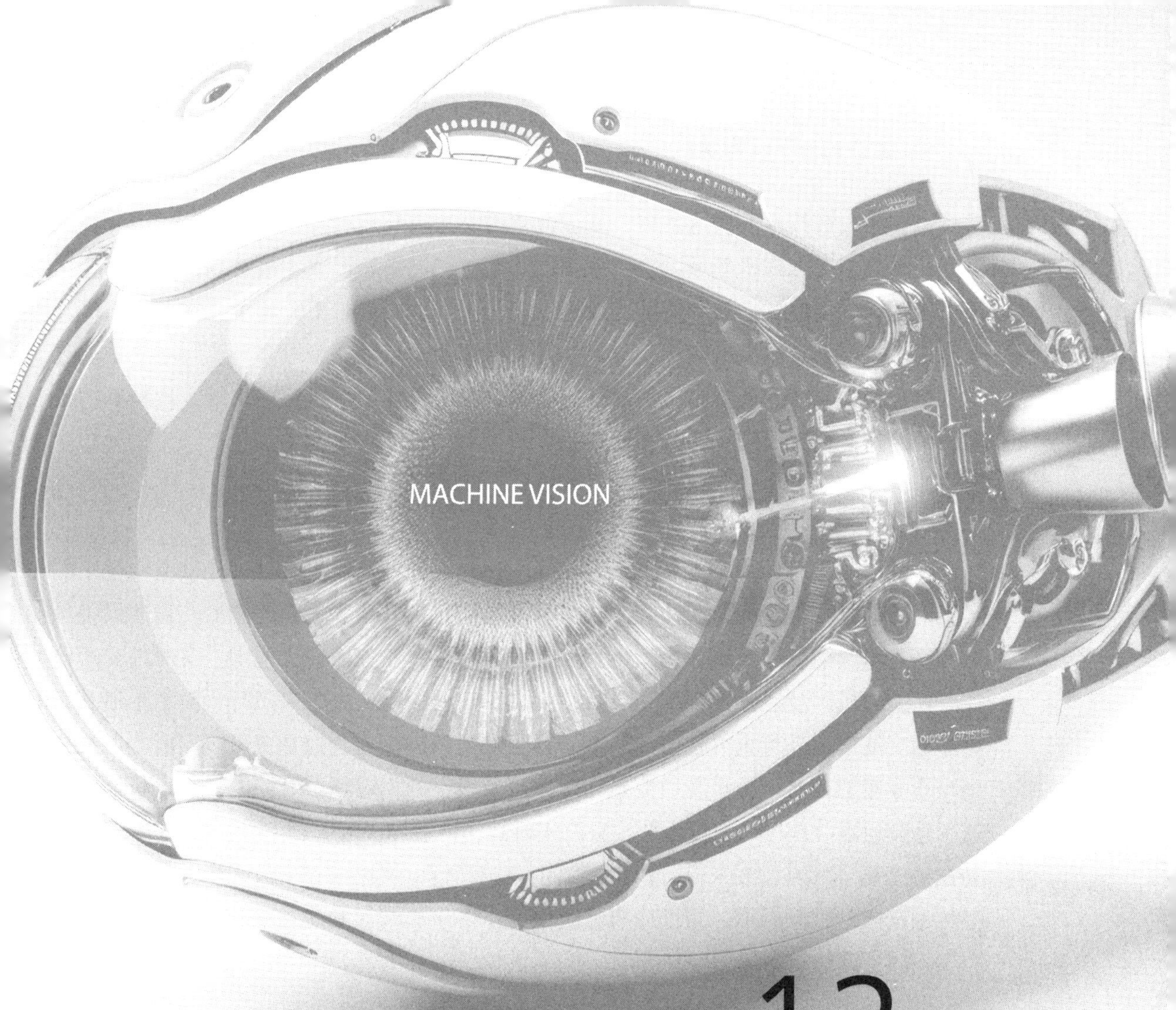

第12章

基于视觉的无人机沿道路中央自主飞行控制应用

MACHINE VISION

12.1 应用背景简介

随着无人机技术的快速发展，基于视觉的无人机导航和飞行控制逐渐成为研究和应用的热点。在无人机领域，视觉系统因其高效、灵活和低成本的特点，被广泛应用于环境感知、定位、导航和避障。特别是在城市和公路场景中，基于视觉的无人机沿道路中央飞行具有重要的应用价值，包括交通监控、道路巡检等多种实际场景。通过视觉信息，结合计算机视觉算法和控制技术，无人机能够沿道路中央线实现精确的自主飞行控制，提升了无人机的智能化程度。

（1）交通监控和管理

在城市交通管理中，无人机可以作为一种有效的交通监控工具，提供空中视角的实时交通信息。传统的交通监控方式主要依赖固定摄像头和地面传感器，这些设备虽然在一定范围内能够发挥作用，但其监控区域有限，难以实现大范围、实时的交通监控。而无人机则可以快速部署，飞行高度灵活，通过沿道路中央飞行，对主干道及其周边的交通情况进行全方位监控。基于视觉的无人机交通监控系统可以实时获取道路中央线及车道信息，分析交通流量、车速以及潜在的拥堵情况。同时，无人机能够快速到达交通事故现场，通过摄像头获取实时画面，辅助交通管理人员做出决策。例如，当发生交通事故时，无人机可以沿道路中央线飞行，快速侦查事故现场，并向指挥中心传回清晰的视频画面，帮助应急人员快速了解事故情况和交通状况，从而优化救援方案，减少事故对整体交通的影响。

（2）道路巡检

道路巡检无人机技术具有效率高、成本低等优势，可作为引领性技术在行业中推广。目前无人机道路巡检主要依靠专业飞手现场控制无人机执行巡检任务，人工成本高且沿道路飞行操作难度和工作强度大，复杂环境下根本无法满足高速公路养护需求。而基于 GPS 的巡检无人机过于依赖卫星导航定位，若在卫星信号弱的环境下，则难以实现有效的自主巡检；基于惯性导航的巡检无人机在飞行过程中会产生累积误差，传感器也会受到强磁场等影响，可能会导致无人机偏离设定航线。随着人类在人工智能与图像处理技术领域取得突破性进展，基于视觉的无人机自主巡检技术开始成为热点研究方向。基于视觉控制的道路巡检无人机在实际应用中具有诸多优点：

① 定位精度高、巡检结果更加精确。传统人工巡检及道路检测车巡检方式受交通及检测方式的限制，远不如无人机灵活；GPS 导航的无人机巡检方式易受复杂环境的影响，定位精度低。而基于视觉导航的无人机巡检方式使用高精度传感器设备，在较恶劣的环境条件下仍能提供准确的定位信息，同时，采用深度学习的路面图像识别已经在精度和实时性方面超过传统图像识别，无人机定位精度相较 GPS 更高。

② 自动化程度高。基于视觉控制的道路巡检无人机在执行检测任务时，机载摄像头拍摄道路图像，图像处理算法进行路面区域识别与无人机横向定位，飞行控制算法调整无人机与路面中央相对位置距离，可保证无人机始终沿道路中央自主飞行，与传统巡检与道路检测车巡检方式相比，自动化程度更高。

③ 节能减排。现有道路检测车不仅功耗大、成本高，而且碳排放量大。道路巡检无人机与传统的巡检技术相比，节能减排效果好、灵活性强、成本低，符合国家可持续发展战略，如果采用电驱动，可实现零碳排放。

12.2 基于视觉的无人机沿道路飞行横向定位方法

无人机沿路面中央飞行时，机载相机拍摄的道路图像背景区域复杂，非路面区域会对路面识别造成干扰，影响无人机的自主飞行。为避免出现这一现象，需要先将拍摄到的道路图像中路面区域提取出来。另外，为保证无人机始终沿路面中央飞行，需要对无人机进行横向定位，便于后续无人机自主调整横向偏移完成道路巡检任务。

12.2.1 路面区域识别方法

采用 DeepLab V3+ 语义分割网络进行模型训练，包括道路图像数据集的建立、模型训练与道路图像预测、路面中央像素坐标计算三个部分。

（1）道路图像数据集的建立

目前，用于道路检测与识别的数据集已经有很多，如 Cityscapes、Mapillary、BDD100K 等。但是，这些数据集中很少有无人机低空俯视路面的图像，并且存在拍摄路面不完整的问题。因此，需要自行拍摄多条道路创建新的数据集。拍摄的道路类型包括城市辅路、高速公路、乡村公路、学校道路、县级辅路、县级主路。

为保证后续训练出的网络模型泛化性与鲁棒性好，需要对自行拍摄的道路图像进行数据增强，提高路面识别的准确性。其中包括提高亮度、降低亮度、镜像、旋转 90°、旋转 180°、添加噪声共 6 种数据增强方法。

（2）模型训练与道路图像预测

特征提取网络选用 MobileNet V2 模型，调节学习率、损失函数、优化器等相应的训练参数，使模型能更好地对训练集进行拟合。然后使用训练集对模型进行训练，模型以批处理方式接收数据，将每个批次的数据输入模型中进行前向传递，每完成一次迭代后，在训练集和验证集上保存权重参数以此评估训练所得模型的性能，记录输出值与标注值之间的误差，并根据误差反向传递更新模型权重。最后检验模型是否出现过拟合现象，调整训练参数和模型结构，确定最优的模型参数。训练损失值随迭代次数变化的曲线如图 12-1 所示。

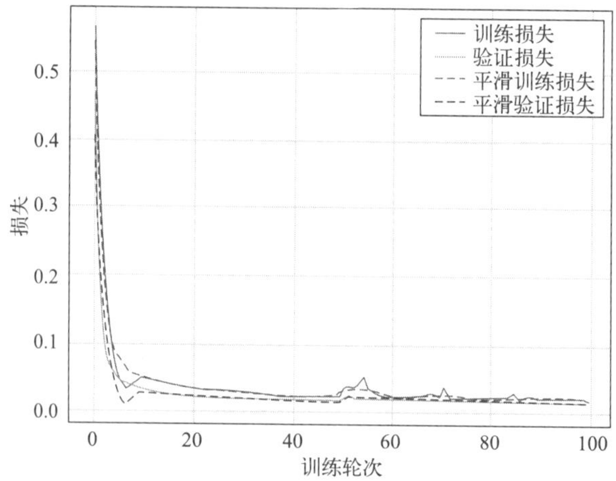

图 12-1 训练损失值随迭代次数变化的曲线（彩图见前言页二维码）

在完成模型训练后，利用已经保存好的权重参数对不同类型道路进行预测。首先对输入道路图像进行预处理，然后将预处理后的图片送入训练好的模型中，模型会对输入的图像进行前向传播，最终生成红色区域表示得到的预测结果。不同类型的道路图像的预测结果如图 12-2 所示。

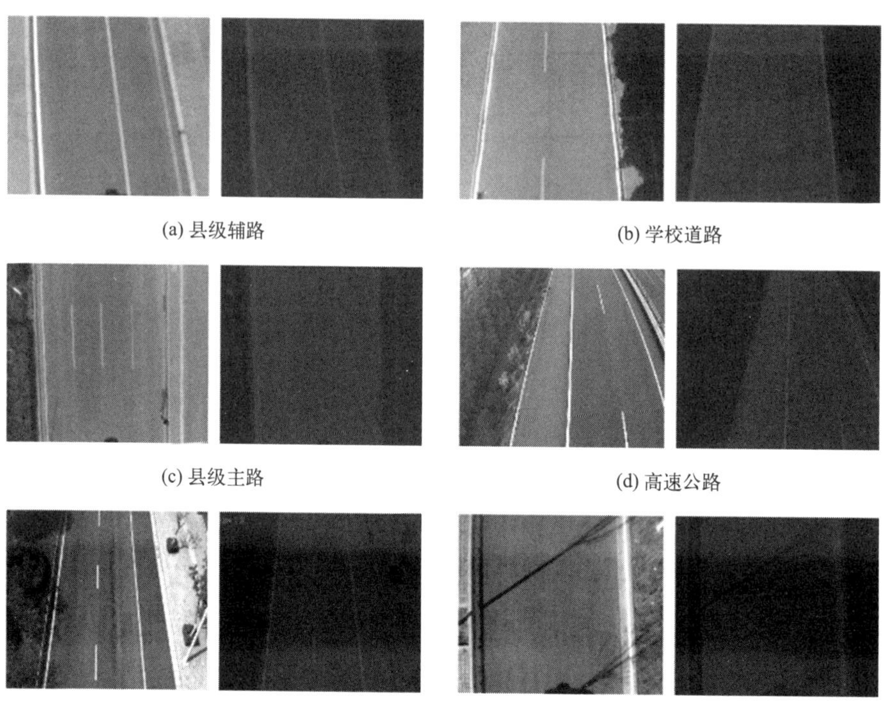

(a) 县级辅路　(b) 学校道路　(c) 县级主路　(d) 高速公路　(e) 城市辅路　(f) 乡村公路

图 12-2 不同类型道路预测结果

（3）路面中央像素坐标计算

为完成无人机横向定位，需要计算当前位置下路面区域的中央像素坐标。路面中央像素坐标计算过程：首先对基于 DeepLab V3+ 模型预测后的路面图像进行轮廓检测，目的是去除非路面区域的干扰，将提取到的最大轮廓作为当前路面区域；其次通过多边形拟合方式确定路面区域位置；最后计算拟合多边形重心，即为路面区域中央像素坐标。计算流程如图 12-3 所示。

图 12-3　路面区域中央像素坐标计算流程

多边形重心计算思想为将多边形分解为 n 个三角形，通过计算三角形重心与面积后均分权重，得到多边形重心坐标。假设三个点坐标分别为 (x_1, y_1)、(x_2, y_2)、(x_3, y_3)，则三角形重心为

$$\begin{cases} x = \dfrac{x_1 + x_2 + x_3}{3} \\ y = \dfrac{y_1 + y_2 + y_3}{3} \end{cases} \tag{12-1}$$

平面两点坐标 (x_1, y_1)、(x_2, y_2)，以这两点与原点组成三角形，三角形面积为

$$S = \frac{x_2 y_1 - x_1 y_2}{2} \tag{12-2}$$

多边形重心计算公式：

$$\begin{cases} C_x = \dfrac{\sum C_{i_x} A_i}{\sum A_i} \\ C_y = \dfrac{\sum C_{i_y} A_i}{\sum A_i} \end{cases} \tag{12-3}$$

实际路面中央像素坐标计算如图 12-4 所示。首先对无人机拍摄的原始道路图像进

(a) 原图　(b) 预测图像　(c) 轮廓检测　(d) 多边形拟合　(e) 路面中心

图 12-4　实际路面中央像素坐标计算

行预测，由图 12-4（b）可以看出路面区域预测存在小部分干扰区域；然后对预测后的图像进行轮廓检测，将检测到的最大轮廓作为路面区域，排除小部分干扰区域的影响，如图 12-4（c）所示；接着对路面区域进行多边形拟合，由式（12-3）得到多边形重心坐标，图 12-4（e）中蓝点即为路面中央像素坐标。

12.2.2 无人机横向定位方法

无人机实际飞行过程中，可认为机体坐标系与相机坐标系重合。假设无人机在世界坐标系下的坐标为 (X_W, Y_W, Z_W)，由 6.1.1 小节可计算得到路面中央的像素坐标为 (u, v)，由下式可得到像素坐标到机体坐标的转换关系为

$$\begin{bmatrix} X_W \\ Y_W \\ Z_W \end{bmatrix} = Z_C \begin{bmatrix} u \\ v \\ 1 \end{bmatrix} \begin{bmatrix} f_x & 0 & u_0 & 0 \\ 0 & f_y & v_0 & 0 \\ 0 & 0 & 1 & 0 \end{bmatrix}^{-1} \tag{12-4}$$

式中，Z_W=Z_C，为无人机相对地面高度；u_0、v_0 为图像中央的像素坐标；f_x，f_y 为相机标定后得到的内参。

由下式可得到无人机相对于路面中央的位置偏移量为

$$\begin{cases} X_W = \dfrac{(u-u_0)\times Z_W}{f_x} \\ Y_W = \dfrac{(v-v_0)\times Z_W}{f_y} \end{cases} \tag{12-5}$$

式中，X_W，Y_W 分别为无人机相对于路面中央在横向与纵向上的位置偏移量。当 X_W，Y_W 均为零时，表明无人机正处于路面中央正上方。考虑到无人机实际飞行过程中需要调整横向偏移量，因此需要计算无人机与路面的横向相对位置关系。

无人机调整横向偏移量时，机体姿态会发生变化引起相机视角变化，由 12.2.1 节计算得到路面中央的像素位置存在偏差。因此，需要对姿态倾角变化引起的横向偏移误差做出补偿。

如图 12-5 所示，假设初始时刻横滚角为零，此时拍摄到固定点处于无人机正下方，无人机向右倾斜，此时横滚角变化 θ 角度。

固定点偏移计算如下：

$$X1 = Z_W \tan\theta \tag{12-6}$$

此时无人机横向相对位置偏移量为

$$X_W = \frac{(u-u_0)\times Z_W}{f_x} + Z_W \tan\theta \tag{12-7}$$

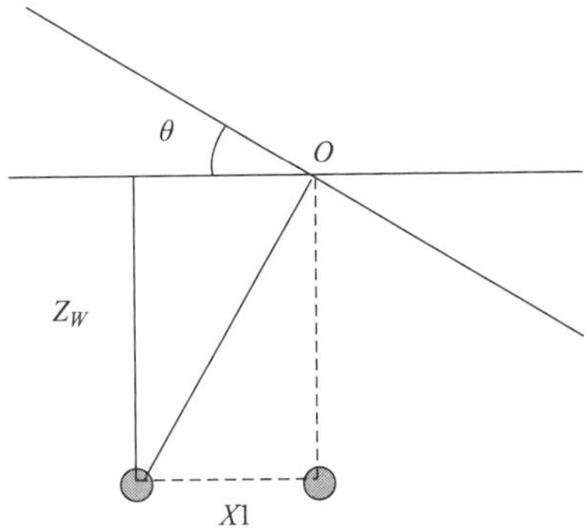

图 12-5　横向偏移补偿

12.3　无人机沿道路中央飞行控制

对于无人机控制，控制算法效果越好，无人机沿路面飞行就越稳定，其中使用最广泛的控制算法为 PID 控制。横向位置与飞行高度基于传统 PID 算法设计，横向 PID 算法控制无人机完成横滚方向上姿态的调整，高度 PID 算法控制飞行过程中高度稳定，无人机航向角、方位角与路面倾角组合确定旋转角度，航点控制辅助完成飞行航向的选择。视觉飞行控制算法流程如图 12-6 所示。

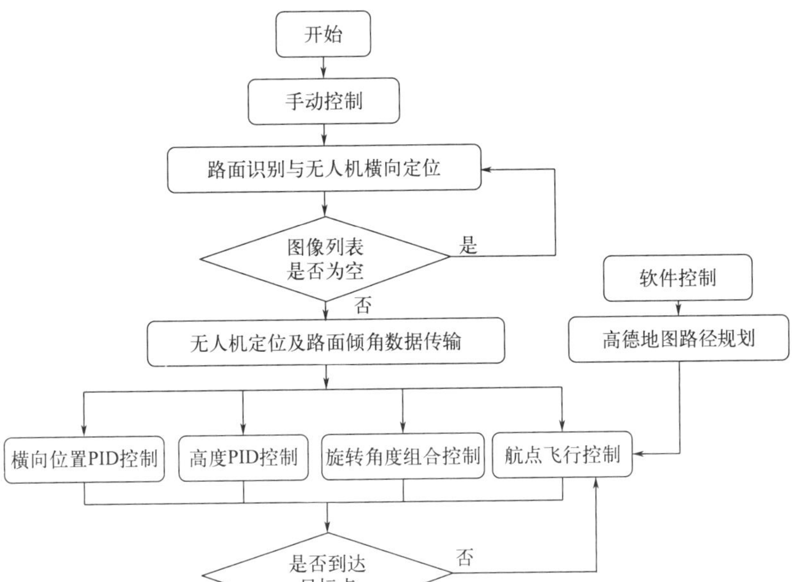

图 12-6　无人机视觉飞行控制算法流程图

为确保初始时刻飞行安全，手动控制无人机飞行到路面中央，切换遥控器控制模式后树莓派开始等待接收无人机横向定位数据。“树莓派”在这里指的是作为飞行控制系统的核心硬件，主要负责接收并处理无人机的横向定位和倾角数据，执行相关的 PID 控制算法，并与高德地图路径规划系统进行交互，以实现航点飞行控制。PC 端采用双线程方式，一路线程用来读取视频流图像并存入列表，另一路线程取列表最后一帧图像，基于 DeepLab V3+ 的深度学习模型进行路面区域识别，然后计算无人机与路面区域的相对位置。树莓派接收横向定位与倾角数据后开始执行控制程序，包括横向位置 PID 控制、高度 PID 控制、旋转角度组合控制、航点飞行控制。航点飞行控制需要接收高德地图路径规划后的途径点位置数据，当到达最后航点位置时，表明无人机完成路面巡检任务。

12.3.1 横向与高度 PID 控制

无人机沿道路自主飞行过程中，可能会因为转弯或机头朝向等问题导致飞行偏离路面中央，为保证能完整拍摄到路面图像，需要控制无人机实时调整横向偏移量。本文在横向位置使用 PID 控制，将位置误差经过 PID 控制器进行运算，输出速度到飞控系统，控制无人机完成横向调整。

横向位置控制如果只用比例控制，由于惯性影响，无人机在横向会发生左右连续调整。比例系数过大时，无人机会更快调整到路面中央位置，但是左右往返次数会增多；比例系数过小，无人机调整时间会变长，可能会造成拍摄路面图像不完整，对后续飞行产生很大影响。在比例系数合理情况下，设定积分系数 K_i 为某一固定值，能消除比例系数产生的稳态误差，尽可能接近目标值，但是过大会引起振荡。设定微分系数 K_d 为某一固定值，能减小系统响应时间，快速调整无人机接近路面中央。微分系数过大时，无人机飞行到期望位置阻力过大，调整时间变长；微分系数过小时，微分控制对比例控制不会产生大的影响。因此，应合理选择各个环节参数大小，使无人机控制系统动态响应迅速且不发生振荡现象。横向 PID 控制如图 12-7 所示。

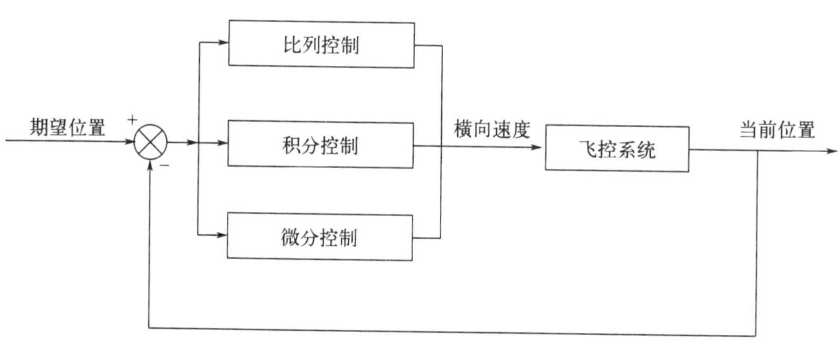

图 12-7　横向 PID 控制

实际测试时发现无人机在沿道路自主飞行过程中，高度方向会随着飞行距离而变化。飞行高度过高会导致检测过程出现更多干扰，过低会导致拍摄路面不完整，影响无人机横向定位的准确性。因此，高度方向也采用 PID 控制，将高度限制在初始飞行高度的一定范围内。

以初始起飞高度作为设定高度 h_0，当前高度为无人机读取到的飞控高度 h，误差为当前高度与设定高度之差。设定高度偏差范围，通过 PID 控制升降速度，由飞控系统调整无人机飞行高度。高度 PID 控制如图 12-8 所示。

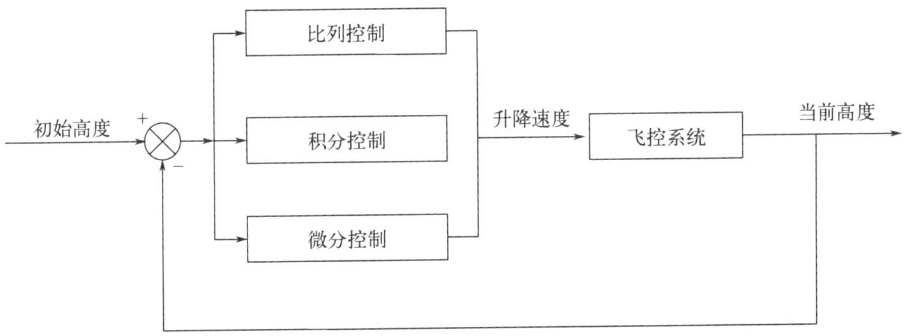

图 12-8　高度 PID 控制

12.3.2　旋转角度控制

无人机在沿路面自主飞行中，在经过弯曲道路时，需要实时调整飞行方向，保持机头朝向与路面方向平行。另外，考虑到实际飞行时，无人机倾角变化会导致计算的路面倾斜角度有误差，基于此，结合航向角、方位角、路面倾角组合完成旋转控制任务。

航向角为无人机距离北方向的夹角，偏东方向为正值，取值范围为 0 ~ 360°。航向角的数值可从飞控中读取。方位角是从无人机当前位置的指北方向起按顺时针方向旋转至目标航点间的夹角，取值范围为 0 ~ 360°。方位角计算见下式：

$$\begin{cases} y=\sin(\dfrac{lon2-lon1}{57.296})\times\cos(\dfrac{lat2}{57.296}) \\ x=\cos(\dfrac{lat1}{57.296})\times\sin(\dfrac{lat2}{57.296})-\sin(\dfrac{lat1}{57.296})\times\cos(\dfrac{lat2}{57.296})\times\cos(\dfrac{lon2-lon1}{57.296}) \\ angle=\arctan(\dfrac{y}{x})\times 57.296 \end{cases} \quad (12\text{-}8)$$

式中，57.296 表示弧度与角度的转换。

当方位角大于 180° 时，无人机逆时针旋转，方位角小于 180°时，无人机顺时针旋转。方位角与航向角计算旋转角度过程共有四种情况，如图 12-9 所示。

图 12-9 中，点 o 为无人机当前位置，点 p 为目标航点位置，ϕ 为无人机距目标

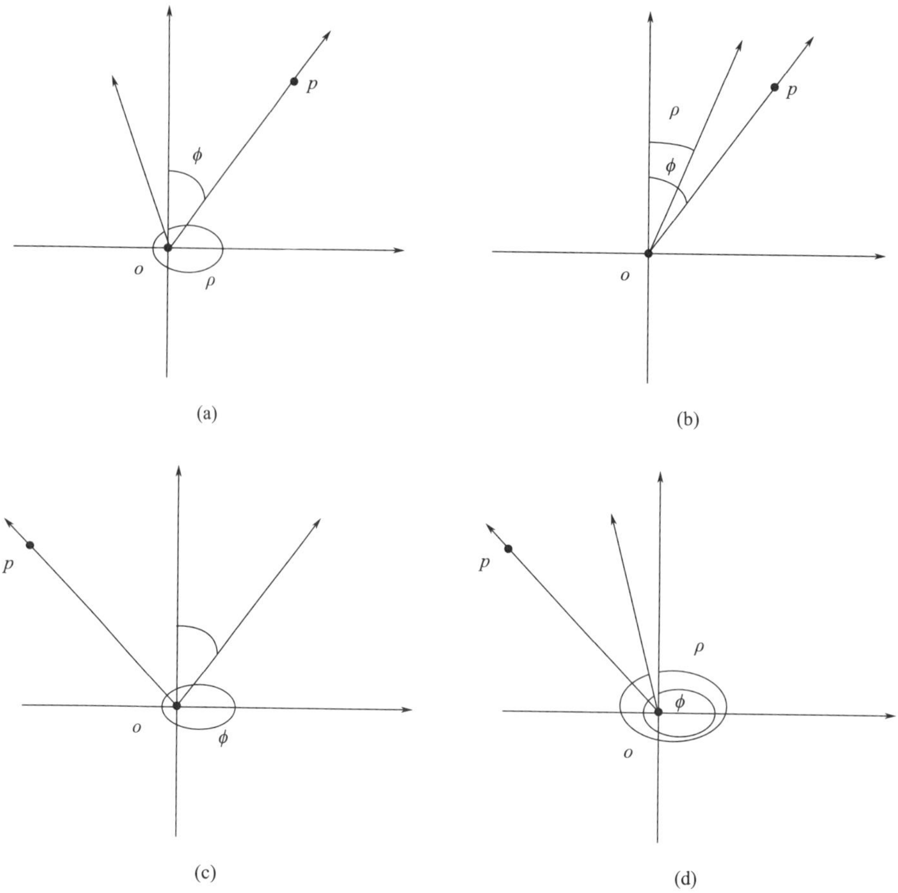

图 12-9 方位角与航向角计算旋转角度

航点的方位角，ρ 为无人机航向角。对于图（a），方位角小于 180°，表示无人机应右转，航向角大于 180°，表示无人机机头方向偏左，此时，无人机需要旋转的角度 θ 为

$$\theta = (360^\circ - \rho) + \phi \tag{12-9}$$

对于图（b），方位角与航向角都小于 180° ，无人机应右转，此时，无人机需要旋转的角度 θ 为

$$\theta = |\rho - \phi| \tag{12-10}$$

对于图（c）、图（d），旋转角度计算同上，无人机需要旋转的角度分别为

$$\begin{aligned} \theta &= (360^\circ - \phi) + \rho \\ \theta &= |\rho - \phi| \end{aligned} \tag{12-11}$$

如图 12-10 所示，基于深度学习识别的路面图像，通过轮廓检测找面积最大轮廓，然后做最小外接四边形，返回外接四边形的中心坐标、高度、宽度、倾斜角度。四边形的倾斜角度作为路面的倾角。

(a) 原图　　(b) 路面区域识别　　(c) 外接四边形

图 12-10　路面倾角计算

由于方位角与航向角计算得到的旋转角度与路面倾角都存在一定程度的误差，因此，无人机实际旋转角度取两者的平均值

12.3.3　航点飞行控制

航点飞行是无人机自主飞行中最为常用的飞行控制方式，用户可根据需求在地面站等规划出无人机飞行的多个任务点。在监控软件地图界面设定起始、终止位置进行路径规划，提取途径点数据到任务命令列表，下载任务命令到飞控系统中，无人机会根据航点执行飞行任务。具体操作流程如下：

① 高德地图路径规划。监控软件内嵌的高德地图界面设定位置并自主规划飞行路线，可选择最短距离、速度最快、最经济、考虑路况四种路线模式，解析并获取途径点位置数据。

② 添加航点命令。后端通过通信接收航点数据，循环传输到任务命令列表，初始位置设定为起飞点，航点任务从 0 号点开始执行。

③ 航点飞行。下载任务命令并通过通信协议传输到飞控，切换飞行模式，无人机开始朝目标点位置飞行。

④ 距离判断。实时计算无人机位置与目标点位置的距离，距离计算见式（12-8）。当两位置间距离小于设定值时，航点任务数加一，即无人机开始朝下个航点飞行。当两位置距离一定时间内处于由小变大状态时，说明飞行偏离目标航线，无人机朝向目标航点继续飞行。

⑤ 重复步骤④，直至无人机飞行到最后航点位置，切换飞行模式为悬停模式，监控软件或遥控器控制无人机降落到安全位置。

航点飞行控制流程如图 12-11 所示。

实际飞行过程中，由于 GPS 精度问题，只通过航点飞行会出现拍摄路面图像不完整现象，影响路面区域的识别与无人机横向定位。因此，航点飞行用来辅助视觉飞行控制，尤其是飞行到交叉路口时选择正确的航向。

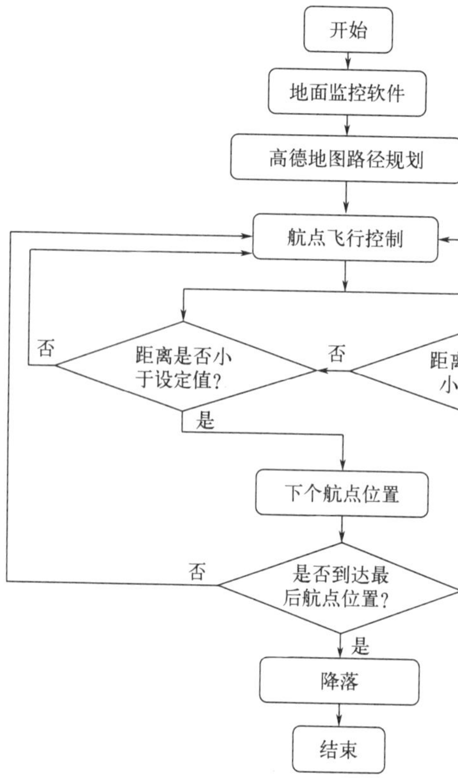

图 12-11　航点飞行控制流程图

参考文献

［1］Wang P，Liang J Y，Wang L V. Single-shot ultrafast imaging attaining 70 trillion frames per second［J］. Nature Communications，2020，11(1)：2091.

［2］Liu J D，Marquez M，Lai Y M，et al. Swept coded aperture real-time femtophotography［J］. Nature Communications，2024，15(1)：1589.

［3］Qin X F，Xia X H，Ge Z K，et al. The design and control of a biomimetic binocular cooperative perception system inspired by the eye gaze mechanism［J］. Biomimetics，2024，9(2)：69.

［4］基恩士 . CA-L 系列镜头［EB/OL］.［2024-08-20］. https：//www.keyence.com.cn/products/vision/vision-sys/ca-l/.

［5］Li Y L，Wang S J，Tian Q，et al. A survey of recent advances in visual feature detection［J］. Neurocomputing，2015，149：736-751.

［6］Sonka M，Hlavac V，Boyle R. Image processing，analysis，and machine vision［M］. New York：Springer - Science+Business Media，1993.

［7］马洪兵 . 机器视觉［M］. 北京：清华大学出版社，2024.

［8］段智威，夏晓华，贺鹏程，等 . 任意位姿圆柱曲面透视投影失真的图像校正［J］. 光学精密工程，2024，32(16)：2577-2589.

［9］夏晓华，刘希恒，岳鹏举，等 . 细节增强的多曝光图像融合方法［J］. 图学学报，2023，44(06)：1130-1139.

［10］夏晓华，李玉强，邹易清，等 . 圆柱曲面透视投影失真的图像校正［J］. 光学精密工程，2023，31(11)：1691-1699.

［11］Jiang J F，Luo X，Luo Q S，et al. An overview of hand-eye calibration［J］. The International Journal of Advanced Manufacturing Technology，2022，119(1)：77-97.

［12］Qin X F，Xia X H，Xiang H T. A high-quality and convenient camera calibration method using a single image［J］. Electronics，2024，13(22)：4361.

［13］Wang Y B，Ahsan U，Li H Y，et al. Foundations and Trends in Computer Graphics and Vision［M］. Hanover：Now publishers，2022.

［14］Xia X H，Xiang H M，Cao Y S，et al. Feature extraction and matching of humanoid-eye binocular images based on SUSAN-SIFT algorithm［J］. Biomimetics，2023，8：139.

［15］郑凯，李建胜 . 基于深度神经网络的图像语义分割综述［J］. 测绘与空间地理信息，2020，43(10)：119-125.

［16］黄涛，李华，周桂，等 . 实例分割方法研究综述［J］. 计算机科学与探索，2023，17(04)：810-825.

［17］Yu C M，Chen K C，Chang C T，et al. SegNet：a network for detecting deepfake facial videos［J］. Multimedia systems，2022，28(3)：793-814.

［18］Juan T，Diana C E. A Comprehensive Review of YOLO Architectures in Computer Vision：From YOLOv1 to YOLOv8 and YOLO-NAS［J］. Machine learning and knowledge extraction，2024，5(4)：1680-1716.

［19］夏晓华，曹雨松，向浩鸣，等．成像参数对大深度物体聚焦形貌恢复的影响［J］．光学学报，2024，44(08)：158-167.

［20］曹雨松．基于仿真分析的聚焦形貌恢复成像参数优化与轮廓区域精度提升方法［D］．西安：长安大学，2024.

［21］葛兆凯．基于目标优先级判定的双目协同控制与深度感知［D］．西安：长安大学，2024.

［22］夏继隆．基于双目立体视觉的结构光三维重建技术研究［D］．济南：齐鲁工业大学，2023.

［23］Ribo M，Brandner M. State of the art on vision-based structured light systems for 3D measurements［C］. The 2005 IEEE International Workshop on Robotic Sensing：Robotic and Sensors Environments，Ottawa，Canada，2005：1-6.

［24］胡鹏，夏晓华，钟预全．面向嵌入式应用的路面裂缝检测方法［J］．计算机科学，2025，10：1-17.

［25］胡鹏，夏晓华，钟预全，等．采用多尺度特征增强的路面病害检测模型［J］．西安交通大学学报，2025，59(02)：156-169.

［26］王向前，成高立，胡鹏，等．基于改进 YOLOv5 的路面裂缝检测方法［J］．电子技术应用，2024，50(03)：80-85.

［27］Guo T，Sun J H，Xia X H，et al. XW-improved YOLOv8：Algorithm for Cigarette Small Target Detection［C］. 2024 10th International Conference on Mechanical and Electronics Engineering (ICMEE)，Xi'an，China，2024：265-270.

［28］方东辉．基于深度学习的工厂人员行为检测及管理系统［D］．天津：天津职业技术师范大学，2024.

［29］Yousif I，Samaha J，Ryu J，et al. Safety 4.0：Harnessing computer vision for advanced industrial protection［J］，Manufacturing Letters，2024，41：1342-1356.

［30］Lu Y C，Xue Z C，Xia G S ，et al. A survey on vision-based UAV navigation［J］. Geo-Spatial Information Science，2018，21(1)：21-32.

［31］刘洋．面向道路巡检应用的无人机视觉定位与飞行监控方法研究［D］．西安：长安大学，2023.

［32］夏晓华，苏建功，刘洋，等．沥青路面航拍图像的车道区域提取方法［J］．公路交通科技，2025，42(05)：108-117.

［33］田明锐，孙宏斐，胡永彪，等．一种新的基于 Canny 算子的道路标线检测算法［J］．电子设计工程，2021，29(01)：16-19.